Gebhard Borck

# Die selbstwirksame Organisation

Das Playbook für intelligente Kollaboration

**Business**Village

**Gebhard Borck**
Die selbstwirksame Organisation
Das Playbook für intelligente Kollaboration
1. Auflage 2020
© BusinessVillage GmbH, Göttingen

**Bestellnummern**
ISBN 978-3-86980-486-6 (Druckausgabe)
ISBN 978-3-86980-487-3 (E-Book, PDF)
ISBN 978-3-86980-564-1 (E-Book, epub)

Direktbezug unter www.BusinessVillage.de/bl/1067

**Bezugs- und Verlagsanschrift**
BusinessVillage GmbH
Reinhäuser Landstraße 22
37083 Göttingen
Telefon: +49 (0)551 2099-100
Fax: +49 (0)551 2099-105
E-Mail: info@businessvillage.de
Web: www.businessvillage.de

**Layout und Satz**
Sabine Kempke

**Illustration auf dem Cover und im Buch**
Gebhard Borck

**Druck und Bindung**
www.booksfactory.com

**Copyrightvermerk**
Das Werk einschließlich aller seiner Teile ist urheberrechtlich geschützt. Jede Verwertung außerhalb der engen Grenzen des Urheberrechtsgesetzes ist ohne Zustimmung des Verlages unzulässig und strafbar.
Das gilt insbesondere für Vervielfältigung, Übersetzung, Mikroverfilmung und die Einspeicherung und Verarbeitung in elektronischen Systemen.
Alle in diesem Buch enthaltenen Angaben, Ergebnisse usw. wurden von dem Autor nach bestem Wissen erstellt. Sie erfolgen ohne jegliche Verpflichtung oder Garantie des Verlages. Er übernimmt deshalb keinerlei Verantwortung und Haftung für etwa vorhandene Unrichtigkeiten.
Die Wiedergabe von Gebrauchsnamen, Handelsnamen, Warenbezeichnungen usw. in diesem Werk berechtigt auch ohne besondere Kennzeichnung nicht zu der Annahme, dass solche Namen im Sinne der Warenzeichen- und Markenschutz-Gesetzgebung als frei zu betrachten wären und daher von jedermann benutzt werden dürfen.

# Inhalt

Über den Autor ............................................................................ 9

Vorbereitung ............................................................................. 11

## Episode 1 – von der Welt

**1. Mit Fett und Zucker raus aus der Pippi-Zombie-Apokalypse** ........... 17
   1.1 Pippis erster Trick – imaginierte Realitäten ........................... 19
   1.2 Pippis zweiter Trick – Komplexität (ignorieren) reduzieren ........... 21
   1.3 Die Krapfen-Wirtschaft ...................................................... 26
   1.4 Die Pippi-Zombie-Apokalypse ............................................... 29
   1.5 Mein Beitrag zu diesem Weg ................................................ 32

**2 Wenn Erwachsene Sandburgen bauen** ........................................ 35
   2.1 Sinn ............................................................................... 36
   2.2 Respekt .......................................................................... 38
   2.3 Geist .............................................................................. 39
   2.4 Multitasking ................................................................... 41
   2.5 Hirn und Bauch ................................................................ 42
   2.6 Persönlich ....................................................................... 44

**3. Wo die Zukunft überrascht** .................................................... 47
   3.1 Unverhofft ...................................................................... 48
   3.2 Zeit ............................................................................... 51
   3.3 Unsicherheit ................................................................... 53
   3.4 Risiko ............................................................................ 55
   3.5 Persönlich ....................................................................... 57

**4. Der ausgefranste Betrieb** ...................................................... 61
   4.1 Alles im Netz .................................................................. 62
   4.2 Masse ............................................................................ 65
   4.3 Konsequenz .................................................................... 68
   4.4 Überfluss ........................................................................ 71
   4.5 Unterscheiden ................................................................. 74

4.6 Reiselust .................................................................. 76
4.7 Wandelmutig ........................................................... 79
4.8 Persönlich ............................................................... 82

**5. Das Ziel des Spiels** ................................................... 85

## Episode 2 – von den Regeln des Spiels

**6. Neu denken** ............................................................ 89

**7. Die DNA deiner Firma** ............................................. 93
    7.1 Wozu wird das Denkwerkzeug gebraucht? ................. 94
    7.2 Was sind die wesentlichen Bausteine? ....................... 95
    7.3 Wie wird die Firmen-DNA angewandt? ..................... 127

**8. Entscheidungskopfstand** ......................................... 129
    8.1 Wozu wird das Denkwerkzeug gebraucht? ................. 131
    8.2 Was sind die wesentlichen Bausteine? ....................... 131
    8.3 Wie wird das Entscheidungsdesign angewandt? .......... 140

**9. Hausverstand** ......................................................... 143
    9.1 Wozu wird das Denkwerkzeug gebraucht? ................. 144
    9.2 Was sind die wesentlichen Bausteine? ....................... 145
    9.3 Wie wird das Denkwerkzeug angewandt? .................. 162

**10. Der innere Kompass** ............................................... 169
    10.1 Wozu wird das Denkwerkzeug gebraucht? ................ 172
    10.2 Was sind die wesentlichen Bausteine? ...................... 173
    10.3 Wie wird das Denkwerkzeug angewandt? ................. 192

## Episode 3 – vom Spiel

**11. Die Magie, es einfach zu machen** ............................ 195

**12. Die Betriebskatalysatoren** ...................................... 201
    12.1 Berater/Experten ... ............................................... 202
    12.2 Trainer ... ............................................................. 203
    12.3 Coaches ... ........................................................... 205

12.4 Facilitator/Prozessbegleiter ... 206
12.5 Supervisoren ... 208
12.6 Sparringspartner ... 209
12.7 Moderatoren ... 210
12.8 Philosophen ... 211
12.9 Balance ... 213

**13. Alle kochen mit Wasser** ... 215

13.1 Werkzeugkasten ... 216
13.2 Methoden ... 220
13.3 Konzepte ... 247

**14. Furchtlos-Design Inc.** ... 259

14.1 Handlungsdimensionen ... 260
14.2 Entscheidungsdimensionen ... 266
14.3 Ergebnisdimensionen ... 269
14.4 Zeitdimensionen ... 273

**15. Ich will Spaß** ... 279

**16. Kaleidoskop** ... 283

16.1 Massenveranstaltung Bewerbungsgespräch ... 284
16.2 Mehr als eine Herausforderung bewältigen ... 285
16.3 Plovdiv ist eine Reise wert ... 286
16.4 Weniger ist mehr ... 287

**17. Los geht's** ... 289

**Stichworte** ... 293

**Literaturquellen** ... 299

# Über den Autor

Gebhard Borck ist Betriebswirt in der Fachrichtung Logistik sowie seit zwei Jahrzehnten Organisationsentwickler. Schon 2007 begleitete er einen Kunden mit dreihundertfünfzig Mitarbeitern in der Transformation hin zu dem, was man heute unter »New Work« zusammenfasst. In seinen Büchern beschreibt er, wie alternatives Wirtschaften aussieht. Sein letzter Bestseller schaut der Belegschaft der Alois Heiler GmbH in der Evolution ihrer Firma hautnah über die Schulter. Ungeschönt ehrlich zeigt er seinen Kunden, wo Romantik aufhört und wie Wirklichkeit gelingt.

**Kontakt**
E-Mail: direkt@gebhardborck.de
Web: www.gebhardborck.de

# Vorbereitung

## Über das Buch

Die Spielanleitung für eine selbstwirksame Betriebswirtschaft ... ernsthaft? Absolut! Jedes Jahr wird mehr Unternehmern und Geschäftsführerinnen klar: Der Traum: »Weiter wie bisher!« ist ausgeträumt. Sie sehen überall eine Aufstellung von fremdartigen Themen. Sie liest sich fast wie das Plakat eines Musikfestivals. Die Headliner sind: New Work. Agile Methoden. Soziokratische Betriebssysteme. Unternehmensdemokratie. Die ganze Clique spielt in den angesagten Genres: Digitalisierung. Industrie 4.0. Internet of Things. Plattformökonomie. Alle unsere Lenker und Denker kennen inzwischen die Worte. Doch es fehlt eine Resonanz. Jede einzelne Überschrift ist wie ein langsam zunehmender Inkompetenzschmerz, der sich rheumatisch durch die alten Gewohnheiten zehrt. Ringt man sich dann endlich durch, Scrum mal auszuprobieren, wird aus dem unterschwelligen Schmerzpunkt eine offene Wunde. Wo Start-ups einfach machen, tut sich der traditionelle Mittelständler schwer. Genau hier unterstützt dieses Playbook. Es erklärt, wie du mit den vier Denkwerkzeugen der Betriebskatalyse deinen Laden erfolgreich umkrempelst. Praxiserprobt bei kleinen und mittelgroßen Firmen: Die Spielanleitung sichert heute schon den Erfolg bei Handwerkern, Maschinenbauern und Technologiefirmen wie der Alois Heiler GmbH, Unger CNC, der TELEDATA-IT GmbH oder NETSYNO.

### Gendern – geschlechterbewusster Sprachgebrauch

Nach einigem Abwägen entschied ich mich dagegen, Formate wie Mitarbeiter:innen oder Unternehmer:innen zu verwenden. So gebe ich bewusst den massentauglichen Lesegewohnheiten Vorrang vor einer einbeziehenden Sprache. In meiner Arbeit habe ich mit allen Geschlechteridentitäten zu tun. So ist mir klar, dass ich durch diese Wahl der Schreibart einige von euch ausschließe. Ich bitte aufrichtig bei euch um Entschuldigung und hoffe, dass mein Buch euch trotzdem unterstützt.

**Danke**

Das hier ist inzwischen mein drittes »dickes« Buch. Ein Werk, das am Ende mehrere hundert Seiten umfassen wird. Hinter jeder solchen Veröffentlichung steht eine Vielzahl von Menschen, ohne die sie nie in die Welt käme.

Dieses Playbook gibt es, weil meine Frau und die Kinder zwar einerseits die Augen verdrehen, wenn ich sage: »Heuer schreibe ich wieder mal ein Buch.« Andererseits zeigen sie es dann stolz herum und ermutigen mich: »Du solltest deine Sicht der Welt mehr Leuten erklären – sie ist wertvoll.«

Seit meiner Entscheidung zur Selbstständigkeit stärken mir meine Eltern wie meine Geschwister den Rücken. Sie bilden einen stabilen Rückhalt, der auch schrägste Hirngespinste geduldig aushält.

Mit Joan Hinterauer fand ich einen Kollegen, der mit mir auf die Möglichkeiten dieser anderen Wirtschaft wettet. Selbst wenn wir es nach außen gerne glamouröser verkaufen, es ist eine stetige Herausforderung, seine Brötchen mit der völlig abweichenden betriebswirtschaftlichen Vorstellung zu verdienen, die die Betriebskatalyse darstellt. Denn dazu braucht es Firmen, die sich als Pioniere verstehen. Ohne sie hätten wir, sowie etliche andere, nach wie vor keine Ahnung, was vom Neuen in der Wirklichkeit funktioniert. Also vielen Dank liebe Kunden, dass ihr eure Probleme mit uns teilt und in uns vertraut, dass wir sie zusammen besser lösen, als das auf herkömmlichen Wegen möglich ist.

**Du**

In meinem Arbeiten pflege ich eine Du-Kultur. Keine Sorge, ich bin aus einer Generation, die Siezen kann, wenn sie muss. Doch im Buch verbünde ich mich mit dir. Wir schmieden gemeinsam das heiße Eisen für eine bessere (Wirtschafts-)Welt. Ich erkläre dir komplizenhaft ohne Rückbehalte, wie die selbstwirksame Betriebswirtschaft funktioniert. So lernst du alle Geheimnisse kennen und bist deinerseits bereit, die Welt zu transformieren.

## Wo stehst du?

Mein Playbook soll dich unterstützen, deine Firma besser aufzustellen. Dafür will ich dich keinesfalls mit unnötigen Inhalten langweilen. Deshalb gibt es gleich zu Beginn eine kurze Selbsteinschätzung. Anhand der Antworten erkennst du, welche Teile des Buchs du dir, wenn du möchtest, sparen kannst. Jede Aussage kannst du aus deiner Sicht wie folgt bewerten: Keine Ahnung (1), schon mal gehört (2) oder kenn ich gut (3). Sei sorglos, auf Anfänger wie Fortgeschrittene wartet wertvoller Lesestoff!

| Aussagen | 1 | 2 | 3 |
|---|---|---|---|
| Ich weiß, wer Frederick Winslow Taylor war und was er mit unserer Betriebswirtschaft zu tun hat. | | | |
| Ich kenne Beyond Budgeting, Lean Management und systemische Beratung. | | | |
| Ich unterscheide Agile, Unternehmensdemokratie und New Work im Schlaf. | | | |
| Mir ist bewusst, wie die DAO, der Bitcoin und die Blockchain zusammenhängen. | | | |
| Ich kenne drei oder mehr Cyberpunk-Romane. | | | |
| Bei Donut denke ich an mehr als an eine Süßspeise, nämlich an ein makroökonomisches Konzept. | | | |
| Ich weiß wie Activity Based Costing und OKR funktioniert. | | | |
| Wenn ich bei Starbucks Kaffee trinke, denke ich jedes Mal daran, dass ihre Wirtschaftlichkeitsrechnung in jeder einzelnen verkauften Tasse abgebildet ist. | | | |
| Ich weiß, wofür die Gemeinwohlökonomie steht und wie sie sich zur Forderung nach einem bedingungslosen Grundeinkommen abgrenzt. | | | |
| Ich arbeite gerne mit Gruppen von acht bis dreihundert Menschen. Da kenn ich mich aus wie ein Fisch im Wasser. | | | |
| Ich bin es gewohnt, mit Methoden und Konzepten zu spielen. Ich weiß, wie ich sie für die sinnvolle Anwendung bei meinem Problem kombinieren kann, um eine gute Lösung zu erreichen. | | | |

Für dein Ergebnis, mach bitte folgende Rechnung:
Anzahl Antworten Spalte 2 + (Anzahl Antworten Spalte 3 × 2) =

Hier ein Beispiel:
Du hast drei Mal Spalte 1, fünf Mal Spalte 2 und 2 Mal Spalte 3 angekreuzt. Dann ergibt sich die Formel 5 + (2 × 2) = 9 Punkte.

**0–5 Punkte: Startaufstellung für Einsteiger**
Dieses Buch beschreibt ein Regelwerk für Unternehmer, um mit ihrer Firma in einer wirtschaftlichen Welt klarzukommen, die überraschend, widersprüchlich, mehrdeutig und damit komplex ist.

Ich werde in Episode 1 erläutern, wie sich die bekannte Betriebswirtschaft dazu abgrenzt. Anstatt lange zu erklären, warum wir die Welt anders denken sollten, konzentriere ich mich darauf, zu zeigen, wie es funktioniert. Ich beschreibe die Regeln und das Spiel, mit dem Betriebe unter diesen Bedingungen Erfolg erwarten dürfen.

Das Regelwerk ist zwar ebenso in großen Firmen (mit mehr als fünfhundert Mitarbeitern) anwendbar wie in mittleren: Mein Fokus liegt dennoch bei Organisationen zwischen fünfzehn und dreihundertfünfzig Menschen. Das komplette Themengebiet der politischen Ränkespiele lasse ich deshalb außen vor.

Das Buch konzentriert sich darauf, dass du die Betriebskatalyse umsetzen kannst. So erkläre ich Fachbegriffe nur kurz. Eben so, dass es reicht, um sie im Zusammenhang zu verstehen. Willst du die Themen vertiefen, bemühe ich mich, dich mit Schlagwörtern zu versorgen, die bei einer Internetrecherche gute Treffer liefern.

**6–12 Punkte: Startaufstellung für Fortgeschrittene**
Du kennst die Inhalte der Buzzwords rund um neues Arbeiten? Dann freu dich auf ein Buch, das dir erklärt, wie sie zu einem sinnvollen Ganzen in deiner Firma zusammenspielen. Mir geht es nur am Rande darum, deine Methodenkompetenz noch weiter aufzufüllen. Stattdessen gibt dir dieses Playbook die Klarheit wie die Fähigkeit zu unterscheiden, welche all der angebotenen Werkzeuge und Konzepte konkret deinem Betrieb dabei helfen, erfolgreich zu sein. Wenn du Zeit sparen möchtest, lese Episode 1 einfach quer und steig bei Episode 2 ein.

**12–20 Punkte: Startaufstellung für Profis**
Du kennst dich aus! Weit über neues Arbeiten hinaus, interessierst du dich auch schon eine Weile für Alternativen, die die ganze Gesellschaft betreffen. Ich schlage dir vor: Überspring Episode 1, konzentrier dich auf Episode 2 und schau, ob du in Episode 3 noch den ein oder anderen Tipp für deinen Weg findest, die Welt zu verbessern.

# Episode 1 – von der Welt

## 1.
## Mit Fett und Zucker raus aus der Pippi-Zombie-Apokalypse

Lass uns mit einem Lächeln anfangen:

*»Zwei mal drei macht vier –*
*Widdewiddewitt und drei macht neune!*
*Ich mach' mir die Welt – widdewidde wie sie mir gefällt ...*
*...*
*Hey – Pippi Langstrumpf – die macht, was ihr gefällt.«*

Erinnerst du dich an das Lied? Summst du die Melodie schon mit? Pippi Langstrumpf steht in meiner Generation für den Aufbruch in neue Zeiten. Ein unabhängiges Mädchen, das sich von keinem Erwachsenen was sagen lässt. Ständig tut sie die Dinge, die ihr gerade in den Kopf kommen. So erlebt sie wildeste Abenteuer, die sie allesamt heldenhaft besteht. Pippilotta hat Superkräfte. Sie sitzt auf einem Koffer voller Gold. Ihr gelingt alles. Dabei ist sie stets gut gelaunt mit einem bauernschlauen Lachen unterwegs.

Das mag dich jetzt überraschen, doch in diesem Spiel steht Pippi für die Welt der Führer der althergebrachten Betriebswirtschaft. Denn die handeln wie dieses aufgeweckte Kind. Sie erschaffen sich eine vorgestellte Wirklichkeit. Die beschreiben sie in dicken, unverständlichen Büchern. Und dann zwingen sie andere Menschen, sich an die niedergeschriebenen Regeln zu halten. Der Historiker und Autor Yuval Noah Harari nennt diese Fähigkeit, unser Handeln zu koordinieren, imaginierte Realität.

## 1.1 Pippis erster Trick – imaginierte Realitäten

Sie ermöglichen uns, das Handeln extrem großer Gruppen von Menschen aufeinander abzustimmen. Du kennst sie, oftmals ohne es zu wissen. Eine vorgestellte Wirklichkeit, die unsere ganze Welt umspannt, ist etwa Geld. Der Materialwert einer Hunderteuronote beträgt nur einige Cent. Warum also kannst du dafür zum Beispiel ein Telefon kaufen? Nur, weil sowohl du wie die Verkäuferin im Elektronikladen daran glaubt, dass das Stück Papier seinem aufgedruckten Kaufwert entspricht. Käme einem von euch beiden Zweifel, bräche die schöne Vorstellung von Geld in sich zusammen. Die Händlerin würde dann vielleicht drei Zentner Kartoffeln von dir verlangen. Hunger und Erdäpfel sind nämlich real.

Da sich praktisch jeder darauf eingelassen hat, daran zu glauben, dass Geldscheine einen höheren Wert haben als ihren Materialpreis, können wir sorglos einkaufen. Geld koordiniert die globalen Warenflüsse. Es hilft uns Eigentums-, ja sogar Patentrechte zuzuordnen. Und vieles andere mehr. Genauso wie mit der Währung verhält es sich mit Gesetzen. Auch sie stehen nur in Büchern – elektronischen oder physischen. Dabei ignorieren etwa Viren immer und immer wieder die dort festgehaltenen Ländergrenzen.  Es gelang mir bis heute ebenso wenig, Bienen vertraglich an unsere Obstbäume zu binden und von denen meines Nachbarn fernzuhalten. Sie verweigern sich diesem Konzept der Beschäftigungsvereinbarung nachdrücklich. Doch Spaß beiseite. Ich übertreibe, um zwei Dinge zu verdeutlichen. Erstens: Imaginäre Realitäten sind eine rein menschliche Erfindung. Und zweitens: Sie machen die Welt, widdewidde wie sie uns gefällt.

Übrigens – du ahnst es vielleicht schon – bei allen Organigrammen, Stellenbeschreibungen, Arbeitsverträgen und -anweisungen handelt es sich um vorgestellte, keine tatsächlichen Wirklichkeiten. Diese Erkenntnis ist für das erfolgreiche Spiel entscheidend: Ohne imaginierte Realitäten ist es unmöglich, komplizierte Güter herzustellen.

## Pippi hat es gerne einfach

In 2017 war ich auf der LeanAroundTheClock-Konferenz in Mannheim. Dort erklärte Mark Lambertz das, was die Pippis glauben, beiseitelassen zu können – die Variantenvielfalt. Er schrieb dazu auch ein ziemlich gutes Buch: *Die intelligente Organisation*. Pippilotta lebt in einer einfachen Welt. Wenn sie auf ein Problem stößt, löst sie es entweder, weil sie es weiß, mit einem Lächeln, mit ihren Goldmünzen oder mit ihrer übermenschlichen Kraft. Genauso macht es die Wirtschaft. In meiner ersten Vorlesung zur allgemeinen BWL erklärte uns der Professor die Ideen einer freien Welt. Da herrscht zwischen den Firmen Wettbewerb zum Wohl des Kunden. Die Kartellbehörde verhindert ungleiche Machtverhältnisse. Die Märkte machen sichtbar, wie sich die Preise zusammensetzen. Der Konsument entscheidet vernünftig, was er wie einkauft. All das führte er schon in der zweiten Stunde ad absurdum. Dort erklärte er uns: »Da es sehr schwierig ist, diese komplexe Welt abzubilden, deshalb betrachten wir den Betrieb ab jetzt mathematisch immer so, als ob er ein Monopolist wäre.«

*Mark Lambertz*

Die Tragweite dieser Aussage ist meinen Kommilitonen kaum aufgefallen. Das wäre ungefähr so, als wenn ein Physiker sagen würde: »Das mit der Gravitation, der Rotation und der Thermodynamik ist mir doch zu komplex. Da geh ich mal einfach weiter davon aus, dass die Erde eine starre Scheibe im Zentrum des Universums ist. Und das Wetter? Ach ja, das kommt von Gott.«

Halb so schlimm, wenn das ein Physikstudent meint. Der fliegt dann eben irgendwann aus dem Studium. Leider ist das bei uns BWLern anders. Wir bekommen dennoch ein Diplom. Wir controllen aufgrund dieser kruden Vereinfachung der Zusammenhänge unsere Betriebe. Das ging auch jahrzehntelang gut. Doch von Jahr zu Jahr macht sich die Wissenslücke rund um Ashby's Gesetz lauter bemerkbar. Was ich damit meine? Gehen wir zurück zu Mark Lambertz.

## 1.2 Pippis zweiter Trick – Komplexität (ignorieren) reduzieren

Er führt zur Erläuterung von Ashby's Gesetz den Begriff der Varietät ein. Mit ihm vergleicht er zwei Anzahlen von Varianten. Das eine sind die möglichen Varianten, die in einer Situation vorkommen. Dem stellt er die Summe der Varianten gegenüber, die dem Menschen bekannt sind, der versucht, die Situation zu kontrollieren. Zur Veranschaulichung nutzt er einen einfachen elektrischen Aufbau. Im Schaltplan gibt es offensichtlich einen Schalter, eine Glühbirne und eine Batterie. Von einem Moment auf den anderen geht das Licht aus. In diesem Buch ist es natürlich an Pippi, zu kontrollieren, dass die Lampe wieder leuchtet. Also fängt sie an, das Problem zu lösen.

In Situation eins prüft sie zuerst, ob die Birne noch ganz ist. Sie kennt sich mit Beleuchtungen aus. Schnell stellt sie fest: der Draht ist durchgebrannt. Sie tauscht das defekte Teil aus und voilà, sie brennt wieder.

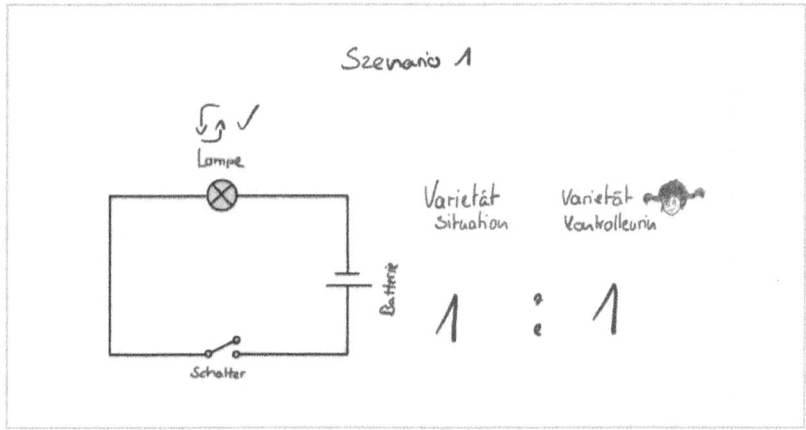

In einem Paralleluniversum passiert derweil Situation zwei. Hier merkt Pippi, dass die Lampe in Ordnung ist. Jetzt nimmt sie sich die Batterie vor. Aha, ihr Messgerät zeigt eine gähnende Leere an elektrischer Energie. Resultat: Check der Birne – alles gut. Kontrolle der Energiequelle mit dem Ergebnis: Strom = Fehlanzeige. Pippilotta lädt den Akku und siehe da, die Lampe brennt.

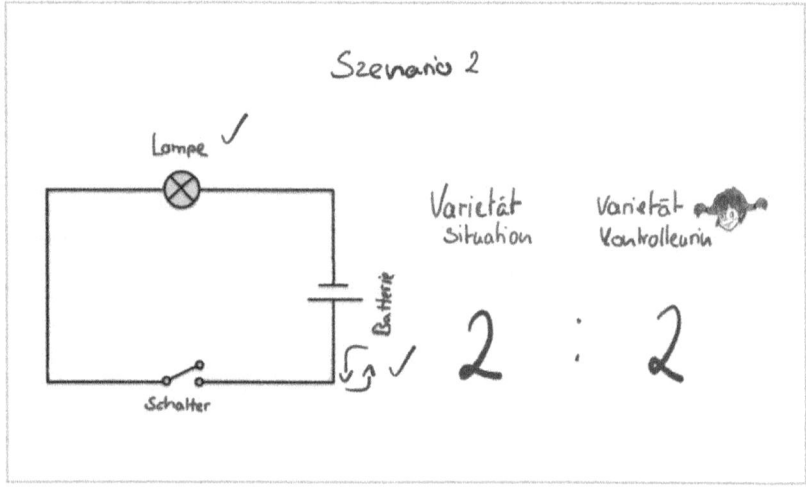

Noch einen Zeitstrahl weiter erleben wir Situation drei. In ihr funktionieren sowohl die Birne wie die Batterie. Also nimmt unsere Kontrolleurin den Schalter unter die Lupe. Wie zu erwarten, ist er defekt. Sie tauscht ihn aus und warmes Licht erhellt den Raum.

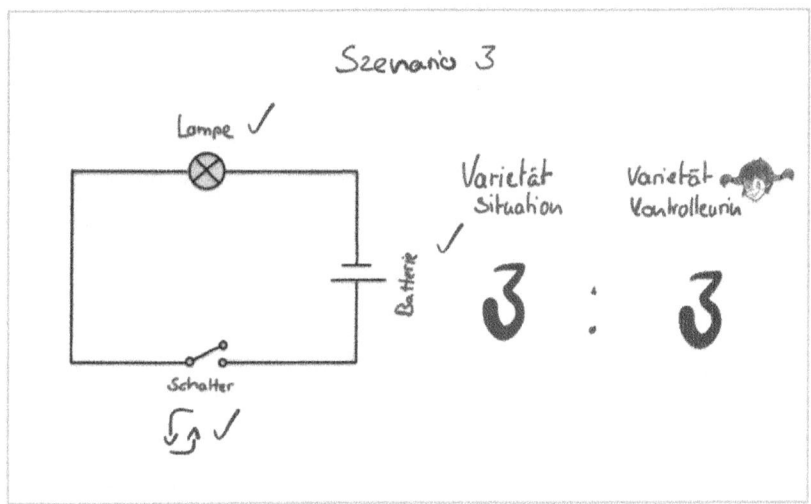

In jeder Parallelwelt nahmen die Prüfvarianten zu. Glücklicherweise kannte Pippi immer alle Fehlerquellen. So kam sie überall zur Lösung des Problems. Sie kontrollierte das System.

Die vierte Situation passiert in unserer Welt. Hier hat die Schaltung noch eine weitere Variante: Im Batteriekasten ist eine Sicherung versteckt. Pippilotta weiß davon nichts. Leider ist genau dieses verborgene Bauteil durchgebrannt. Deshalb ist die Birne aus. Pippi prüft alles, was sie kennt. Sie rauft sich die Haare. Sie findet den Fehler nicht und verliert die Kontrolle über ihr System. Die Lampe bleibt dunkel. Was bedeutet diese Entdeckung für unsere Betriebswirtschaft?

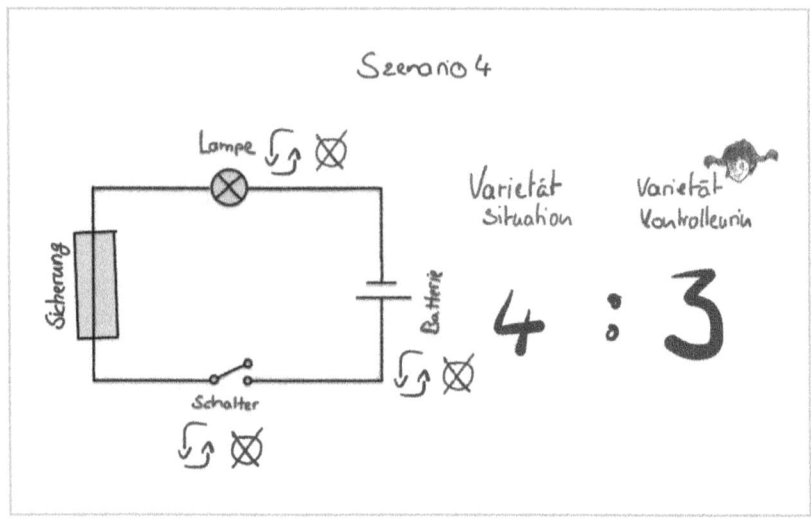

## Komplexitätsreduktionsfalle

Ganz einfach, in der Pippi-Welt machen wir uns etwas vor. Das Größer-Schneller-Weiter der BWL steigert die Anzahl der Varianten im Wirtschaftssystem überproportional. Vor drei Jahrzehnten verabschiedete sich beispielsweise die Autoindustrie von den festgelegten Variantenpaketen. Damals gab es den Golf in vielleicht vier Farben und sechs Ausstattungen. Heute ist etwas völlig anderes normal. Wir öffnen einen Konfigurator und stellen unser Wunschauto zusammen. So verkaufte Mercedes von seiner E-Klasse in den Jahren 2000 bis 2008 Millionen Autos. Nicht einmal ein Paar war baugleich. Das führt auch dazu, dass die Autobauer ihre Fahrzeuge nur noch zusammenstecken. Die einzelnen Komponenten kommen von Spezialfirmen. Alle OEM verlieren so zunehmend die Übersicht über ihr System. Sie nennen das Fertigungstiefe. Die Varietät der Situation ist stets höher als die der Kontrolleure. Mark Lambertz schreibt dazu die Formel auf, die wir verstehen müssen, wollen wir die Kontrolle zurückgewinnen:

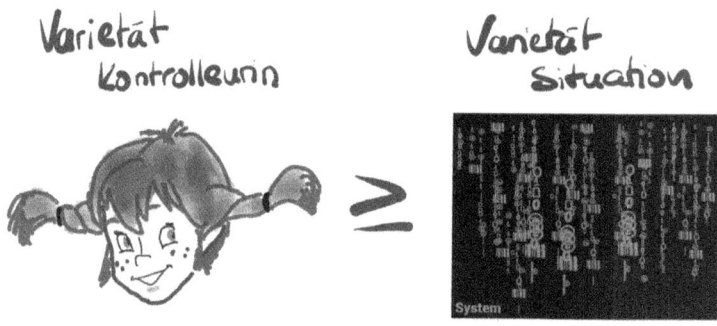

Erinnerst du dich an den komischen englischen Namen von vorhin? Genau, Marks Gleichung fußt auf Ashby's Gesetz von der erforderlichen Varietät. Die Pippis dieser Welt machten es sich zu einfach. Sie reduzierten die sichtbaren Varianten des Systems auf ein Minimum. Das passiert beispielsweise, wenn ein Erfrischungsgetränkehersteller den Zuckeranbau in seinem Wasserverbrauch übersieht. Wir BWLer nennen so was externe Effekte. Die Bauern sind ja ihr eigener Chef. Also warum ihren Verbrauch miteinbeziehen? Klar, es sieht einfach auch schlecht aus, wenn man für einen Liter Erfrischung grob einhundertsiebzig Liter Wasser verbraucht.

Heute sehen wir überall die Folgen dieser bis in die Neunzigerjahre hoch angesehenen Reduktion der Komplexität. Die grüne Lunge ist global entzündet. Sie keucht nur noch. Mitte dieses Jahrhunderts wird dem Meer der letzte fangbare Fisch entnommen sein. Die Endlagerung des Atommülls ist einzig bei den Energiekonzernen und selbst für sie nur rein finanziell ausgestanden. Es ist günstiger, einen Jungen für die Kakaoernte zu ersetzen, als sich um seine Gesundheit zu kümmern. Diese Liste der externen Effekte unserer Ökonomie können wir beliebig fortsetzen: Sowohl was die Themen wie die damit verbundenen Schwierigkeiten angeht. Die Varietät praktisch jeder Situation im ganz normalen Wirtschaften steigt seit Jahren an. Um das in den Griff zu bekommen, brauchen wir ein anderes Bild. Eine Alternative zu Pippis Idee von: »... ich mach mir die Welt, widdewidde wie sie mir gefällt.«

## 1.3 Die Krapfen-Wirtschaft

Kate Raworth, eine britische Volkswirtschaftlerin, hat ein Bild entwickelt, das die Wirklichkeit auf einen gut verständlichen Nenner bringt: Den Donut. Über die kreisrunde Süßspeise mit dem Loch in der Mitte erklärt sie eine Welt, in der Wirtschaften sinnvoll ist. Als soziale Grundlage erkennt sie, es solle kein Mensch auf dem Globus unter ein bestimmtes Einkommensniveau fallen. Auch brauchen alle Zugang zu Bildung. Darüber hinaus darf niemand Durst, Hunger oder unnötige Krankheiten erleiden. Diese kritischen Entbehrungen des Lebens verortet sie in das Loch im Zentrum des Donut.

Auf der anderen Seite, bestimmt sie, sollen nur die Ressourcen ausgebeutet werden, die wir auch wieder in einer angemessenen Zeit zurückgeben können. Das ist ein Verweis auf den ökologischen Fußabdruck, der anzeigt, dass etwa ein Mitteleuropäer zweimal so viel Erde verbraucht, wie er regeneriert. Diese kritische planetare Nutzung markiert die Obergrenze. Sie ist der äußere Kreis ihres Modells. In Pippis Größer-Schneller-Weiter-Welt gibt es in jeder Situation unendliche Varianten. In ihr ist nach oben, unten, innen, außen, rechts und links alles erlaubt. Raworth sagt dagegen: Nur zwischen den Ringen ist ein ebenso sicherer wie gerechter Ort für sinnvolles Wirtschaften. Sie nennt ihr Buch und Denkmodell dann auch treffend: *Die Donut-Ökonomie*.

So verringert sie die Varietät der Situationen, in denen wir handeln. Erkennen wir ihre Grenzen an, rückt die Kontrolle über das System näher.

Das freut Pippi keineswegs. Sie macht sich ja die Welt, wie sie ihr gefällt. Und das würde vermutlich weiterhin gelingen, wären da nicht die Menschen, die kritische Entbehrungen erleiden. Und gäbe es keine Wissenschaft, die allenthalben unseren Handlungsrahmen durch Wirklichkeit beschränkt. Ohne diese Tatsachen würden Pippis vorgestellte Realitäten vielleicht noch immer funktionieren. Es wäre der Ort, an dem die vorlaut

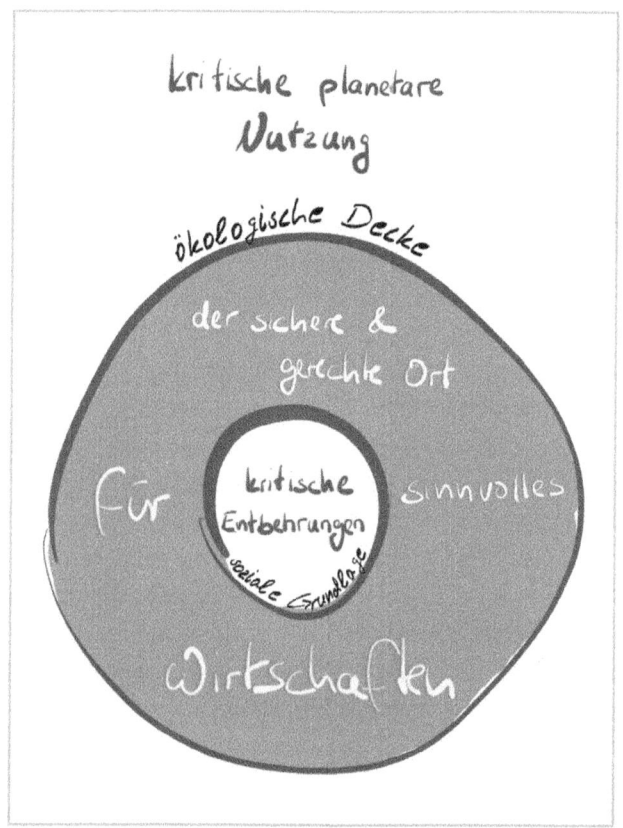

Fantasievollen uns ihre Regeln in dicken Büchern vorschreiben. Zu denen wir anderen uns dann mit kleinen lebensnahen Geschichten im Netz überfluten. Die wir in Blockbustern oder (Kurz-)Serien verfilmen. Über die wir Freunde von Pippi, wir Annikas und Tommis, zusammen Lieder singen, von der Freiheit, dem Verlust, der Liebe, der Wut auf das System und jedem Gefühl, das diese vorgestellten Welten brauchen. Ja, dort wäre alles einfach gut.

*Kate Raworth*

Leider bricht Kate Raworths Wirklichkeit die Schale der Pippi-Fantasien immer häufiger auf. Größer-Schneller-Weiter ist seit einiger Zeit zu offensichtlich falsch. Das scheinbar schöne Glitzersystem frustriert zunehmend mehr Menschen, in den Industrieländern genauso wie im Rest der Welt. Zu oft misslingt es den Pippis, ihre Versprechen gegenüber Annika und Tommi einzuhalten. So fragen sich viele Pippilottas schon seit einigen Jahren: Was tun?

### Auf der anderen Seite der Gleichung

Klar ist, dass Pippi kaum weiß, wie sie auf dem Donut leben soll. Der Kringel ist doch ziemlich beschränkt. Sprich, sie sucht Alternativen, um mit der hohen Varietät der Situationen ihrer vorgestellten Wirklichkeiten weiterhin erfolgreich zu sein. So kommen wir auf die andere Seite der Gleichung. Anstatt die Varietät des Systems zu verringern, kann sie ja die der Kontrolleure erhöhen. Auf der Suche danach, wie das klappt, entstanden tolle Konzepte. Sie alle eint die Auffassung, dass gerade wir Menschen geeignet sind, um Komplexität nützlich zu begegnen. Dazu dienen uns Fähigkeiten wie etwa bewusst zu denken, sich etwas Neues vorstellen zu können oder auch vernünftig zu improvisieren. Pippi erkannte: »Wir brauchen einen anderen Deal!« Und der sieht so aus: Mitarbeiter müssen künftig ihr Hirn auf der Arbeit benutzen, und zwar für meine Firma. Die Ära von ferngesteuerter Arbeitslast pro Zeiteinheit geht zu Ende. Das übernehmen in Zukunft Maschinen, die direkt miteinander vernetzt sind.

Natürlich versteht Pippi, dass sie dann anders mit Annika und Tommi umgehen muss. Jetzt ist es zu wenig, ihnen verschmitzt lächelnd mit einem Koffer voller Gold vorzuschreiben, was sie Abenteuerliches zu tun haben. Ihre psychologischen Berater erklären ihr: »Denkende Menschen wollen Mitsprache. Sie wünschen sich, wirksam zu sein. Sie stellen sich vor, eigene Ideen zu entwickeln und sie dann auch umzusetzen. Sie suchen nach einem Sinn in ihrer Arbeit.«

Pippi hört genau zu. Doch in ihrer Welt ist es schwer, zu verstehen, was dahintersteckt. Trotzdem bemüht sie sich. Anstelle von Sitzungen gibt es jetzt Meet-ups und Stand-ups. Arbeitsanweisungen übersetzt das Team in klein gegliederte Aufgaben. Die stehen neuerdings auf einem elektronischen Kanban-Board. Anstehende Probleme diskutiert man via ernsthafte Lego-Modelle. Chefs heißen jetzt Officer, Owner oder Master. Für Pippi wird die Welt keineswegs besser. Sie verließ die Taylor-Wanne. Sie wollte dahinter noch grünere Wiesen entdecken. Stattdessen trat sie ein in …

## 1.4 Die Pippi-Zombie-Apokalypse

Was ist in den ersten beiden Jahrzehnten dieses Jahrtausends passiert? So einiges. Pippilotta transformiert ihren Betrieb. Sie macht beim Hype um Agilität mit und organisiert ihre Firma künftig in crossfunktionalen Scrum-Teams. Außerdem sprechen sie inzwischen in holokratischen Kreisen miteinander. Und natürlich entscheidet die ganze Belegschaft unternehmensdemokratisch über Farbe wie Konsistenz der feuchten Toilettentücher. Sie lässt sich darauf ein, was die Hipster ihr zur Arbeit 4.0 erzählen. Dafür kauft sie Tischkicker. Sie richtet Lounge-Ecken ein. Dreimal pro Woche gibt es veganes Essen vom italienischen Starkoch in der Firmenküche. Sie strengt sich an, den Nerds zu folgen, die ihr erklären, wie ihr Firmenwagen inzwischen wichtige Informationen mit dem Bürokühlschrank teilt. Jeder bekommt ein Tablet für seine Arbeit. In den Besprechungsräumen stehen hundertzwanzig Zoll große Touchmonitore, die alle nutzen, um via WLAN die altbekannten Präsentationen abzuspielen.

An den wenigen freien Tagen, wenn Pippis Gehirn sich vom Wirbelwind der New Work erholt, schaut sie ernüchtert auf die Zahlen. Die Umsätze stagnieren. Das hippe Arbeitsleben frisst die Erträge auf. Zu allem Überfluss hat sie den Eindruck, dass Annika und Tommi sie nach Strich und Faden über den Tisch ziehen. Während sie Himmel und Hölle in Bewegung setzt, um die Leistung von drei Neuronen der beiden zum Nutzen der Firma zu gewinnen, tanzen die auf ihrer Nase eine feuchtfröhliche Generation-Y-Party.

Jetzt wird Pippi grün vor Wut. Sie steckt inmitten ihres schlimmsten Albtraums. Doch was ist schiefgelaufen? Wo nur ist sie falsch abgebogen?

## Warum dir aufsässige Mitarbeiter eine lange Nase machen

Pippi ist antiautoritär geworden, allerdings ohne Sinn und Verstand. Und so kam es dazu: Die BWL beschreibt eine klare Über-Unter-Ordnung als Grundbeziehung in einer Firma. In der wohlwollendsten Form sprechen wir hier von einem Patriarchat. Der Eigentümer ist der Papa der Kompanie. Er sorgt für seine Kinder. Einige von ihnen macht er zu Gruppenführern, denn sonst wachsen ihm die Kontaktanfragen über den Kopf. Daraus entsteht das System der allseits bekannten Weisungshierarchie. Alles, was mit dem industriellen Arbeitsverständnis zu tun hat, fußt darin auf demselben sozialen Mechanismus. Klare Anweisung erfährt diszipliniert gehorsame Umsetzung. Solange der Befehlende mehr weiß und die Welt besser versteht als der Angewiesene, kann das sogar gut funktionieren. Manchmal braucht es dafür korrigierende Kontrolle mit ergänzender Belohnung und Bestrafung.

Wie oben beschrieben, führt der Erfolg dieses Systems zu einer komplexeren Welt. So passiert es, dass die Hierarchen oft nicht mehr klüger sind als ihre Untergebenen. In Folge sind sie, wie Pippi im letzten Absatz, auf mitdenkende Mitarbeiter angewiesen. Und jetzt biegen sie reihenweise falsch ab. Anstatt das System der formalen Weisungshierarchie zu verlassen, versuchen sie die Belegschaft in der Pyramide anzureizen. So kommt es zu all den neuen Methoden, dem italienischen Koch und dem restlichen Brimborium. Das Ergebnis sind verwöhnt aufsässige Mitarbeiter und autoritätsberaubt dienende Führungskräfte.

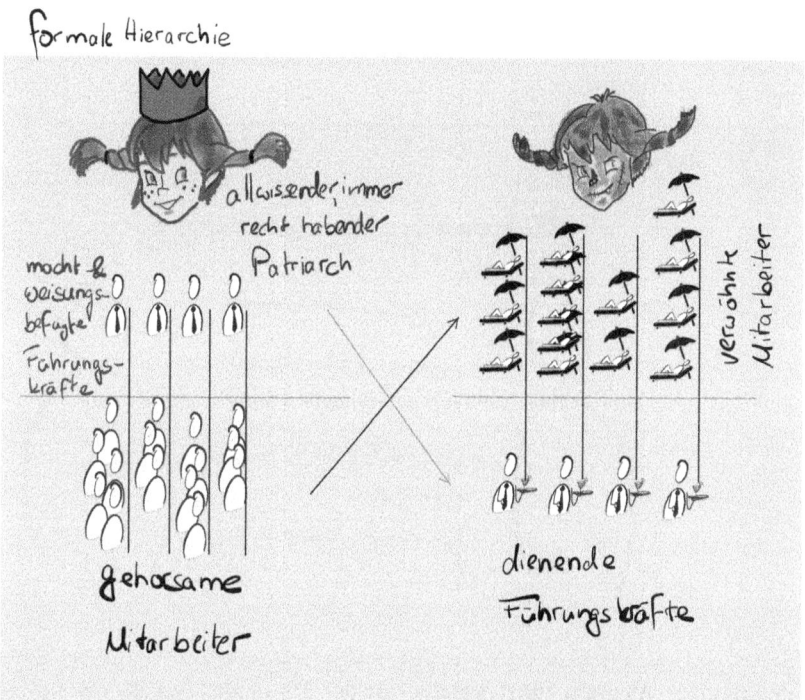

Das ist die Wirklichkeit der Pippi-Zombie-Apokalypse, in der sich Vorgesetzte heute oft wiederfinden, nachdem die Agile- und New-Work-Trainer den Laden wieder verlassen haben. Sie sind nur mehr zahnlose Tiger, eingeklemmt in einem ganz besonderen Schraubstock. Von unten quetschen die aufsässigen Mitarbeiter. Von oben drückt die Zielvereinbarung, die von ihnen verlangt, dass die Zufriedenheit der Quälgeister stets über neunzig Prozent liegen soll.

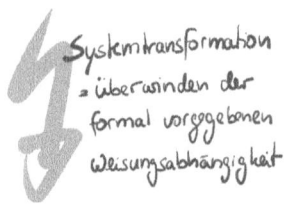

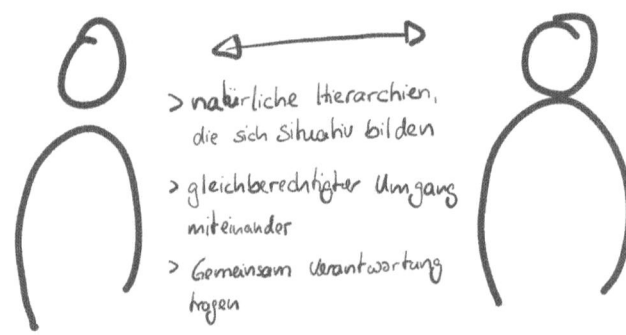

Der richtige Abzweig führt heraus aus der Pyramide. Das ist die nötige Transformation: Die formal vorgegebene Weisungsabhängigkeit zu überwinden. Gehst du diesen Weg, kannst du zu einer erwachsenen Betriebswirtschaft kommen. In ihr bilden sich Hierarchien situativ. Mitarbeiter gehen gleichberechtigt miteinander um. Die Belegschaft trägt gemeinsam die Verantwortung für die Firma.

## 1.5 Mein Beitrag zu diesem Weg

Ich bin seit zwanzig Jahren damit beschäftigt, Firmen umzukrempeln. In der Zeit bin ich unterschiedlichsten Modellen wie etwa der Balanced Scorecard, Scrum of the Scrums oder dem Beyond Budgeting begegnet. Sie eint die Annahme, eine passende Lösung für sämtliche Unternehmen zu sein. Schlussendlich konnte keines liefern. Manche wirbelten nur Staub auf.

Andere verschlangen ganze Vermögen. Und trotzdem, was für das Leuchtturmprojekt stimmte, versagte schon beim direkten Wettbewerb. Offensichtlich gibt es kein übertragbares Modell, das in jeder Firma funktioniert.

Seit über zehn Jahren arbeite ich deshalb mit dem GMV-Ansatz. GMV steht für »**G**esunder **M**enschen-**V**erstand«. Alle Organisationen, die ich kennenlernen durfte, teilen ein paar Grundbedürfnisse. Sie wollen, vom Kunden bis zum Lieferanten, eine größere Menge Menschen in ihrem Handeln aufeinander abstimmen. Bei dem, was sie tun, sollte ausreichend Geld reinkommen, damit alle davon leben können. Darin wünschen sie sich ein gerüttelt Maß an Stabilität. Wenn möglich, dürfen die als angenehm empfundenen Tage auf der Arbeit gerne überwiegen. Es hilft, haben die erzielten Resultate Sinn – ganz konkret für die Mitarbeiter und ebenso mit Bezug zur Welt, in der wir leben.

Ich bin überzeugt, die allgemein richtige Organisation ist ein Luftschloss. Ebenso wenig gibt es den Königsweg, dorthin zu kommen. Für beides gilt: Jede Firma ist einmalig. Ich nenne meinen Beitrag, diese Einzigartigkeit zu erhalten, Betriebskatalyse. Es ist eine heute noch unübliche Art und Weise, betriebliche Probleme aufzulösen. Ich benutze Begriffe, die du sicher schon kennst. Doch mein Weg, diese Bezeichnungen miteinander zu verbinden, bringt ein ganz anderes, ein erwachsenes Wirtschaften zutage. Die Verantwortung entsteht durch den Bezug zu unseren Realitäten. Im Gegensatz zu Pippi biete ich dir keine Welt, wie sie dir gefällt. Stattdessen zeige ich dir Mittel und Wege, deine Firma sicher durch die wirkliche Komplexität zu steuern, mit der wir es tagtäglich zu tun haben. Denn ich bin überzeugt, das genügt. Um es leichter zu machen, die Unterschiede zu erkennen, beziehe ich mich im Buch immer wieder auf die drei vorgestellten Systeme:

1. Pippi – die Welt der klassischen Lehre der Betriebswirtschaft.
2. Die Zombie-Apokalypse – die Welt der verwöhnten Belegschaften.
3. Raworths Donut – die Welt, in der Erwachsene zusammen Firmen betreiben.

Ich bin überzeugt, die Kernkompetenz für Erfolg auf dem Donut ist die Fähigkeit der Organisation, gewinnbringend mit Komplexität umzugehen. Laut Ashby's Gesetz der erforderlichen Varietät heißt das, so viel davon wie möglich innerhalb der Firma zu ermöglichen. Das bedeutet, Unternehmen müssen die Sandkästen von Pippis Garten und ihrer Zombie-Apokalypse verlassen. Das gelingt mit der Betriebskatalyse. Wie lange das bei dir und deiner Firma dauert, weiß ich nicht. Ich habe ebenso wenig Ahnung, wie das am Ende genau aussieht. Nur über eines bin ich mir völlig im Klaren: Es ist so möglich wie nötig.

Es hilft, die Annahmen zu kennen, auf denen die Betriebskatalyse fußt, um diese Denkschule zu verstehen. Deshalb stelle ich sie dir im Folgenden vor. Wenn du mir einfach so glaubst, kannst du den Teil überspringen und direkt bei »Ziel des Spiels« weiterlesen.

Auf geht's!

Episode 1 – von der Welt

## 2.
## Wenn Erwachsene Sandburgen bauen

Oft ist die erste Empfehlung, um die Transformation anzustoßen: »Mach die Mitarbeiter eigenverantwortlich.« Selbstbestimmung ist einer der magischen Schlüssel für die Pforte zur neuen Arbeitswelt. Zusammen mit Empathie und Selbstwirksamkeit bilde sie einen Dreiklang des Sinns auf persönlicher Ebene. Folgst du als Unternehmer ganz locker diesem Rat, fädelst du deinen Betrieb auf der Autobahn zur Pippi-Zombie-Apokalypse ein. Denn lässt man uns, machen wir Menschen genau das, was für uns selbst am meisten Sinn hat. Leider ist das für die Firma oftmals ganz schön schräg. Hier die Zusammenhänge, warum du deinen Kollegen auf keinen Fall ohne Hintergedanken den Raum für Eigenverantwortung geben solltest.

## 2.1 Sinn

Die Betriebskatalyse folgt den Annahmen von Viktor Frankl. Er geht davon aus, dass wir alle nach unserem individuellen Sinn streben. Wer sein Leben als sinnvoll empfindet, kann außerordentliche Krisen überstehen. Frankl selbst überlebte das KZ. Anstatt uns allerdings Gedanken über den Sinn jedes einzelnen Mitarbeiters zu machen oder, noch schlimmer, zu versuchen, ihm einen Sinn zu geben, prüfen wir nur den Kopplungszustand. Es gibt drei davon.

**Gekoppelt:** Du bist voller Energie. Du engagierst dich proaktiv für die Zusammenarbeit.

**Ausgekoppelt:** Im Großen und Ganzen passt alles. Du machst das, was von dir erwartet wird, gewissenhaft und so gut du kannst.

**Entkoppelt:** Du bist voller Tatendrang – allerdings genau gegen deine aktuelle Situation. Du orientierst dich aktiv um. Du zielst darauf ab oder nimmst zumindest in Kauf, dass das System dabei Schaden nimmt.

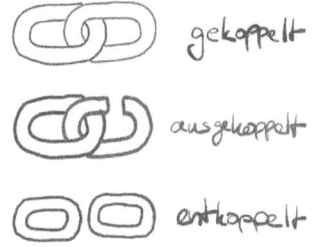

Wer ständig gekoppelt ist, läuft Gefahr, auszubrennen. Deshalb ist es völlig in Ordnung, zwischen aus- und gekoppelt zu pendeln. Menschen, die von aus- zu entkoppelt schwanken, machen missmutig Dienst nach Vorschrift, sind innerlich gekündigt oder betrügen die Firma.

**Das Thema »Sinnkopplung im Umgang mit den Mitarbeitern« in den verschiedenen Welten**

»Hier ist Ihre Arbeit. Wenn ich Ihre Meinung dazu hören will, gebe ich Ihnen Bescheid. Natürlich bedeutet das keineswegs, dass ich mich auch danach richte. Ich berücksichtige sie, wenn ich möchte.«

»Liebe Führungskräfte, Sie sind dafür zuständig, Ihren Mitarbeitern Sinn zu stiften. Wir nehmen das in Ihre Stellenbeschreibung und die jährliche Zielvereinbarung mit auf. Wir messen es von nun an regelmäßig in den Mitarbeiterbefragungen.«

»Machst du mit oder hast du Widerstände? Kannst du mir deine Widerstände erklären? Lass uns gemeinsam schauen, wie wir sie überwinden. Wenn das überhaupt nicht klappt, sollten wir getrennte Wege gehen.«

## 2.2 Respekt

Die Betriebskatalyse funktioniert, wenn gleichgestellte Erwachsene miteinander sprechen. Ich unterscheide dazu zwischen Kind-, Eltern- und Erwachsenen-Ich. Die Abgrenzung kommt aus der Transaktionsanalyse. Sie hilft dabei, Störungen in der Kommunikation auf den Grund zu gehen. So kannst du Konflikte begreifen und lösen. Grundlage dafür ist die Annahme: »Du bist ok. Ich bin ok.« Mit ihr drückst du aus, dass du gleichermaßen deinen Gegenüber respektierst wie von ihm erwartest, dich zu respektieren. Alle drei Ebenen sind in dir angelegt. Je nach Situation und Gesprächspartner verschieben sie sich. So stellen sich die verschiedenen Ichs dar:

Das Eltern-Ich verhält sich bevormundend. Es weist zurecht. Beides kann aus dem Drang nach Dominanz ebenso entstehen wie aus Sorge. Als Eltern zeigen wir unsere Gefühle etwa durch Stirnrunzeln. Auch eine gleichgültig wegwerfende Handbewegung könnte dir bekannt sein. In der Sprache erkennst du das Eltern-Ich an abwertenden Bemerkungen und schnell dahingesagten Vorurteilen.

Das Kind-Ich verhält sich hilflos. Es ist in der Situation spontan albern oder auch trotzig. Und das, ohne an die Konsequenzen zu denken. Es drückt sich allerdings auch dadurch aus, dass es neugierig, mit viel Fantasie und Kreativität arbeitet. In der Sprache erkennst du das Kind-Ich daran, dass es sich selbst zurücknimmt. Es duckt sich weg.

Das Erwachsenen-Ich pflegt einen konstruktiven Umgang auf Augenhöhe. In der Situation erkennt es seine Handlungsoptionen. Es trifft abgewogene Entscheidungen für sich. So nimmt es aktiv Einfluss, ohne andere zu bevormunden. In Gesprächen hört das Erwachsenen-Ich aufmerksam zu. Es spricht überlegt.

**Das Thema »Transaktionsanalyse im Umgang mit den Mitarbeitern« in den verschiedenen Welten**

»Können Sie das bitte für mich machen! Ich benötige es bis nächsten Freitag. Und dieses Mal bitte so, dass ich es direkt verwenden kann.«

»Können Sie sich bitte, bitte darum kümmern? Es wäre voll super, wenn das bis nächsten Freitag klappt, dann bekomm ich nämlich auch keinen Ärger. Vielleicht sogar bis Mittwoch, falls ich noch was ergänzen will.«

»Erinnerst du dich, für kommenden Freitag haben wir einen Termin. Hast du schon was? Kann ich dich irgendwie unterstützen? Sag mir rechtzeitig Bescheid, wenn du was brauchst, danke.«

## 2.3 Geist

In der Betriebskatalyse kommt es darauf an, die eigene Position und Meinung konstruktiv zu hinterfragen. Ich fasse das unter (Selbst-)Reflexion zusammen. Sie ist auf persönlicher Ebene genauso wichtig wie für die ganze Organisation. Die Grundlage dafür ist die Fähigkeit, sich in andere hineinversetzen zu können. Außerdem empfehle ich, das Augenmerk eher auf das zu richten, was die Mitmenschen tun, denn auf ihre Erzählungen. Ins Auge sticht beispielsweise die Suche nach der Antwort auf die Frage: »Warum ist Gähnen ansteckend?« Und: »Warum lächeln wir, wenn wir Kleinkinder sehen?« So sehr ich dafür plädiere, in den Schuhen der anderen laufen zu lernen, so angebracht finde ich, dass sie sich auch auf meine Standpunkte einlassen.

In der Betriebskatalyse bedeutet das, Regeln und Vereinbarungen können stets durch jeden hinterfragt werden. Die Belegschaft bedenkt und gestaltet die Strukturen selbst. Ja, sie entscheidet sogar die Strategie.

Dabei ist gerade der Umgang mit unserem Geist zweischneidig. Wir neigen immer wieder dazu, persönliche Meinungen voranzustellen. Deshalb ist speziell dieses Arbeitsfeld ein ständiger, vermutlich nie endender Lernprozess.

**Das Thema »Geist im Umgang mit den Mitarbeitern« in den verschiedenen Welten**

Pippi ordnet an. Sie erwartet Gehorsam. Das kann ebenso charmant wie harsch passieren. Ist sie unsicher, schiebt sie dem Befehl Propaganda voran. So bereitet sie den Boden für ihre strikten Regeln.

In der Zombie-Apokalypse schlägt die Anweisung fehl. Es mangelt an der nötigen Autorität: Die Führung ist ja aufgerufen, ihre Mitarbeiter zu hätscheln. Hier nutzen, wenn überhaupt, die Mechanismen der Überredung, wie wir sie aus dem Marketing kennen.

Auf dem Donut wird verhandelt. Hier muss die Organisation lernen, Konflikte zu lösen. Sonst drohen faule Kompromisse. Diese gefährden die Firma, anstatt sie zu stabilisieren. Autorität ist hier ein Talent, kein Bestandteil der Stellenbeschreibung.

## 2.4 Multitasking

Kollegen von mir sagen: »Das ist unmöglich.« Sie führen das auf eine Erkenntnis aus der Neurologie zurück. Demnach können wir zeitgleich auf unterschiedliche Weisen Informationen aufnehmen. Etwa kann ich telefonieren und sehen, dass die Ampel von Rot auf Grün wechselt. Das klappt auch mit Outputs. Ich kann weiter am Telefon sprechen und jemandem auf der anderen Straßenseite zuwinken. Eine Entscheidung allerdings verlangt von mir eine zentrale Aufmerksamkeit. Ich kann nicht im selben Moment beschließen, loszulaufen, weil die Ampel jetzt Grün ist, und mit meinem Gesprächspartner einen Termin vereinbaren. Die beiden Entscheidungsprozesse laufen in meinem Gehirn nacheinander ab.

Die Wissenschaft geht davon aus, dass das so ist, weil wir hierzu eingehende Informationen mit Outputs verknüpfen müssen. Diese Bindungen können wir nur nach der Reihe vornehmen. Also ist Multitasking unmöglich. Und doch können wir Auto fahren. Dort treten wir die verschiedenen Pedale und bewegen den Schaltknüppel, gerade weil wir gleichzeitig wahrnehmen, dass die Ampel zwar Grün wird, das Kind aber dennoch dem Ball hinterher auf die Fahrbahn rennt.

Wissenschaftler nehmen an, dass sich auch die dafür nötigen Entscheidungen aneinanderreihen. Allerdings sind wir so gut geübt, dass wir den Ablauf kaum noch wahrnehmen. Es kommt uns so vor, als ob wir es zeitgleich tun = Multitasking.

Für die Betriebskatalyse nimmst du mit: Beschlüsse brauchen ungeteilte Aufmerksamkeit. So empfiehlt es sich, alles, was in der Peripherie der Organisation direkt entschieden werden kann, dort zu lassen. Das spart Achtsamkeitszeit in der Zentrale. Gerade das Tagesgeschäft sollte schnellstmögliche Lösungen finden. Das entlastet den Organisationskern. Er hat Zeit und Kraft, Aufgaben zu lösen, die auf die ganze Firma wirken. Ich unterscheide zwischen Alltag-, Struktur- und Strategieentscheiden. Die

Betriebskatalyse trennt diese Ebenen sinnvoll voneinander. So kommt die Firma dem am nächsten, was wir als Multitasking wahrnehmen.

**Das Thema »Multitasking im Umgang mit den Mitarbeitern« in den verschiedenen Welten**

In Pippis Welt ist die ganze Organisation auf die Geschwindigkeit der Chefin reduziert. So schnell wie sie Situationen erfasst, Reaktionen entwickelt und daraus Entscheidungen trifft, ist auch die Firma.

In der Zombie-Apokalypse herrscht Chaos. Seilschaften spielen eine große Rolle. Verwöhnte Mitarbeiter machen, was sie wollen. Keiner hat den Hut auf. Alle erkennen, reagieren und beschließen. Meist nur zu ihrem Nutzen oder dem kleiner Gruppen.

Auf dem Donut wird zwischen alltäglichen, strukturellen und strategischen Problemen unterschieden. In der Routine entscheidet jeder für sich. In der Struktur die von der Konsequenz Betroffenen. Auf die Strategie nehmen alle Einfluss.

## 2.5 Hirn und Bauch

Worauf sollst du dich verlassen, auf deine Intuition oder auf die Vernunft? Wie bei vielem anderen gibt es hier kein Richtig und Falsch. Es kommt eben darauf an. Die Forschung von Daniel Kahnemann ist da aufschlussreich. Er erklärt: Unser Bauchgefühl ist schnell. Es verbraucht wenig Energie. Es funktioniert immer. Allerdings ist es ungenau und oberflächlich. Die Vernunft ist demgegenüber langsam. Sie ernährt sich von Kohlehydraten. Dafür kann sie sehr präzise sein. Ähnlich wie beim Multitasking können wir auch die trägen Denkprozesse bis zu einem gewissen Grad trainieren. So gelingt es, analytische Klugheit in bestimmte Bereiche des schnelllebigen Alltags zu bringen.

Andreas Zeuch geht in seiner Intuitionsforschung auf die Zusammenhänge in der Organisation ein. Er weist nach, wie wichtig unser Umgang mit Nichtwissen gerade für komplexe Entscheidungen ist. Wer die Regeln für Gruppenentscheide berücksichtigt, erkennt: Bei unsicheren Prognosen hilft Bauchgefühl. Allerdings vor allem dann, wenn wir das von vielen Menschen zusammenfassen können. Nicht zuletzt deshalb ist Zeuch heute ein Experte für Unternehmensdemokratie.

In der Betriebskatalyse gießt du die Theorie der Vordenker in praktische Formate. So befähigst du deine Firma, gute Lösungen mit der zur Situation passenden Gruppengröße zu finden. Du verlierst die Angst davor, dich mit vielen Teilnehmern zu verzetteln. Zugleich weißt du, wann es reicht, wenige einzubeziehen.

**Das Thema »Hirn und Bauch im Umgang mit den Mitarbeitern« in den verschiedenen Welten**

Pippi weiß, es ist lapidar: »Immer richtig entscheiden, das kann niemand. Am Ende des Tages muss ich eben mehr gute als schlechte Entscheidungen getroffen haben. Dann läuft der Laden.«

In der Zombie-Apokalypse blockieren die Führungskräfte, die sich auf ihre Intuition verlassen, die Vernünftigen – und umgekehrt. So gedeiht ein Klima der zweifelnden Zwietracht. Lautstärke und Rhetorik übertönen verantwortlich konsequentes Handeln.

 Auf dem Donut finden wir die richtigen Leute für die Situation. Das sind keineswegs immer Experten. Wir schätzen vernünftige Laien ebenso wie konstruktive Skeptiker. Wir können Widerstände so aufnehmen, dass sie unser Handeln verbessern. Am Ende steht die höchste Qualität, zu der unsere Organisation fähig ist.

## 2.6 Persönlich

In Artikeln und Büchern aus der Kategorie »Neues Arbeiten« lese ich Aussagen wie: Es kommt auf das richtige Menschenbild, Mindset, die passende Kultur an. Dann erklärt mir der Autor, was das ist. Je länger ich mich mit den Themen auseinandersetze, umso weniger glaube ich diesen Ansätzen. Ja, mir drängt sich der Eindruck auf, das ist wieder eine Pippi, die sich die Welt macht, wie sie ihr gefällt. Auf dem Donut gibt es kein pauschal Richtig, kein Passend. Es wird von uns verlangt, sich zu entscheiden – und sich dann konsequent dazu zu verhalten. Klar fallen einem manche Dinge leichter und andere schwerer. Doch mir begegnen in den Firmen immer viele Menschentypen. Da gibt es ichbezogene Eigennutzenoptimierer. Ihre besten Freunde sind manchmal völlig selbstlos unauffällige Allesmitmacher. Und ich treffe stets vernünftige, emotional ausgeglichene Faktenkenner. Ganz ehrlich, alle zusammen halten den Laden am Laufen. Oft hängt es von der Situation ab, wer zum Erfolg führt.

Die Betriebskatalyse flechtet die verschiedenen Prägungen und biologischen Vordefinitionen, die wir alle mit uns herumtragen, in ein funktionierendes Ganzes zusammen. Sie unterscheidet dazu keine richtigen oder falschen Menschenbilder. Sie versteht, dass du dich manchmal gern wie ein Kind oder ein Patriarch geben willst. Sie fordert allerdings von dir wie von allen anderen, dein Verhalten zu hinterfragen und schlussendlich wie ein Erwachsener zu handeln. Klar ist, wir sind dazu fähig. Freilich leben und arbeiten wir oft in Organisationen, die gerade diesen Wesenszug willentlich übergehen. Patriarchen wollen Kinder behüten. Kinder suchen nach Schutz. Autokraten erfreuen sich an dienstbeflissenen Befehlsempfängern. Paragrafenreiter verstecken sich gern hinter ihrer Bürokratie. Nur Erwachsene fühlen sich im Umfeld von Erwachsenen wohl. Wir können uns alle reif verhalten. Die Betriebskatalyse ist die Denkschule, die daraus systematisch erfolgreiches unternehmerisches Handeln entwickelt.

## Zwischenspiel

Dieser Abschnitt soll dir zeigen, was uns ausmacht. Wie wir ticken. Du kannst mitnehmen:
Menschen Sinn stiften zu wollen, ist ein nutzloser Anspruch. Jeder sucht selbst. Für die Firma ist es schlüssiger, die Kopplungszustände zu erkennen. Dann kann sie mit dem Ergebnis weiterarbeiten.
In der Betriebskatalyse arbeiten Erwachsene zusammen.
Wir sind bereit, unser Handeln zu hinterfragen, wenn sich die Situation ändert und die Resultate nicht mehr passen.
Entscheidungen brauchen volle Aufmerksamkeit. Deshalb ist es ratsam, die Organisation so aufzustellen, dass alltägliche Beschlüsse ohne Rücksprache getroffen werden können.
Wir können beides, Hirn und Bauch. Intuition trägt, wenn es schnell gehen muss und/oder die Unsicherheit groß ist. Vernunft trägt, wenn es dauerhaft präzise funktionieren soll und/oder viele Einflussparameter bekannt sind.

## Deine Arbeit

Sicherlich gibt es noch etliches mehr an Informationen über uns als Mensch. Bei der Betriebskatalyse geht es nie darum, alles Wissen zu kennen. Stattdessen befähigt sie dich, mit all deinem Know-how in ihrer Denkstruktur umzugehen. Natürlich sind mir die hier aufgeführten Inhalte wichtig. Wenn dir allerdings in meiner Liste etwas fehlt, nutze sie als Arbeitsbeispiel. Sie funktionieren wie ein Template. Zuerst fasst Du das Thema kurz zusammen. Anschließend schreibst du die Zusammenhänge speziell für die Katalyse auf. Am Ende formulierst du einfach den jeweils gültigen Absatz dazu. Einmal den von Pippi, dann den aus der Pippi-Zombie-Apokalypse und schließlich den auf dem Donut. Voilà schon ist aus dem Playbook ein Teil deiner spezifischen Katalyse geworden, die für deine Welt und deine Firma gilt.

# Episode 1 – von der Welt

## 3.
## Wo die Zukunft überrascht

Sigmund Freud hat uns ganz schön im Griff. Er ging davon aus, nach der Pubertät sei alles festgelegt. Fortan erklärte sich unser Tun psychologisch nur noch aus den Prägungen dieser Zeit. Pippi gefällt so ein Ansat, beinhaltet er doch das Versprechen: Kennst du die Vergangenheit, kannst du die Zukunft vorhersagen. Auf dem vernunftgeprägten Donut wissen wir, dass das Quatsch ist. Leider findet die BWL woanders statt. Denn die allermeisten Firmen machen Jahr für Jahr genau das: Sie schauen auf die letzten Bilanzen. Aus dem, was sie sehen, legen sie – meist frei gewählte – Wachstumsraten fest. Die übersetzen sie in einen Plan und schwups wissen wir alle, wie die Zukunft aussieht. Klar hat die Wirklichkeit ein paar Überraschungen parat. Deshalb verschwenden viele Führungskräfte einen Großteil ihrer Zeit darauf, die Fehler im Plan anzupassen und neue sinnlose Pläne auf den Weg zu bringen. Das ist so weit gediehen, dass wir Vorstände von Kapitalgesellschaften sogar gesetzlich dazu zwingen, es zu tun. Im Folgenden stelle ich dir einige Grundlagen vor. Sie befähigen die Betriebskatalyse, mit der Wirklichkeit klarzukommen.

## 3.1 Unverhofft

Nassim Nicholas Taleb ist ein ziemlicher Stinkstiefel. Das kannst du herausfinden, wenn du dir ein paar Videos von ihm anschaust. Er kommt aus dem Libanon, war jahrelang Trader und beschäftigt sich schon eine lange Zeit mit ganz bestimmten Phänomenen. Er weiß um seine Arroganz. Sein Kommentar dazu ist: »Ich habe Fuck-you-Money. Deshalb kann ich sagen, was ich will und wie ich es will.« In seinem Buch *Skin in the Game* beschreibt er, wie die Rüpeleien seine Glaubwürdigkeit stärken. Jemand, dem es egal ist, was die Leute über ihn denken, sagt die Wahrheit. Du wirst ihm in diesem Buch noch ein paar Mal begegnen.

Seine These lautet: Es gibt überraschende Ereignisse, die mehr Einfluss auf dein Leben nehmen, als alles, was du dir bis dahin über deine Zukunft vorgestellt hast. Als Beispiel dient die Entstehung dieses Textes. Ich kann ihn jetzt gerade schreiben, weil mir meine Kunden vor ungefähr drei Wochen unvorhergesehen viel Zeit schenkten. Das war der 11. März 2020. Mein Beginn der Corona-Krise. Ich kann mich gut erinnern, dass ich sechs Tage davor noch mit einem Vorstand witzelte, wie das Thema so langsam überhandnimmt. In unserem Treffen wurde ihm eine seiner wichtigsten Messen abgesagt. Eine Woche später sah er sich mit einem Umsatzrückgang von über fünfzig Prozent konfrontiert. Von einem Tag auf den anderen. Wir sprechen von einer Firma, die circa einhundertsechzig Millionen Euro Umsatz im Jahr macht. Bei mir sah das ganz ähnlich aus. Am zwölften März waren meine aktiven Einnahmen völlig verschwunden. Sicherlich kannst du dich erinnern, wie sich dein Arbeiten mit Corona veränderte. Und vermutlich warst du davon ziemlich überrascht.

Wir alle hatten einen anderen Umgang mit diesem Ereignis. Pippis, wie die meisten Menschen und wie Firmen in der Pippi-Zombie-Apokalypse, gingen erst einmal in den Widerstand. Sie versuchten, an ihrem Alltag festzuhalten. Sie veranstalteten sogar Corona-Parys. Bis die Einschränkungen durch die Regierung kamen. Viele meiner Kunden, meine Kollaborationspartner und ich reagierten anders. Wir stellten um, zeitnah und konsequent. Persönliche Treffen wurden ebenso abgesagt wie Veranstaltungen für Gruppen. Die Arbeit blieb. Wir verlagerten sie, dort wo es ging, schnell und effizient nach Hause. Während die Pippis haderten, waren wir schon mit Alternativen am Start. So meldete ich mich beim Verlag. An und für sich wollte ich das Buch frühestens im Herbst schreiben. Es sollte dann im Frühjahr 2021 erscheinen. Doch der schwarze Schwan war jetzt. Und so sitze ich hier, in der Ruhe meines Homeoffice. Ohne, dass mich Kunden ablenken. Nun ist die Veröffentlichung im November 2020. Ich kann ein halbes Jahr früher mit dem Buch im Markt arbeiten. Corona schenkt mir die Chance auf eine schnellere Marktdurchdringung mit dem Playbook zu Betriebskatalyse. So stellt sich Nassim Nicholas Taleb den Umgang mit einem schwarzen Schwan vor: Umarme ihn und mach das Beste daraus. Natürlich herzen auch die Kollegen aus der Zombie-Apokalypse den Virus. Sie jagen die Preise für Schutzmasken in die Höhe. Sie verkaufen Miniatur-Küchen-

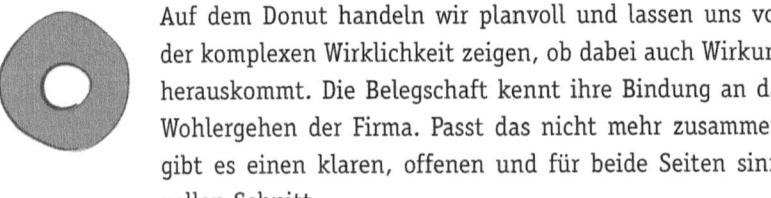

krepp-Rollen zum vielfachen einer normalen Packung. Sie bringen Schutzkleidung mehrfach an den Mann und lassen den Großteil ihrer Kunden leer ausgehen. Sie stellen ihren kurzfristigen Profit vor die unweigerlichen Folgen auf dem Donut. Und sie setzen ihre abhängigen Angestellten unter Druck, dabei mitzumachen.

Für die Betriebskatalyse nehmen wir mit, wie kurz gegriffen es ist, sich auf Pläne zu verlassen. Anstatt zu glauben, dass die Zukunft so wird, wie wir sie uns ausknobeln, sollten wir nach schwarzen Schwänen Ausschau halten. Die Betriebskatalyse zeigt dir, wie du in unvorhergesehenen Ereignissen sinnvoll handelst.

**Das Thema »Unverhofft« in den verschiedenen Welten**

Pippi plant. Sie reduziert ihre Welt stets auf die Linie ihrer eigenen Vorstellungskraft. Geht das schief, verkürzt sie die Planungszyklen. Die Fehler sucht sie in der Planungsmethodik. Sie kommt gar nicht erst auf die Idee, das Vorgehen an sich infrage zu stellen.

Planung spielt auch in der Zombie-Apokalypse eine große Rolle. Allerdings plant hier erst einmal jeder für sich. Wirksamkeit fällt häufig politischen Ränkespielen zum Opfer. Hier geht es Führungskräften wie Mitarbeitern darum, ihren persönlichen Erfolg von den Risiken der Firma zu entkoppeln.

Auf dem Donut handeln wir planvoll und lassen uns von der komplexen Wirklichkeit zeigen, ob dabei auch Wirkung herauskommt. Die Belegschaft kennt ihre Bindung an das Wohlergehen der Firma. Passt das nicht mehr zusammen, gibt es einen klaren, offenen und für beide Seiten sinnvollen Schnitt.

## 3.2 Zeit

Hier geht es weniger um das Messbare. Stattdessen schauen wir zusammen auf die Haltung zum Konsum, die wir Menschen haben. Daraus erkläre ich, warum sich Pippi so verhalten kann, wie sie es tut. Fachleute geben dem Zusammenhang von Zeit zu Verbrauch den Namen: Zeitpräferenz.

Gut verstehen kannst du es, wenn du dich an einen Werbespot erinnerst: Darin wird Kindern eine Süßigkeit angeboten. In der Schokolade verbirgt sich ein Plastikspielzeug. Der Spot zeigt, wie es den Kleinen unmöglich ist, auf den Verzehr und die nachfolgende Aktion zu warten. Es geht so: Aufreißen, essen, bauen, spielen. Es sofort zu tun, ist ihnen wichtig. Sie haben eine hohe Zeitpräferenz.

Demgegenüber nehmen wir bei Erwachsenen an, dass sie über ihre Zukunft nachdenken können. Sie können Zusammenhänge verstehen. Da kann der Gedankengang so gehen: Süßspeise = Gewichtszunahme = Herzkreislaufprobleme = verfrühte unnötige Krankheiten. Oder so: Kleine Plastikteile = in der Wiese verloren = vom Regen in den Bach gespült = im Meer gelandet = Müllinsel im Pazifik. Wer so denkt, schaut auf die möglichen Auswirkungen des Konsums in der Zukunft. Aufgrund dessen verschiebt er ihn entweder nach hinten oder verzichtet ganz. So über die Folgen des eigenen Verbrauchs nachzudenken und sich anders zu verhalten, als man es im ersten Impuls wollte, steht für eine niedrige Zeitpräferenz.

Die Fertigkeit, die zu einer niedrigen Zeitpräferenz führt, ist Selbstkontrolle. Sie ist in hohem Maße von der Fähigkeit abhängig, uns von außen betrachten zu können. Sprich der (Selbst-)Reflexion. Eine einfache Übung, die in diesem Zusammenhang empfohlen wird, ist: Stell dir vor, du wärst eine Fliege an der Wand und schaust auf dich und das, was du gerade tun willst. Nimm jetzt an, die Mücke ist intelligent und kennt die gleichen

Wechselbeziehungen wie du. Ist es dann noch immer eine gute Idee, deinem ersten Handlungsimpuls zu folgen? Die Betriebskatalyse macht die ganze Organisation fit in der konstruktiven Auseinandersetzung mit sich selbst.

**Das Thema »Zeitpräferenz« in den verschiedenen Welten**

Pippi lebt in ihrer eigenen Wirklichkeit. Dort ist sie natürlich zur Selbstkontrolle fähig – solange es in ihren reduzierten Zusammenhängen Sinn hat. Sekundäreffekte, wie den Wasserverbrauch der Zuckerbauern, übersieht sie. Das ist Aufgabe der Gesellschaft.

In der Zombie-Apokalypse sieht zumindest die Leitung die Wechselwirkungen sehr wohl. Allerdings arbeitet sie zusammen mit dem Marketing aktiv daran, sie vom Image der Firma abzugrenzen. Heraus kommen dann anstelle von Lösungen Greenwashing und/oder eigenentwickelte Zertifikate für nachhaltiges Wirtschaften.

Auf dem Donut stellen wir uns unserem Verbrauch. Wir übernehmen Verantwortung, anstatt sie einfach auf andere, wie etwa die Konsumenten, abzuschieben. Der Spagat zwischen einer hohen Zeitpräferenz und dem weitverbreiteten schnellen Konsum ist eines der wirtschaftlich zu beachtenden Risiken für Firmen in der Transformation.

## 3.3 Unsicherheit

Gehen wir es praktisch an. Julian hat eine Idee zu einer neuen Software, viele sinnvolle Infos für eine gute Lösung fehlen ihm. Aber er kennt einen Menschen, den er zum gedanklichen Prototyp seines Kunden macht. Allerdings hat er keine Ahnung, ob es von ihm genug für sein Geschäftsmodell gibt. Auch andere Parameter kann er nur grob schätzen. Wie hoch ist ein guter Preis? Wie lange dauert es, bis sich jemand für den Kauf entscheidet? Besser einmalig verkaufen oder lieber vermieten? Welche Infos müssen den Kunden im Vorfeld klar sein? Braucht es Service und wenn ja, was für einen? Das alles geht ihm auf die Nerven. Julian will an seinem Produkt arbeiten! Also legt er gut gelaunt los. Du triffst ihn kurz danach und fragst: »Wann bringst du das Ding denn auf den Markt?« Er überlegt einen Moment, dann kommt die zufriedene Antwort: »So wie ich mich reinhänge, schätze ich, in drei Monaten!« Über ein Jahr später rauft er sich die Haare, gibt auf und beerdigt sein Projekt. Was ihm in dem Beispiel widerfährt, passiert jeden Tag mit tausenden von Vorhaben. Vielleicht hast du das bereits in einem anderen Projekt miterlebt.

Die amerikanische Chemieindustrie untersuchte die Zusammenhänge schon in den Sechzigerjahren. Sie fragte sich damals: Warum fallen so viele unserer Vorhaben aus der Zeit- und Aufwandsplanung? Sie erkannten: Es hängt mit dem Grad an Unsicherheit zusammen. Was ist damit gemeint?

In der Betriebskatalyse teilst du komplexe Projekte grob in drei Abschnitte. Den ersten nennen wir Aufgabenstellung, den zweiten Lösungsweg und den dritten Lösung oder Lösungsraum. Lass es uns auf das Beispiel von oben anwenden. Nehmen wir an, du bist ein Programmierer. Du hast schon mehrmals eine Software komplett entwickelt. Business-Logik, Datenmanagement und Frontend. Von deinem Kunden hast du eine PowerPoint bekommen. In ihr hat er alle Bildschirme für sein Programm dokumentiert. Außerdem hat er vermerkt, was er hinter jedem Bild, Button oder Eingabefeld für Funktionen erwartet.

Für diesen Fall kennst du die Aufgabenstellung – du bist Softwareentwickler. Du beherrschst einen Lösungsweg – du hast es schon einige Male gemacht. Und dein Kunde gab dir die Lösung in seiner Präsentationsdatei. Mit all diesem Wissen kannst du Zeit und Aufwand sehr genau vorhersagen. Du bist sicher.

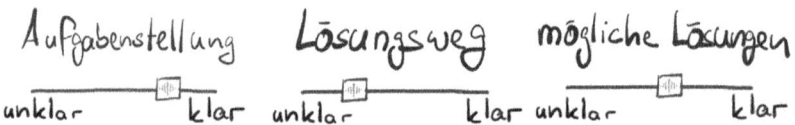

Jetzt sagen wir, du sollst es in einer Programmiersprache machen, die dir unbekannt ist. Der Lösungsweg wird unklarer. Schon steigt die Unsicherheit. Deine Abschätzung von Anstrengung und benötigter Zeit wird ungenauer.

In der Betriebskatalyse lernst du, solche Vorhaben effektiv und effizient zu begleiten. Da raufst du dir auch dann keine Haare, wenn die Aufgabe, der Lösungsweg und/oder die Lösung teilweise beziehungsweise ganz unklar sind.

**Das Thema »Unsicherheit« in den verschiedenen Welten**

Pippi kennt keine Ungewissheit. Bei ihr passieren die Dinge so, wie sie es sich vorstellt. Gibt es dazu Ausnahmen, wird entweder die Superkraft oder das Geld zur Korrektur eingesetzt. Hilft beides nicht, muss jemand dafür seinen Hut nehmen.

In der Zombie-Apokalypse weißt man: Dinge laufen schief. Genau dafür gibt es das ausgeklügelte System aus Anweisung, Kontrolle und Bestrafung/Belohnung. Wichtiger als tatsächliches Vorankommen sind Papiere. Sie bestätigen die Kompetenz unabhängig vom Ergebnis. Schuld sind hier stets die anderen.

Auf dem Donut ist klar, dass es viel Unvorhersehbares gibt. Ständig kommt es anders und meistens als wir denken. Anstatt uns mit unserem Wissen in Sicherheit zu wiegen, suchen wir gezielt nach der Unsicherheit, um mit ihr dann konstruktiv umzugehen. Alle gehen durch die Schule des Lebens. Erfolge kommen durch konkretes Tun anstelle von vorwegnehmenden Diplomen.

## 3.4 Risiko

Wenden wir uns einem weiteren zentralen Thema zu. Unter Softwareentwicklern hörte ich das erste Mal vom sogenannten Bus-Faktor. Er wird als Ganzzahl ausgedrückt und ist das Resultat auf die Frage: »Wie viele Menschen können in unserer Firma vom Bus überfahren werden, bis der Betrieb stillsteht?« Zugegeben, das ist einigermaßen makaber. Dennoch lohnt es, diesen Faktor auszuwerten. Denn auch er spricht Bände darüber, wie zukunftssicher eine Organisation aufgestellt ist.

In der ersten Transformation, die ich begleitete, beriet ich ein Unternehmen mit um die dreihundertfünfzig Mitarbeitern. Dort gab es das Zentrum der Macht. Nun denkst du dir vielleicht, es handelte sich dabei um die Firmenleitung. Weit gefehlt. Die Kollegen meinten damit die technische Entwicklungsabteilung. Ein Team von ungefähr zwölf Ingenieuren. Dort gab es so viele Spezialisten, dass maximal drei von ihnen fehlen durften, ansonsten stand der Laden still.

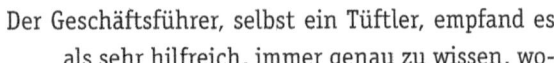

Der Geschäftsführer, selbst ein Tüftler, empfand es als sehr hilfreich, immer genau zu wissen, wohin er gehen musste, wenn es ein Problem gab. Deshalb hatte er die Organisation so strukturiert. Das Team fühlte sich auch pudelwohl. Sie diktierten dem Vertrieb, der Produktion und überhaupt der restlichen Belegschaft, in welche Richtung sich die Firma zu entwickeln hatte. Leider fehlte ihnen jegliches Gefühl für den Kunden. So kam es, dass der Betrieb, selbst als sein Markt über einige Jahre mit Wachstumsraten von mehreren hundert Prozent boomte, nur knapp die schwarze Null schaffte. Um das makabre Spiel zu vervollständigen, gibt es auch den Reverse-Bus-Faktor. Die Zahl beantwortet die Frage: »Wie viele Leute in unserer Organisation können vom Bus überfahren werden, ohne dass ihr Fehlen auffällt?«

Die Betriebskatalyse verschafft der Firma Luft zum Atmen. Es sollen keine Zwangsabhängigkeiten entstehen, weder vom Unternehmen zu einzelnen Menschen noch umgekehrt. Dafür ist es wichtig, Verantwortung auf viele Schultern zu verteilen. So kannst du ebenso ruhig schlafen wie alle anderen und trotzdem fällt nichts Wichtiges hinten runter.

### Das Thema »Risiko« in den verschiedenen Welten

Alles dreht sich um Pippi. Sie hält es kaum aus, sollte in der Firma jemand auch nur wichtiger erscheinen als sie selbst. Deshalb ist sie überall dabei. Es gibt keinen Prozessschritt, den sie unüberwacht lässt. Fehlt Pippilotta, steht der Laden still. Bus-Faktor = 1.

In der Zombie-Apokalypse bilden sich Zentren der Macht. Mir sind sie schon in verschiedenen Formen begegnet. Ich kenne die oben beschriebenen Know-how-Träger. Anderswo spinnen gewiefte Politiker ein Netz von Abhängigkeiten, das sie an ihre Person knüpfen. Und in der nächsten Firma gibt es Macher, die so weit vor dem Rest der Belegschaft laufen, dass der Betrieb auf sie angewiesen ist. Bus-Faktor: sehr klein und in verschiedenen Fällen völlig unerkannt.

Auf dem Donut suchen wir nach einer guten Balance zwischen dem Bus- und Reverse-Bus-Faktor. Erkennen wir eine zu große Abhängigkeit, verteilen wir die Verantwortung. Nimmt irgendwo die Arbeit ab, fragen wir uns, was wir Sinnvolles für die Firma mit der gewonnenen Zeit anfangen können. Bus-Faktor ≥ zehn Prozent bestenfalls zwanzig Prozent der Belegschaft.

## 3.5 Persönlich

Meine Kollegen aus der New-Work-Bubble werden kaum müde, die Wichtigkeit von Transparenz zu betonen. Dabei scheint jedwede Form von Durchsichtigkeit überlebenswichtig. Ich sehe das anders. Für mich steht die Sichtbarkeit der Wirtschaftszahlen im Vordergrund. Ich interessiere mich wenig für geleistete Stunden. Auch wie sich einzelne Menschen konkret organisieren ist mir reichlich egal. Mit meinen Kunden habe ich gelernt, worauf es ankommt: Alle Mitarbeiter sollten die wirtschaftliche Konsequenz ihres Tuns als Belegschaft sehen können. Das Klein-Klein gehört auf die soziale Ebene. Die zweite wichtige Lektion ist: Immer nur die Wirklichkeit zeigen, keine Wunschvorstellungen, keine Pläne, maximal verschiedene mögliche Szenarien. Ich weiß, was das bedeutet. Ich fordere dich dazu auf, die ökonomische Unsicherheit der Firma offenzulegen. Ist das klug? Gegenüber Kindern vielleicht nicht. Auch nicht gegenüber verwöhnten Eigennutzenoptimierern. Doch sicherlich bei Erwachsenen. Die machen genau das, was uns Menschen auszeichnet – das Beste draus.

Die Betriebskatalyse verabschiedet sich vom Trugbild, ein Plan wäre geeignet, die Zukunft zu gestalten. Sie eröffnet dir den brauchbaren Austausch zwischen euren Ideen und der Wirklichkeit. Mit ihr bleibst du handlungsfähig. Selbst dann, wenn schwarze Schwäne alle vertrauten Strukturen über den Haufen werfen. In der Transformation vom herkömmlichen System hinein in eine erwachsene Betriebswirtschaft ist das häufig ein kritischer Punkt. Auf der einen Seite gilt es, die lieb gewonnene Sicherheit loszulassen. Auf der anderen stellen sich die neuen Mechanismen erst einmal verschwommen dar. Es ist wie die Wartezeit in der Corona-Krise. Da sitzen plötzlich ganz viele Menschen im Homeoffice. Nach zwei Wochen stellt sich bei einigen der Lagerkoller ein. Sie fragen sich, wann hört das auf? Wie kommen wir wieder zurück in ein normales Leben? Und die Regierung sagt: »Wir beobachten die Zahlen und denken scharf nach.«

Tatsächlich handeln sie betriebskatalytisch. Sie machen ihre (neuen) Informationen laufend transparent. Sie entscheiden von Tag zu Tag. Sie warten ab, ob die beschlossenen Maßnahmen greifen. Erst, wenn sie in den gläsernen Zahlen Resultate erkennen, passen sie die Instrumente an. Dass dieses Vorgehen ungewohnt ist, heißt keinesfalls, dass es schlechter ist als ein Plan.

## Zwischenspiel

Dieser Abschnitt soll dir zeigen, was an Transparenz Sinn hat:
Schwarze Schwäne können mehr Einfluss auf deine Firma nehmen als alles, was du dir für die Zukunft vorstellen kannst. Ein sinnvoller Weg, damit umzugehen, ist, möglichst vielen Menschen einen ehrlichen Blick auf den Horizont zu ermöglichen. Nur so können vielleicht einige die Schwäne kommen sehen und danach handeln.
Willst du immer alles gleich konsumieren, nimmst du dir die Chance auf Zinsen. Außerdem ignorierst du die Kettenreaktion deines Verbrauchs. So nimmst du teilweise unabsehbare Folgeschäden billigend in Kauf.
Bestimme den Bus-Faktor in deiner Firma. Lass dich überraschen, auf welche Menschen er sich wirklich bezieht.

## Deine Arbeit

Sicherlich gibt es noch etliches mehr an Informationen über einen sinnvollen Umgang als Firma mit der Zukunft. Mach es deshalb wie im vorherigen Abschnitt: Wenn dir in meiner Liste etwas fehlt, nutze das Template. Fasse das Thema kurz zusammen. Schreibe die Zusammenhänge speziell für die Katalyse auf. Und formuliere am Ende den jeweils gültigen Absatz für die drei verschiedenen Welten (Pippi, Zombie, Donut).

# Episode 1 – von der Welt

## 4.
## Der ausgefranste Betrieb

Neben dem Menschenbild und der Zukunftsfähigkeit des Geschäftsmodells ist der dritte Ausgangspunkt für Transformationen die Aufbauorganisation. Da lesen wir allerorten, dass die Pyramide ausgedient hat. Der Tannenbaum, wie die formale Weisungshierarchie noch genannt wird, ist zu träge, zu sehr Industriezeitalter. Heute sind wir in der Plattformökonomie angekommen. Da gelten andere Gesetze.

Hier wird üblicherweise das Bild des Netzwerks bemüht. Mehrere runde Kreise sind linear miteinander verbunden. Nervenzellen schicken blinkende Lichtsignale über organisch anmutende Bindfäden. Ein Schlagwort darf in diesem Organisationsbild nie fehlen: Dezentralisierung. Das interessante daran ist, es kann sie nur im Zusammenhang mit einer Zentrale geben. Ohne die wäre es schlicht eine versprengte Ansammlung von Individuen oder Gruppen. Erst die Verbindungen untereinander machen sie zu einem System. Wenn wir also dezentralisieren wollen, müssen wir das Zentrum mitdenken. Was dabei zu beachten ist und welche Rolle die Betriebskatalyse dem Kern gibt, darum geht es in diesem Abschnitt.

## 4.1 Alles im Netz

Sämtliche Aufbauorganisationen, die wir kennen, auch der Tannenbaum, sind als Netzwerke organisiert. Die Weisungspyramide ist nur eine spezielle Ausprägung. Ich halte deshalb Eigenschaften auseinander, um der Lösung näherzukommen. Das ist hilfreicher, als generell zu behaupten, wir dezentralisieren in eine Netzwerkstruktur. Zuerst unterscheide ich mit Bezug auf die Kontrolle.

**Zentralisiert:** Hier gibt es einen zentralen Entscheider (Mensch oder Gremium). Alle unsicheren Situationen gelangen zu diesem Punkt in der Firma. Das größte Risiko hier ist der weiter oben erwähnte Bus-Faktor. Ein anderes Problem ist, dass ab einer bestimmten Organisationsgröße die Zentrale stets vor Arbeit kollabiert. Der Betrieb wird träge. Das übliche Mittel, dem Herr zu werden, ist Bürokratie. Organigramme werden erlassen. Arbeitsanweisungen erteilt. Stellenbeschreibungen zugeordnet. Zielvereinbarungen verwaltet. Das gleicht einer Maschine mehr als einem lebenden Organismus. Das Ergebnis davon ist eine ebenso behäbige wie aufgeschwollene Firma. Das Risiko eines Infarkts steigt.

**Dezentralisiert:** Hier gibt es mehrere unabhängige Subsysteme. Sie üben die Kontrolle gleichberechtigt aus. Das ist etwa die Idee einer Genossenschaft. Während die Mitglieder völlig autonom sind, organisieren sie ihre gemeinsamen Interessen zusammen, vielleicht so etwas wie ihren Materialbedarf. Natürlich kann es sein, dass die einzelnen Subsysteme ihrerseits wieder zentralisiert sind. Das größte Risiko der Dezentralität ist, dass zu bestimmten Fragestellungen die Einzelinteressen unvereinbar sind. Dann ist das Gesamtsystem blockiert oder es bricht auseinander.

**Verteilt:** In diesem Netzwerk ist jeder Mensch im System sein eigener Herr. Anhand seiner Interessen verhandelt er mit den anderen Teilnehmern die Zusammenarbeit und schließt bindende Vereinbarungen. Die Kontrolle liegt bei jedem Einzelnen. Der amerikanische Tomatenproduzent Morningstar organisiert sich so. Das größte Risiko für diese Organisation ist, dass es zu lange dauert, die Absprachen bindend auszuhandeln. Denn ohne diese gibt es überhaupt keinen Betrieb.

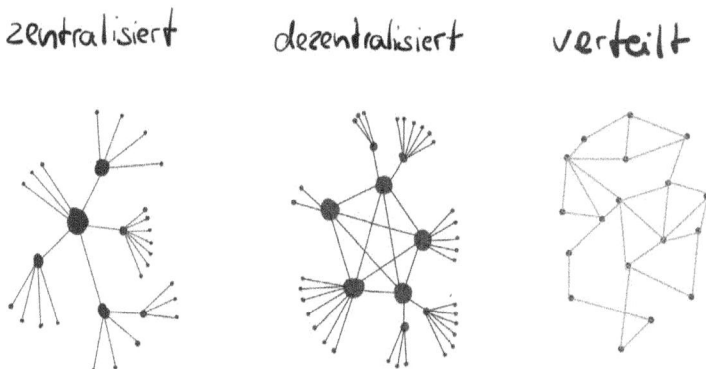

Neben der Kontrolle ist es auch interessant, das Netzwerk unter dem Gesichtspunkt der Verortung anzuschauen. Dann bedeutet zentralisiert, dass alle Einheiten am selben Ort zusammenkommen. Dezentralisiert wäre beispielsweise ein Filialnetz. Verteilt sind Softwareentwicklerteams, deren Mitglieder über den Globus verstreut sitzen. Schauen wir sie uns mit Blick auf Richtungen an, dann erstreckt sich zentralisiert von oben nach unten und umgekehrt. Dezentral versteht sich von außen nach innen. Verteilt kennt nur die Situation und richtet sich danach aus.

All das ist unabhängig davon, ob ich ein Beziehungsnetzwerk, eine Aufbauorganisation oder ein Werkstattnetz für einen Autohersteller anschaue. Sie lassen sich stets über diese drei Netzwerkkarten beschreiben. Darin sind natürlich auch Kombinationen sinnvoll. Etwa wenn ich mit meinem Kollegen Joan Hinterauer zusammen im Büro sitze: Dann sind wir örtlich zentralisiert aber auf der Ebene der Kontrolle verteilt.

Die klassische BWL löst organisatorische Aufgaben schlussendlich nur in der zentralisierten Netzwerkstruktur. Anstatt sich auf die anderen Formen einzulassen, entwickelt sie ständig neue Konzepte, um die Zentralität behalten zu können. Die Bürokratie wächst irgendwann überbordend. Das steht zunehmend im Widerspruch zu unserer Welt. Neben der Blockchain und dem Bitcoin funktionieren auch AWS (Amazon Web Services), die Google-Suche, Facebook und andere Cloudlösungen nur, weil sie Bindung an ein Zentrum überwinden.

Die Betriebskatalyse erweitert deine Möglichkeiten. Sie erlaubt dir, auch für die Aufbauorganisation zu dezentralisieren. Ja, einige unserer Kunden streben sogar aktiv eine verteilte Struktur an. Dort gibt es Projekte; die Vorstellung ist, dass sich anhand der Anforderungen situativ Gruppen bilden, die diesen Auftrag betreuen. Verändern sich die Ansprüche, das Volumen oder etwas anderes, verändert sich ebenso die Zusammensetzung des Teams – allein nach den Vereinbarungen mit dem Kunden. Gänzlich ohne Führungskraft.

### Das Thema »Netz« in den verschiedenen Welten

»Ich sitze wie eine Spinne im Netz. Hier bewegt sich nichts und niemand ohne, dass ich davon weiß. Alle Entscheidungen gehen über meinen Schreibtisch. Das ist der einzige Weg, wie es funktioniert. Ist doch klar, es wuppt nur, wenn ich es selber mache.«

Auf dem Papier gibt es eine eindeutige Befehlsstruktur. Die wichtigen Dinge finden allerdings im informellen Beziehungsnetzwerk statt. Es kommt darauf an, die richtigen Leute zu kennen: »Dann bekommst du hier auch was auf die Reihe. Es motzt nur der über Beziehungen, der keine hat.«

Wir sind uns der verschiedenen Netzwerke bewusst. Was die Kontrolle angeht, arbeiten wir bevorzugt verteilt oder dezentral. Über unsere Informationstransparenz halten wir den Laden zusammen. Und schließlich haben wir noch den Kunden – wenn wir uneins sind, holen wir den mit rein, dann klären sich die Prioritäten meistens schnell.

## 4.2 Masse

Wenn ich Kunden neu kennenlerne, wundern sie sich manchmal über meinen Verkaufsstil. Ich will bereits im ersten Termin, dass die/der Eigentümer mit am Tisch sitzen. Geht es um ein persönliches Treffen, ist das für mich auf jeden Fall verbindlich. Sprich: Danach gibt es eine Rechnung. Unverbindliches können wir gerne am Telefon besprechen. Für Neugierige biete ich an, mich zum Mittagessen einzuladen. Oder ein sogenanntes Ge(h)spräch. Doch sobald ich vor Ort komme, geht es um die Firma. Meistens schon um ein konkretes Problem. Dass ich daran anschließend fakturiere, hat wenig mit meinen Kunden zu tun. Ich kann einfach nicht anders. Ich kann nur arbeiten. Vertriebliches Rumgeplänkel blieb mir bisher glücklicherweise erspart. An solchen Terminen geht es dann schon mal hoch her. Ich empfehle in diesen Situationen häufig: »Probiert es doch mal aus.« Und tatsächlich ist die leicht verständlichste Form, es zu erleben, ein Großgruppenformat. Immer wieder sind Firmen überrascht, wenn ich mit fünfzig oder mehr Mitarbeitern gleichzeitig arbeite. Keine Spaßveranstaltung. Kein Konzert. Keine Gala. Wir nehmen uns ein konkretes Problem vor und treiben dessen Lösung voran. Die Verblüffung wächst weiter, sobald klar wird, auf wie vielen Ebenen wir in der Zeit der Konferenz zugleich weiterkommen. Wir finden Lösungen. Wir sorgen für gegenseitiges Verständnis. Wie bilden belastbare Teams. Wir stärken die persönlichen Beziehungen unter den Kollegen. Wir schaffen Fortschritte, die schon seit Jahren wiederholt blockiert wurden. Sinnvoll organisierte Großgruppenarbeit ist der Zeitraffer der Organisationsentwicklung. Das alles stimmt allerdings nur dann, wenn man einige Grundregeln beachtet.

Willst du Entscheidungen in der Großgruppe treffen, geht das nur zu Themen, die das Interesse aller Teilnehmer berührt. Es braucht den Raum für Meinungsvielfalt. Die Meinungsbildung sollte vor der Veranstaltung bei jedem einzeln stattfinden. Sorge über dein Format dafür, dass die Menschen unabhängig von Herdenführern handeln können. Stelle sicher, dass du die ausgetauschten Inhalte produktiv zusammenführst.

Die Betriebskatalyse macht dich fit im Umgang mit großen Gruppen. So kannst du in Situationen die Weisheit eines verteilten Netzwerks nutzen, in denen Pippi auf Befehl und Gehorsam zurückgreifen muss. Der Lohn sind bessere Ergebnisse und zugleich eine höhere Loyalität zur Firma.

**Das Thema »Masse« in den verschiedenen Welten**

Pippi ist überzeugt: »Die Gruppe ist immer so dumm wie ihr dümmstes Mitglied.« Für sie ist es jenseits aller Vorstellungen, wichtige Entscheidungen der Belegschaft zu überlassen. Dazu kann man in die Kirche gehen oder zum Wählen. Wenn es darauf ankommt, braucht es eine starke Hand. Das ist es, was eine Führungspersönlichkeit ausmacht.

 In der Zombie-Apokalypse spielt die Gruppe eine große Rolle. Sie will abgelenkt sein. Schon die Römer wussten, dass Brot und Spiele die Menschen davon abhalten, über die wirklichen Verhältnisse nachzudenken. BarCamps, Open Spaces, World-Cafés. Sie alle haben ihre Berechtigung. Sie unterhalten die Belegschaft, während in den Hinterzimmern entschieden und gestaltet wird.

 Auf dem Donut übernehmen wir gemeinsam Verantwortung. Das geht nur, wenn wir auch fähig sind, in der Gruppe zu arbeiten: Du verstehst, wie du mit der Gruppe komplexe Situationen entscheidest und ihre Umsetzung stabilisierst. Du legst die Entscheidungen über die Zukunft in die Hände aller und setzt ihre Ergebnisse mit Fachleuten um.

## 4.3 Konsequenz

Als meine Frau und ich unser erstes Kind bekamen, waren wir beide ziemlich aufgeregt. Alles war neu. Die Schwangerschaft. Die Hormone. Die Sorge um die Entwicklung unseres Sohns im mütterlichen Bauch. Einige Wochen vor dem Entbindungstermin gingen wir zu einem Geburtsvorbereitungskurs. Wir informierten uns über die Möglichkeiten. Der Wunsch war eine natürliche Geburt. Trotzdem setzten wir uns auch mit Alternativen wie einem Kaiserschnitt auseinander. Letzteren zogen wir allerdings nie wirklich in Betracht. Und dann war es soweit. Am ersten Februar kam unser Sohn auf die Welt. Über Monate drehten sich unsere Gedanken ausschließlich um diesen Moment. Wir hatten praktisch nur noch dieses Thema. Das ganze Konsumverhalten bezog sich darauf. Und dann war er da. Seither führen wir ein anderes Leben. So zentral die Vorbereitung auf die Geburt auch war, das wirklich Wichtige hatten wir übersehen: Was sich ändert, hat man erst einmal ein Kind.

Ganz ähnlich erlebe ich es im Bezug auf Entscheidungen in Firmen. In Pippis Welt kommt immer alles so, wie sie es sich vorstellt. Deshalb denkt sie gar nicht an die Zeit nach den Beschlüssen. Für Pippilotta ist es wichtig, sich schnell zu etwas zu entschließen. Ineffizienz drückt sich darin aus, dass Entscheidungsprozesse lange dauern. Kurze Beschlusswege setzt sie mit Handlungsfähigkeit gleich.

Das führt in der Wirklichkeit stets zu Widerstand in der Umsetzung, also im Nachgang zur Entscheidung. Pippi hält das für normal. Deshalb hat sie einen ganzen Apparat von Druckmitteln an der Hand. Mitarbeiter müssen eben zu ihrem Glück gezwungen werden.

Die Betriebskatalyse befähigt dich, den Widerstand vor der Entscheidung effizient einzubeziehen. So löst er sich für die Umsetzung fast vollständig auf. Es kann sein, dass der Beschlussweg länger ist – doch dafür starten alle Betroffenen gleich im Anschluss eine proaktive Verwirklichung der Abstimmungsergebnisse. Ich beziehe die Ausführung stets in die Entscheidungszeit mit ein. Denn nur Entscheidungen, deren Konsequenzen tatsächlich abgewickelt werden, stehen für Wirksamkeit jenseits von Aktionismus.

**Das Thema »Konsequenz« in den verschiedenen Welten**

Pippi entscheidet und dann wird gemacht. Punkt. Die schwierigste Aufgabe ist, ihre Aufmerksamkeit für ein Problem zu gewinnen. Deshalb entsteht in der Belegschaft gerne mal ein Wettbewerb um dieses Interesse. Mit den Widerständen setzt sich Pippi kaum auseinander. Dafür hat sie ihre Führungskräfte.

In der Zombie-Apokalypse verknüpfen Vorgesetzte und Mitarbeiter die Lösung von Problemen mit ihrer Person. Nicht das gelöste Problem, der Rang der mir zugeordneten Herausforderungen sagt etwas über meine Wichtigkeit in der Firma aus! Widerstand wird hier schon mal zum Prestigeobjekt. Chefs, die keinen Ärger haben, werden schnell übergangen.

Auf dem Donut wollen wir Probleme lösen. Du fühlst dich wohl, wenn alles läuft. Deshalb legst du Wert auf Ergebnisse. Langeweile ist für dich keine Verschwendung. Sie ist der Raum, in dem sinnvolle Ideen entstehen können.

## 4.4 Überfluss

Zu Beginn der Corona-Krise war ein Gut schnell vergriffen – Klopapier. Viele von uns beobachteten das Phänomen einigermaßen verwundert. Die Supermarktregale waren über Wochen gähnend leer. Wieso blieben sie so lange verwaist? Ich war einer, der die Entwicklung erst einmal belächelte. Ich dachte mir, dass sich das schon bald geben würde. Doch weit gefehlt. Es kam keine ausreichende Menge nach. Also wollte ich online bestellen. Auch dort waren die Lieferzeiten über vier Wochen. Und das Toilettenpapier, das ich kaufen konnte, kam aus China! Mit vielen anderen Produkten passierte dasselbe. Sie werden nur noch in Fernost produziert. Darunter Arzneimittel und Schutzkleidung. Hier in Deutschland leben wir im Überfluss. Doch der schwarze Schwan zeigt uns, wie brüchig das Gefühl von Reichtum ist. Schon wenige Tage nach Beginn der Corona-Ausgangsbeschränkungen erklärte ein Wirtschaftsanalyst im Radio: »Eines haben wir für die Folge der Krise bereits gelernt. Auf jedem Kontinent wird es Produktionskapazitäten für systemrelevante Güter geben.«

Die Erkenntnis kommt recht spät. Das Leben muss schon seit Jahrtausenden mit drastischen Phänomenen umgehen, die zufällig eintreten. Egal welche Spezies man anschaut. Alle höher entwickelten Lebewesen, die ein paar tausend Jahre auf dem Buckel haben, eint eine Grundeigenschaft: Ihre Systeme weisen Dopplungen auf. Wir haben zwei Lungen und Nieren. Man kann uns einen Gutteil der Leber wegnehmen und wir überleben. Unser Herz besteht aus vier Kammern anstatt aus nur einer. Zwei Beine, Hände, Augen. Zehn Finger. Wir sind eine Ansammlung von Redundanzen. Wobei es verschiedene Ebenen der Dopplung gibt.

Ersatzteile fallen in die Redundanz erster Ordnung. Sie ermöglicht bei Defekt einen Eins-zu-eins-Austausch. Das ist wohl die teuerste Form der Sicherheit.

In Filmen über die Raumfahrt kommt häufig die Redundanz zweiter Ordnung zum Einsatz. Bei ihr ersetzen zwei oder mehr Bauteile die verloren gegangene Funktion der kaputten Einheit. Wer in dieser Kategorie denken kann – also anstatt des physischen Teils, die Funktionsweise erkennt –, sorgt regelmäßig für technische Innovationen. Ein Beispiel ist sicherlich die Kurzlebigkeit von Tonträgern. Die Schallplatte hielt noch vergleichsweise lange durch. Aber Musikkassetten verschwanden ebenso schnell wie CDs oder zuletzt MP3-Player. Es geht eben darum, Musik zu hören. Wie das möglich wird, ist zweitrangig. In der Natur passiert diese Form der Redundanz beispielsweise, verlieren Lebewesen einen ihrer Sinne. Dann gelingt es häufig, dass die Beeinträchtigung über die Kombination der anderen Wahrnehmungskanäle teilweise oder ganz überwunden wird.

Von Redundanz dritter Ordnung spreche ich, wenn ein und dasselbe gleich mehrere Aufgaben übernimmt. Ein typisches Beispiel sind viele Arzneimittel. Eines davon ist Aspirin. Früher war es als fiebersenkendes Mittel beliebt. Dann erkannten wir seine Fähigkeit, Schmerz zu lindern. Heute wird es meistens als Blutverdünner verwendet. Auf technischer Ebene ist es das Smartphone. Vor ihm hatten wir einen Kalender, eine Kamera, ein Navigationsgerät, einen Taschenrechner, ein Radio, einen Fernseher und so weiter, jetzt befindet sich alles im selben Gerät. Und durch seine Fähigkeit, Daten zu übertragen, können wir den physischen Apparat jederzeit austauschen. Schon nach wenigen Minuten sind all unsere Einstellungen aus der Cloud geladen und auf dem Nachfolger eingerichtet. Natürlich hat das eine Schattenseite. Doch mit Bezug auf die Verfügbarkeit der Daten ist Redundanz ein entscheidender Vorteil.

Die Betriebskatalyse bindet Dopplungen aller drei Ordnungen sinnvoll in den Alltag des Betriebs ein. Unser Fundament dafür ist die Tatsache, dass eben doch alle Menschen fähig sind, zu denken.

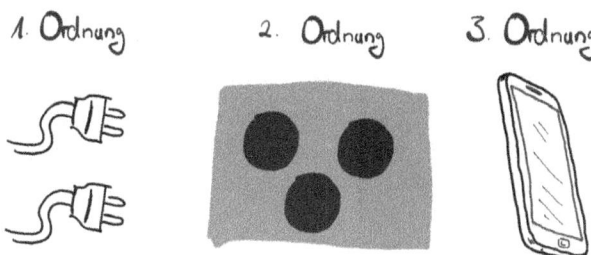

**Das Thema »Überfluss« in den verschiedenen Welten**

Pippi ist überzeugt: »Redundanz ist Verschwendung. Verschwendung ist zu bekämpfen, wo auch immer sie auftritt.« In einer klar vorhersehbaren Welt braucht es keine Dopplungen. Alles muss genau einmal genau richtig funktionieren. Anstatt um Redundanz sorgt sich Pippi um Pflege, Wartung und Substitution.

In der Zombie-Apokalypse klagen viele die Redundanzen bei anderen an. Dabei fällt scheinbar niemandem auf, dass in der Organisation von einer Art Stelle mehr Dopplungen vorhanden sind, als einem lieb sein kann: mittlere Führungskräfte. Oftmals geht das zulasten der tatsächlich operativen Mitarbeiter. In Folge gibt es Ein- oder Zwei-Personen-Abteilungen.

Auf dem Donut schauen wir uns sinnvolle Redundanz bei der Natur ab. Auch das steht im Zusammenhang mit dem bereits erwähnten Bus-Faktor. Wann ist die Organisation in ihrer Existenz bedroht? Wir bauen Dopplungen auf, um die Gefahr abzufangen oder zumindest zu lindern.

Der ausgefranste Betrieb | 73

## 4.5 Unterscheiden

Eines Tages fuhr ich mit meinem Schaltwagen auf der A8 von Pforzheim nach Stuttgart. Plötzlich sprang beim Beschleunigen der fünfte Gang raus. Ich trat die Kupplung, legte ihn wieder ein. Mit dem leichtesten Druck auf das Gaspedal war die Schaltung erneut im Leerlauf. Ich versuchte es noch mehrmals. Immer mit demselben Ergebnis. Diese Situation eignet sich sehr gut, um verschiedene Entscheidungsebenen voneinander abzugrenzen.

**Alltag:** Mit dem Auto zu fahren ist für mich normal. In der geschilderten Alltagssituation musste ich sofort entscheiden: Halte ich an oder nicht? Ich fuhr im vierten Gang auf der rechten Spur weiter.

**Struktur:** Sobald ich dort sicher eingefädelt war, rief ich meine Werkstatt an. Ich schilderte das Vorkommnis und erhielt die Auskunft: »Da ist das Getriebe ausgeleiert. Die Reparatur kostet circa fünftausend Euro.« Mit diesen Informationen war mir klar, dass ich sorglos meinen Termin wahrnehmen konnte. Auf Dauer würde das allerdings nicht funktionieren. Ich machte mir Gedanken, wie ich die kommenden Tage organisiere, um das Auto in die Werkstatt zu bringen.

**Strategie:** Auf dem Rückweg waren meine Überlegungen schon weiter gediehen. Ich stellte mir die Frage: Brauche ich überhaupt noch ein Auto? Wäre es möglich, rein auf öffentliche Verkehrsmittel, Fahrrad und so weiter umzusteigen?

Die Betriebskatalyse übt mit allen Mitarbeitern, diese drei Ebenen zu unterscheiden. Denn jede greift auf unterschiedlich viele Menschen für die Entscheidung zurück. Im Alltag entscheiden wir sofort, schnell und alleine – ich halte nicht an, ich fahre weiter.

Bei Strukturthemen stimmen wir uns mit den Menschen ab, die von den Konsequenzen der Entscheidung betroffen sind: Ich kläre den Termin mit meiner Werkstatt und leihe mir dort auch einen Ersatzwagen. Außer dem Ansprechpartner beim Autohaus brauche ich niemanden einzubeziehen.

Für Strategieentscheide ziehen wir möglichst viele nach den Regeln der Großgruppenentscheide zurate. Über die Idee, komplett auf das Auto zu verzichten, sprach ich mit meiner Frau und den Kindern. Ich ließ mich von meinem Bruder und verschiedenen Bekannten beraten, von denen ich wusste, dass sie sowohl mit den Öffentlichen wie mit dem Auto unterwegs waren. Ich informierte mich bei Carsharing-Diensten über ihre Leistungen. Es dauerte mehrere Monate, bis die Entscheidung stand, wieder einen Wagen anzuschaffen. Und noch mal so lang, bis klar war, welches. Dann wurde schnell und konsequent umgesetzt und ich bin mit der Entscheidung bis heute zufrieden. Allerdings bereite ich seither den Weg, dass dies mein letzter Autokauf war.

### Das Thema »Unterscheiden« in den verschiedenen Welten

Pippi trifft auf allen Ebenen alle Entscheidungen allein. Bestenfalls bezieht sie Kollegen als Ratgeber mit ein. Doch am Ende trägt sie die Verantwortung. So macht sie es vielen Menschen leicht, verantwortungsbefreit für sie zu arbeiten – solange sie mit den Urteilen vom Alten leben können.

In der Zombie-Apokalypse prügeln sich die Führungskräfte um Entscheidungsverantwortung. Doch sobald ein Papier sagt, dass sie sie haben, beginnen die Vorgesetzten, Beschlüssen auszuweichen. Denn das würde sie ja verantwortlich machen. Nirgendwo sonst gibt es so viele Menschen, die gefragt werden wollen, ohne je für die Konsequenzen geradezustehen.

Auf dem Donut sind wir im Alltag genau wie Pippi unterwegs. Wir entscheiden alleine und tragen die Folgen. Bei Struktur- und Strategiethemen ziehen wir andere hinzu. So stärken wir die Qualität in der Umsetzung. Außerdem verteilen wir die Verantwortungslast auf mehreren Schultern. Das reduziert Stress und es stärkt die Gemeinschaft.

## 4.6 Reiselust

Die formale Weisungshierarchie schaut auf die Persönlichkeit: Da gehört beispielsweise Ausstrahlung zu einem guten Chef. Außerdem erwartet sie bestimmte Verhaltensweisen. In heiklen Momenten muss sich eine Vorgesetzte auch mal durchsetzen können. In uns allen findet sich eine Liste der Eigenschaften, die gute, starke Führungspersönlichkeiten auszeichnen. Auf der stehen dann Punkte wie Fairness, Zugewandtheit, Hartnäckigkeit und so weiter. All das soll den Erfolg der Organisation sicherstellen. Hier macht sich Pippi die Welt wieder einmal, wie sie ihr gefällt. Denn bleiben in dieser Denkweise die erwünschten Ergebnisse aus, wechselt sie schlicht die Führungskräfte. Das funktioniert auch wunderbar aufseiten der Mitarbeiter. So können sie ebenfalls ihre Verantwortung jederzeit aufwärts wegdelegieren. Läuft es schief, machen sie sich auf die Suche nach dem nächsten, diesmal aber dem richtigen Führer.

Auf dem Donut spielt das Drumherum eine mindestens ebenso gewichtige Rolle wie die Persönlichkeit der Vorgesetzten. Dort ist kein Mensch allmächtig. Wir alle kochen mit Wasser. Wir versuchen, das Beste aus der Situation zu machen. Das heißt keinesfalls, dass wir ohne Führungspersönlichkeiten auskommen. Allerdings ändert sich der Rahmen, in dem sie agieren, grundsätzlich.

Pippi baut Strukturen, in deren die meisten Menschen in einer Organisation an das gebunden sind, was wenige für richtig und angemessen halten. Auf dem Donut sucht man nach Zusammenhängen, die es erleichtern, die Kollegen zu finden, die in genau dieser Situation die größte Aussicht auf Erfolg haben. Pippi ordnet die Mitarbeiter formal der Weisung eines Chefs unter. Die Betriebskatalyse räumt allen das Recht ein, zu führen. Dafür hat jeder ebenso die Pflicht, die Führung konstruktiv zu hinterfragen. Pippi entwickelt ein System der Hemmnisse. Die Betriebskatalyse gibt dir den Rahmen, um im Fluss zu bleiben. Pippi fasst Verantwortung auf großen Haufen zusammen. Die Betriebskatalyse ermöglicht der Gruppe, Aufgaben ohne formale Vorgesetzte gemeinsam zu erledigen. Pippi will jemanden dingfest machen, verfehlt die Firma ihre Wunschvorstellungen. In der Betriebskatalyse erreichst du für alle stimmige Ergebnisse. Bei Pippi hockt die Führung wie angewachsen im oberen Eckbüro mit freiem Blick auf das Gelände. Die Betriebskatalyse macht Führung zu einem Staffelstab, der übergeben wird, wenn es in der Situation Sinn hat.

**Das Thema »Reiselust« in den verschiedenen Welten**

Pippi sorgt für eine eingeschworene Führungsmannschaft. Ihr gibt sie die Macht, über alle anderen zu bestimmen. Wer sich den Vorgaben widersetzt, wird abgestraft. Wer mitspielt, bekommt Urkunden für Betriebszugehörigkeit und als guter Teamplayer.

In der Zombie-Apokalypse kokettieren die Führungskräfte mit der Machtzuschreibung. Sie fühlen sich weder an Firmeninteressen noch Mitarbeiterinteressen gebunden. Führungsverantwortung wird zu einem Schauspiel. Es gilt, auf der Bühne zu glänzen, um in der Umkleide zu feiern.

Auf dem Donut suchen wir die sinnvolle Kombination aus Situation und Persönlichkeit. Uns ist wichtig, dass wir dieses Zusammenspiel schnell anpassen können, wenn sich etwas ändert. Deshalb geben wir dem konstruktiven Widerstand Raum, anstatt ihn mit Weisungsbefugnis zu unterdrücken. Die Kunst ist, dabei die Wirksamkeit im Blick zu behalten.

## 4.7 Wandelmutig

Wer schon einige Organisationsentwicklungsmaßnahmen hinter sich hat, zweifelt daran, dass Menschen ihr Verhalten ändern können. Wenn das stimmt, kannst du hier zuklappen. Ich halte es allerdings für falsch. Glücklicherweise hat Alan Deutschman, der Autor des Buchs *Change or Die*, das Thema schon vor Jahren aufgegriffen. Er machte sich auf die Suche nach erfolgreichen Verhaltensänderungen. Und er fand sie gleich zu verschiedenen Themen: Sowohl bei der Gesundheit wie der Erziehung und erfreulicherweise auch im Arbeitskontext. In seiner Erklärung stellt er zwei Haltungen zu Change gegenüber. Das allgemein bekannte Muster nennt er Facts, Fears and Force (FFF). Sehr eindrücklich beschreibt er es in der Diagnose eines Arztes, die dieser seinem Patienten schonungslos mitteilt:

»Ich habe jetzt die Ergebnisse der Untersuchungen. Sie sind fettleibig, haben schlechte Leber- und Nierenwerte und Ihr Herz ist überlastet (Fakten). Sie müssen Ihr Essen komplett umstellen und anfangen, sich zu bewegen. Misslingt Ihnen die Umstellung, haben Sie innerhalb der nächsten achtzehn Monate einen Herzinfarkt oder eine Thrombose (Druck). An beidem werden Sie vermutlich sterben (Angst).«

Zu dieser Ansage bekommt der Patient einige Broschüren über Ernährung und Fitness. Dann wird er aus dem Behandlungsraum entlassen. Aufgrund seiner Offenheit erwartet der Arzt, dass der Mensch den Ernst der Lage erkennt und sein Leben umkrempelt. Verstehen tun es praktisch alle. Doch nur einer von zehn verändert sein Verhalten ausreichend radikal. Die anderen landen schon bald im Krankenhaus. Der Arzt zuckt mit den Schultern: »Ich habe es Ihnen doch gesagt.«

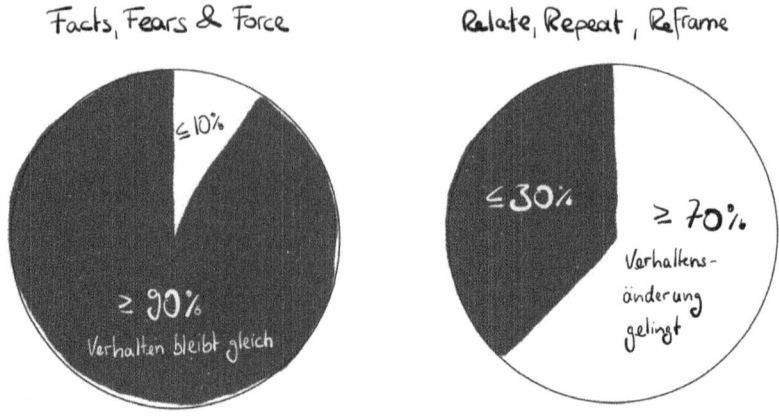

Deutschman findet eine erfolgreichere Haltung. Er nennt es Relate, Repeat, Reframe (RRR). Die Fakten bleiben dabei dieselben. Anstatt den Patienten allerdings mit ein paar Infos nach Hause zu schicken, gibt es jetzt ein Beziehungsangebot: Er kann sich bei einem Kurs anmelden. Der findet in völliger Isolation vom Alltag statt und dauert drei Wochen. Zu Beginn gehen zwei Experten, ein veganer Profikoch und ein Fitnesstrainer, mit den Patienten deren Tagesablauf durch. Sie entwickeln für jeden Menschen individuelle Alternativen. Dort finden sie Zeit dafür, frisches Essen zuzubereiten. Außerdem zeigen sie Gelegenheiten auf, den Körper im Alltag fit zu machen – das berühmte Treppensteigen, anstatt den Aufzug zu nehmen. Sobald es dieses Ersatzprogramm gibt, trainieren sie es drei Wochen lang mit den Patienten. Sie gehen mit ihnen Einkaufen. Sie bringen ihnen bei, mit veränderten Zutaten schmackhaft zu kochen. Sie simulieren verschiedene Situationen, in denen ihre Schützlinge körperlich aktiv werden. Nach drei Wochen gehen die Patienten zurück in ihren Alltag. Doch die Betreuer bleiben im Hintergrund ansprechbar. Die Beziehung bleibt erhalten.

Mit diesem Vorgehen verändern sich sieben oder mehr von zehn Kranken. Deutschman findet ähnliche Beispiele bei notorischen Straftätern und in Arbeitskulturen. Auch die Erfolgsquote bestätigt sich. Deshalb ist es das Verhaltensvorbild für die Betriebskatalyse.

**Das Thema »Wandelmutig« in den verschiedenen Welten**

Pippi geht in Beziehung. Leider ist sie unflexibel gegenüber den Gewohnheiten ihrer Mitarbeiter. Anstatt die Veränderung auf deren Bedürfnisse anzupassen, verliert sie die Geduld. Ihr Ausweg ist, den Change anzuweisen. Fehlverhalten wird bestraft. Wenn das alles nicht hilft, müssen die Unwilligen die Firma verlassen.

In der Apokalypse besteht professionelle Distanz. Die Zombies gehen schon gar nicht mehr in Beziehung. Menschen werden ausgetauscht oder wegbefördert. Ihr Wohlbefinden klären Coaches. Ein halb fertiges Changevorhaben lädt sich über das vorherige. Schlussendlich geben sie auf und akzeptieren die Belegschaft als beratungsresistenten Haufen.

Auf dem Donut gehen wir in Beziehung. Die Fakten sind jederzeit transparent. So entgehen sie politischen Ränkespielen. Kompetenz im Verändern trainieren die Betriebskatalysatoren mit der Belegschaft, bis sie sitzt. So entsteht die selbstbestimmte Organisation.

## 4.8 Persönlich

In der wirtschaftlichen Populärliteratur gibt es seit gut einem Jahrzehnt nur noch ein Ziel: Rein in die Netzwerkorganisation. Wir wollen auf Augenhöhe miteinander umgehen. Am besten kommunizieren wir gewaltfrei. Ich sage zu all dem: Es kommt darauf an.

In einer Situation, in der Menschen völlig routiniert handeln, in der wir die Aufgabenstellung, den Lösungsprozess und die Lösung kennen, kann es äußerst kontraproduktiv sein, dass alle denselben Führungsanspruch haben. Das gilt für Großküchen ebenso wie den Feuerwehreinsatz. Zu beachten ist: Selbst wenn für mich die Rahmenbedingungen chaotisch sind, wie etwa bei einem Unfall, können sie für andere genau das sein, wofür sie ausgebildet wurden – Stichwort Feuerwehr. Sicher bin ich, dass die Ausrichtung auf ein zentralisiertes Netzwerk immer dann eine schlechte Wahl ist, wenn viele Unbekannte im Spiel sind. Mit der Betriebskatalyse lernst du, in beiden Situationen sinnvoll zu handeln. Dabei wirst du merken, dass es die formale Weisungsbefugnis auch in den Routinesituationen kaum braucht. Hier ist Training wichtig. Und es hilft, können alle Betroffenen die effizienten Strukturen mitgestalten. Selbst gegen eine noch so stupide Routine sinkt der Widerstand deutlich, kennen und verstehen die Umsetzenden den generellen Sinn dahinter.

**Zwischenspiel**
Dieser Abschnitt soll dir zeigen, wie es Sinn hat, unsere Organisationen zu strukturieren:
Misstraue allen, die behaupten, die Netzwerkorganisation wäre die Lösung. Kenne lieber den Unterschied der Gesetzmäßigkeiten in den drei Netzwerktypen. Dann kannst du aus der Situation heraus sinnige Beziehungen aufbauen.
Achte auf die Rahmenbedingungen und du erschließt dir die Weisheit der Vielen als neue Quelle der Qualität und Verbindlichkeit für deine Entscheidungen.

Schau auf die Folgen, die eure Beschlüsse haben. Vermeide den Schein von Geschwindigkeit, der entsteht, weil du die Zeit bis zur Entscheidung kurzhältst.

Dein kluger Umgang mit Redundanzen ist eine Grundvoraussetzung für Erfolg in komplexen Situationen.

Sei dir im Klaren, ob du gerade etwas für den Alltag, die Struktur oder die Strategie entscheidest. Nur so holst du maximalen Profit aus der Gruppe.

Führung ist kein Privileg. Sie ist eine Aufgabe im Rahmen von sich verändernden Umweltbedingungen. Nur wenn du auf das Umfeld achtest, führen die richtigen Menschen stimmig zur Situation.

Wo wir in Beziehung treten, wo wir uns einbringen und neues Verhalten trainieren – dort passiert Veränderung wie von selbst.

**Deine Arbeit**

Sicherlich gibt es noch etliches mehr an Informationen über eine sinnvolle Struktur für die Aufbauorganisation deiner Firma. Mach es deshalb wie in den vorangegangenen Abschnitten. Wenn dir in meiner Liste etwas fehlt, nutze das Template. Fasse das Thema kurz zusammen. Schreibe die Zusammenhänge speziell für die Katalyse auf. Und formuliere am Ende den jeweils gültigen Absatz für die drei verschiedenen Welten (Pippi, Zombie, Donut).

# Episode 1 – von der Welt

## 5.
## Das Ziel des Spiels

Bis hierher ging es um den Spielaufbau. Mir ist klar, dass ich dir nur Ausschnitte der Wirklichkeit zeige. Doch du kannst mit dem Template jederzeit meine Grundlagen um dein Wissen erweitern. Die wichtigste Übung ist dabei, zu jedem Thema die drei Blickwinkel sauber voneinander zu trennen. Auch solltest du keinen übergehen, beispielsweise weil es dir schwerfällt, die Zombie-Apokalypse von Pippis Welt zu unterschieden. Pippilottas Weltsicht treffe ich nach wie vor im kleineren Mittelstand – gerade dort, wo die Elterngeneration noch mit in der Firma ist. Viele Betriebe wagten schon Schritte in Richtung Agilität, Mitarbeiterbeteiligung oder dergleichen. Die, denen ich davon begegne, befinden sich meistens in einer Ausprägung der Pippi-Zombie-Apokalypse. Manchmal am hoffnungsfrohen Beginn. Einige erleben zunehmend oft die verwöhnt aufsässigen Mitarbeiter. Aktuell nehmen die zu, die frustriert versuchen, zurück in Pippis Welt zu rudern. Hier hat die Umstellung oft sowohl die Nerven der Eigentümer wie die Ressourcen der Firma aufgefressen.

Für den Rest des Buchs sind die Aspekte der Welt, die ich dir bis hierher aufgezeigt habe, so etwas wie das Spielbrett. Dort bewegen wir uns. Doch was ist das Ziel des Spiels? Was soll die Betriebskatalyse erreichen? Wann weißt du, dass du auf der Gewinnerstraße bist? Darum geht es jetzt!

Ich fasse noch einmal kurz zusammen, wo wir unterwegs sind. Wir arbeiten auf dem Donut. Seine Untergrenze ist die Ausbeutung der Mitarbeiter. Seine Obergrenze die Übernutzung der Erde, auf der wir leben. Dazwischen ist unser Platz für eine stimmige Betriebswirtschaft. Unsere Mitspieler sind Menschen, keine Maschinen. Anstatt sie zu programmieren, wollen wir ihnen den Raum anbieten, sich sinnvoll einzubringen. Wir geben auf, die Zukunft vorherzusagen. Stattdessen freuen wir uns über die Vorstellungskraft, wie sie aussehen kann. Handeln tun wir allerdings im Jetzt, in der sicht- und fassbaren Wirklichkeit. Dazu organisieren wir uns im Bewusstsein darüber, welche Arten von Netzwerken es gibt. Wo es geht, verzichten wir auf formal gebundene Weisungsbefugnis. Anstelle ihrer nutzen wir Mechanismen und Strukturen eines respektvoll verantwortlichen Miteinanders.

Das Ziel der Firma – jenseits aller Geschäftsmodelle und so weiter – ist, auf dem Donut Antifragilität zu erreichen. Das bedeutet, anstatt etwas klar Messbares anzustreben, versuchen wir, einen ebenso gut bestimmbaren Zustand zu vermeiden: Anfälligkeit.

Hier spielt es keine Rolle, ob wir für Wettbewerber empfindlich sind, die unter der Gürtellinie des ehrbaren Kaufmanns handeln. Oder ob uns globale Pandemien überraschen. Oder ob wir den drohenden ökologischen Kollaps kaum überleben können. Oder ob uns die demografischen Entwicklungen drohen, das Genick zu brechen. Du gewinnst das Spiel, wenn dein Betrieb mit all diesen Einflüssen dennoch wirtschaftlich sinnvoll und erfolgreich ist. Wie bei allen Spielen gibt es dafür vernünftige Verhaltensstrategien. Dazu gehören weder Größer-Schneller-Weiter noch verwöhnt eigensinnige Mitarbeiter zu hätscheln. Die Betriebskatalyse ist eine Denkschule, die das kann. Sie beschreibt eine Spielstrategie, mit der es deiner Firma und der Belegschaft auf dem Donut gut geht. Sie hilft dir dabei, die Bremsklötze der starren Formalisierung zu lösen. Sie erhöht die Varietät in deinem System. Dadurch kannst du mit mehr Komplexität in deiner Umwelt umgehen. So wird dein Betrieb antifragil.

Los geht's.

# Episode 2 – von den Regeln des Spiels

## 6.
## Neu denken

Ich nenne das Regelset für deinen Erfolg Betriebskatalyse. Vielmehr als ein Konzept ist es eine neue Zutat im unternehmerischen Handeln. Um das zu verstehen, hier ein Vergleich mit einer Leidenschaft von mir: Kochen. Dort gibt es einen Trick. Anstelle von viel Salz nutzt man in Eintöpfen, Suppen und vergleichbaren Speisen einfach Knoblauch. Seinen starken Eigengeschmack entwickelt die Knolle nämlich nur, wenn du sie möglichst frisch benutzt. Lässt du sie längere Zeit mitköcheln, schmeckt dein Essen kaum noch danach. Stattdessen schmecken alle anderen Zutaten intensiver. So kannst du dir gesundheitlich eher fragwürdiges Salz durch den Einsatz von Knoblauch sparen. Salz steht in meiner Weltsicht für Weisungsbefugnis, Knoblauch für die Betriebskatalyse. So halse ich deiner Organisation mit meinem Vorgehen keinesfalls mehr Arbeit auf. Ich ersetze etwas, das heute zunehmend aus der Zeit fällt, mit einer zeitgemäßen Herangehensweise.

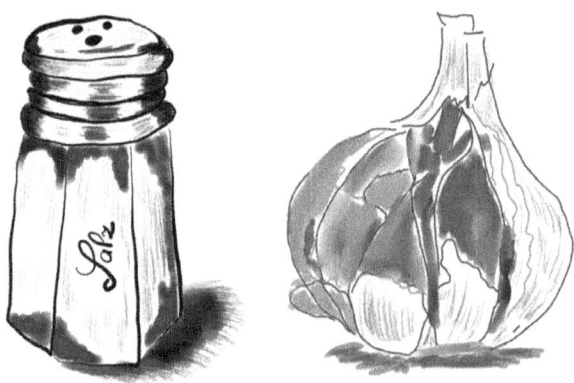

Freue dich auf ein paar außergewöhnliche Eigenschaften der Betriebskatalyse: Sie reduziert den für organisatorische Veränderung nötigen Aufwand. Ab jetzt für immer. Daher der Bezug zur Katalyse, in der ein Katalysator die für eine chemische Reaktion benötigte Energie verringert. Sie funktioniert, ohne das laufende Geschäft zu gefährden. Sie transformiert deine Firma innerhalb ihres gelebten Alltags – keine Sonderprojekte oder zusätzlichen Abteilungen. Sie passt ihre Geschwindigkeit evolutionär den Möglichkeiten deines Betriebs an. Sie schmiegt sich um deine Organisation wie eine zweite Haut. Sie stülpt dir keinen Standard über, der scheinbar überall funktionieren soll. Mit ihr behaltet ihr eure Einzigartigkeit. Genau das macht euch im Markt unterscheidbar. So entsteht wirtschaftlicher Erfolg. Erhält sie den Raum, wirkt sie organisch und durch alle Ebenen der Firma gleichermaßen. Sie kommt wunderbar damit zurecht, dass ihr heute unter Umständen noch unschlüssig seid, wohin es morgen geht. Sie ist offen und tolerant. Schon bald kann es ein neues wirksames Konzept geben: Keine Sorge, die Betriebskatalyse ist völlig flexibel. Du bist der Spieler. Sie ist, als fundierte Denkschule, deine Sicherheit, erfolgreich zu spielen.

Wenn ich so für die Betriebskatalyse schwärme, werde ich immer wieder gefragt: »Das klingt nach einem Wundermittel. Ist es nicht zu schön, um wahr zu sein?« Das kann ich klar verneinen. Denn es ist auch harte Arbeit. Der erste krasse Schritt ist, die eigenen Überzeugungen über Wirtschaften tiefgehend infrage zu stellen. Der heftigste Teil kommt sicherlich danach. Er besteht darin – solltest du dadurch im Denken zu neuen Ergebnissen gekommen sein – diese konsequent in deinem Alltag umzusetzen. Ab jetzt auf unabsehbare Zeit.

In Episode 1 gab es die Grundlagen. Vielleicht brachten dich ein paar davon schon zum Grübeln. Hier in Episode 2 geht es für dich darum, die Betriebskatalyse zu verstehen. Ich gebe dir dafür vier Denkwerkzeuge an die Hand. Jedes dient einem zentralen Anliegen deiner Firma. Bei Gerhard Wohland lernte ich den Begriff Denkwerkzeuge kennen. Schon in den frühen Nullerjahren erkannte er, dass aus einem anderen Denken ein neues Handeln entsteht und selten umgekehrt. Das heißt, es reicht für grundlegende Veränderungen keineswegs, beispielsweise Scrum als neue Arbeitsmethodik einzuführen. Zur Transformation wird es erst, wenn sich die imaginäre Wirklichkeit, die Paradigmen, die ihr zugrunde liegen, ändern. Denkwerkezuge sind der Schlüssel, diesen Wechsel des Weltbilds erfolgreich abzuarbeiten. Auf dich allein bezogen mag es ausreichen, zu reflektieren. Damit das für eine ganze Firma klappt, braucht es die Betriebskataylse.

Hier kommen wir zu einer weiteren Sorge, die etwa meine Zuhörer auf Konferenzen umtreibt: »Wie kannst du so sicher sein, dass es funktioniert? Das kommt schon ziemlich hochmütig daher.« Darauf gibt es zwei Blickwinkel. Einen klassischen: Der Erfolg beweist es. Alle Firmen, die ich begleiten durfte und die es konsequent machen, stellten sich dadurch nachweislich besser, überstanden gerade komplexe Krisensituationen erfolgreich. Der andere ist eher untypisch: Das Tun belegt es. Etliche meiner Kolleginnen und Kollegen in der New-Work-Bubble sind sehr belesen. Sie kennen viele theoretische Grundlagen. Die schmeißen sie zusammen und denken ausgiebig darüber nach. Heraus kommen oft ganz ähnliche Ideen wie meine. Doch nur wenige davon mussten sich konkreten Firmenzusammenhängen in verschiedensten Branchen und Ländern stellen. Wenn man so will, erdenken sie sich einen Hammer. Und ganz oft wird dann jedes Problem, dem sie bei ihren Kunden begegnen, zum sprichwörtlichen Nagel. Bei mir ist das anders. Ich ging immer in die Firmen hinein, um dort wirklich auftretende Probleme zu lösen. Oft hieß das, ich wusste im ersten Moment auch nicht, was wohl Sinn hätte. Also suchten meine Kunden und ich für die konkreten Schwierigkeiten passende Lösungen. Über die Jahre entdeckte ich Muster, die sich wiederholen. Ein Durchbruch war, als ich einsah, dass die richtige Antwort stets firmenspezifisch war. In der Alois Heiler GmbH durfte ich erstmals konsequent daran arbeiten, aller anstehenden Probleme ohne Weisungsbefugnis Herr zu werden. Dort erkannte ich: Wenn wir zusammen anders denken, gelingt es. Seither bediene ich mich im Bezug auf Konzepte, Methoden und Werkzeuge bei dem, was da ist. Meinen Kunden zeige ich, wie sie das Angebot für ihre Firma nutzen. Und ich begleite sie darin, sie betriebskatalytisch zu bewerten. Auf diesem Weg entstanden die folgenden Denkwerkzeuge. Ich kann dir kaum sagen, ob es dabei bleibt. Auch liegt mir fern, zu behaupten, das seien alle, die es je geben wird. Doch eines konnten die Anwendenden bisher nachweisen: Nutzt du sie, findest du zusammen mit deinen Kollegen auf dem Donut gangbare Antworten zu den Aufgaben, die dir dein Betrieb stellt.

Also angeschnallt und eingestiegen in die Achterbahn der Betriebskatalyse.

# Episode 2 – von den Regeln des Spiels

## 7.
## Die DNA deiner Firma

Ich kann es kaum oft genug schreiben: Mir geht es um deine Firma. Sie soll gefälligst ihren ganz ureigenen Charakter behalten. Die Betriebskatalyse ist kein übertragbares Betriebssystem. Sie ist kein universell anwendbares Konzept. Sie ist eine systematisierte Art, über Firmen nachzudenken. Genau wie die BWL. Nirgendwo kommt das deutlicher heraus wie bei der Firmen-DNA. Ich musste sie an Weihnachten 2015 entwickeln, weil sonst unsere Transformation bei der Alois Heiler GmbH an unzähligen Kaffeekränzchensitzungen gescheitert wäre. Damals steckten wir tief drin in der Pippi-Zombie-Apokalypse. Mitarbeiter sagten mir: »Gebhard, ich verbringe inzwischen mehr Zeit in Sitzungen als an meinem Arbeitsplatz. Wenn das deine Idee einer funktionierenden Firma ist, dann such das Weite, solange es noch geht.« Nach dieser Ansage beobachtete ich uns in den Sitzungen und stellte fest: Wir erfanden jedes Mal die Welt neu. Das musste aufhören. Und mit der Firmen-DNA gelingt genau das. Sie koppelt erstmals die erdachte Wirklichkeit des Unternehmens mit seinen realen Menschen und die Gegenwart mit der Zukunft. Sie geht davon aus, dass jede Organisation ebenso auf dem Papier existiert wie als soziales Netzwerk. Der dokumentierte Teil kann direkt geformt werden. Das Zwischenmenschliche ist nur indirekt zu beeinflussen. Sie nimmt außerdem an: Es gibt keine Firma ohne Menschen.

Mir ist bewusst, dass ich hier einen biologisch klar definierten Begriff als Metapher nutze, von dem mein Denkwerkzeug erheblich abweicht. Mit der Bezeichnung begreife ich Arbeit als etwas Urmenschliches. Die Anwendung der Firmen-DNA bei verschiedenen Kunden zeigt, dass ich diesen Wunsch mit einer Vielzahl von Mitarbeitern teile.

## 7.1 Wozu wird das Denkwerkzeug gebraucht?

Es beschreibt das Genom der Firma. Die DNA zeigt, wie Menschen und Unternehmen zusammenfinden. Sie macht für die ganze Belegschaft sichtbar, was sie sich vom Betrieb erwarten können. Über sie kann jeder die

Organisation hinterfragen und mit seinen Kollegen über die eigenen Gedanken systematisiert sprechen. Nur mit der Firmen-DNA entsteht das nötige Bewusstsein bei den Mitarbeitern, um das Geschäft sinnvoll zu verändern. Die DNA sollten alle kennen. Die einzelnen Elemente der Firma zu beschreiben unterstützt sowohl den Aufbau wie auch die Entwicklung der Organisation.

## 7.2 Was sind die wesentlichen Bausteine?

Wie beim biologischen Vorbild besteht die Firmen-DNA aus zwei Strängen. Allerdings unterscheiden sich diese voneinander: Es gibt den Firmenstrang und den Menschenstrang. Diese setzen sich wiederum aus jeweils sieben Elementen zusammen. So entsteht eine Doppelhelix mit insgesamt vierzehn Bausteinen. Starten wir beim Firmenstrang:

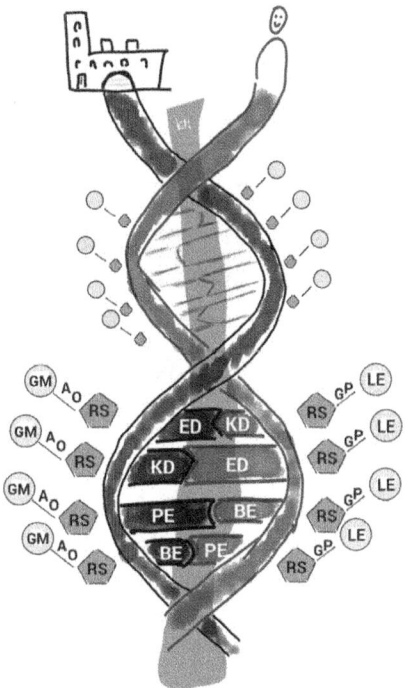

Das **zentrale Nervensystem** deiner Firma setzt sich aus dem Geschäftsmodell (GM), der Aufbauorganisation (AO) und der Rollenstruktur (RS) zusammen. Egal ob wir von Pippi, der Zombie-Apokalypse oder dem Donut reden – die drei Elemente sollten im ganzen Betrieb zu jedem Zeitpunkt für alle Mitarbeiter gegenwärtig sein. Dennoch werden sie regelmäßig übersehen, ja sogar vergessen. In Summe ergeben sie das unterbewusste Sein deiner Organisation. So wie wir uns beim Meditieren aufs Atmen konzentrieren, solltet ihr euch als ganze Belegschaft gewohnheitsmäßig diese drei Elemente bewusst machen. Nur so kannst du erwarten, dass viele im Sinn der Firma handeln.

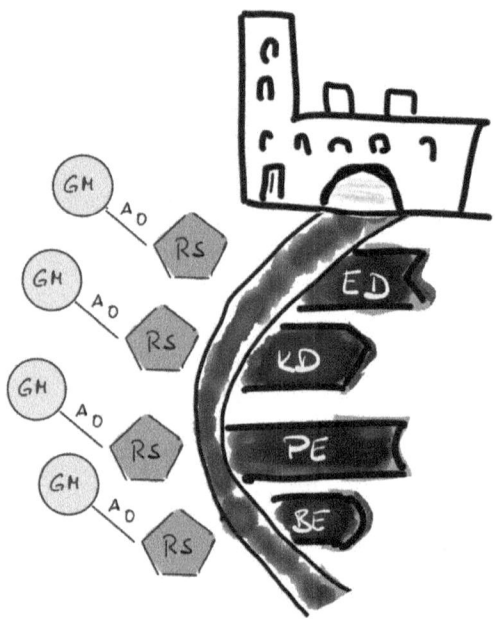

Im **Geschäftsmodell** beschreibst du, wofür eure Kunden euch Geld geben. Bitte nutze hier keinesfalls dein Marketingprogramm. Hier geht es um den tatsächlichen Wert. Mich bezahlen meine Auftraggeber dafür, dass ich ihre Probleme löse. Sicherlich freuen sie sich über mein andersartiges

Vorgehen. Doch ohne entsprechende Ergebnisse wäre das wertlos. Ich hätte dann längst schon keine Aufträge mehr. Vielleicht hat deine Firma sogar gleich ein paar Geschäftsmodelle. Ich verkaufe Transformation, Beratung, Vorträge und Reisen. Alle Produkte haben bei mir ihr eigenes Geschäftsmodell. Die Klammer ist meine Person. Von mir losgelöst, könnte auch jedes Business für sich alleine bestehen.

Ist das klar, ergänzt du sie zuerst um die Marktseite. Dazu gehören Kundensegmente, Preisstrukturen, Bezahlarten und so weiter – in der Canvas unten die rechte Seite. Schlussendlich kommt noch die Aufwandsseite hinzu – links. Was sind die Kernarbeiten? Auf welche Lieferanten und Partner ist das Geschäftsmodell angewiesen? Wie setzen sich eure Angebote konkret zusammen? Betreibst du viel Aufwand, sprechen wir von einem Businessplan. Für die Betriebskatalyse ausreichend kurz gefasst ist es in der Business Modell Generation Canvas von Alexander Osterwalder.

Die Aufbauorganisation dient deinen Geschäftsmodellen. Egal, in welcher Welt du unterwegs bist, hier malst du Kästchen oder Kringel, die einander zugeordnet sind. Da Bilder an dieser Stelle mehr sagen als viele Worte, kommen jetzt Grafiken mit ein paar Erklärungen zu den Grundszenarien. Die Abbildungen zeigen das Spiel mit den verschiedenen Netzwerkstrukturen, wie im Abschnitt »Alles im Netz« erläutert. Ich verbinde die Darstellungen zudem mit den Kategorien aus »Unterscheiden«. Das verdeutlicht, wie jeweils mit Strategie, Struktur und Alltag organisatorisch umgegangen wird.

Pippi regelt alles zentralisiert. Sogar die Bestellung für Büromaterial läuft über ihren Schreibtisch. Das ist ihre Form, die Kontrolle zu bewahren. Leitet sie auch gleichzeitig den Vertrieb, geht das lange Zeit gut. Denn so bleibt der Kunde im Fokus der Firma. Sobald sie allerdings den Kundenbezug abgibt, rutschen diese ans Ende der Hierarchie. Jetzt kümmern sich Sachbearbeiter um sie. So kann ein typischer Interessenkonflikt im Verkauf entstehen: »Arbeite ich für meinen Kunden, meinen Chef oder das Interesse der Firma?« Als Netzwerkbild sieht das so aus:

Strategie  
Struktur   } zentralisiert  
Alltag

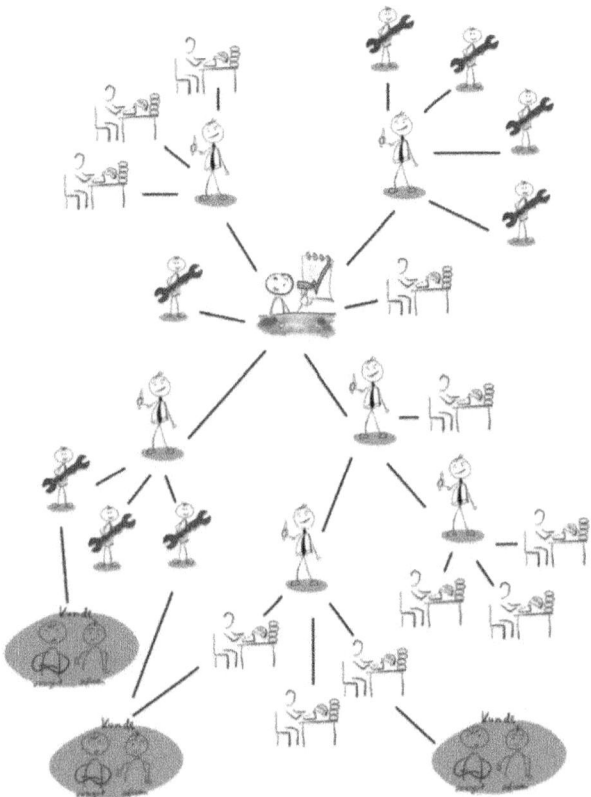

Die DNA deiner Firma | 99

Gehen wir weiter zur Zombie-Apokalypse. Durch die Einbeziehung der Mitarbeiter vollzieht die Firma in ihr einen meist fatalen Strukturwandel. Er verbirgt sich über einige Zeit, da er sich rein auf der Alltagsebene abspielt. Aus der Pippi-Welt kommend, ist der Geschäftsführung eines klar: »Strategie und Struktur bleiben bei mir!« Trotzdem ist ja den Experten zum Thema Mensch zu folgen. Wir erinnern uns, die Leute denken dann für die Firma mit, wenn man sie mitgestalten lässt. Da zwei Arbeitsbereiche zentralisiert sind, kann die Mitarbeiterbeteiligung nur im Alltag stattfinden. Daraus folgt ein heilloses Durcheinander an Methoden, Verantwortungen und Weisungsstrukturen genau dort, wo die Firma es am wenigsten gebrauchen kann. Denn im Daily Business verdient sie schließlich ihr Geld. In Folge mischt sich etwa das Marketing in die Produktion ein, die wiederum erklärt dem Vertrieb, wie er zu verkaufen hat. Der weicht aus und fordert vom Personalbereich eine flächendeckende Ausbildung in Gesprächsleitfäden für den Kundenkontakt. Denen schwirrt der Kopf. Sie installieren deshalb ein rigoroses Zielvereinbarungssystem, um dem Tohuwabohu irgendwie Herr zu werden. Und das alles, weil die Firma genau dort ein verteiltes Netzwerk aufgebaut hat, wo es am wenigsten Sinn hat: Im Alltag. Das verdeutlicht folgendes Bild.

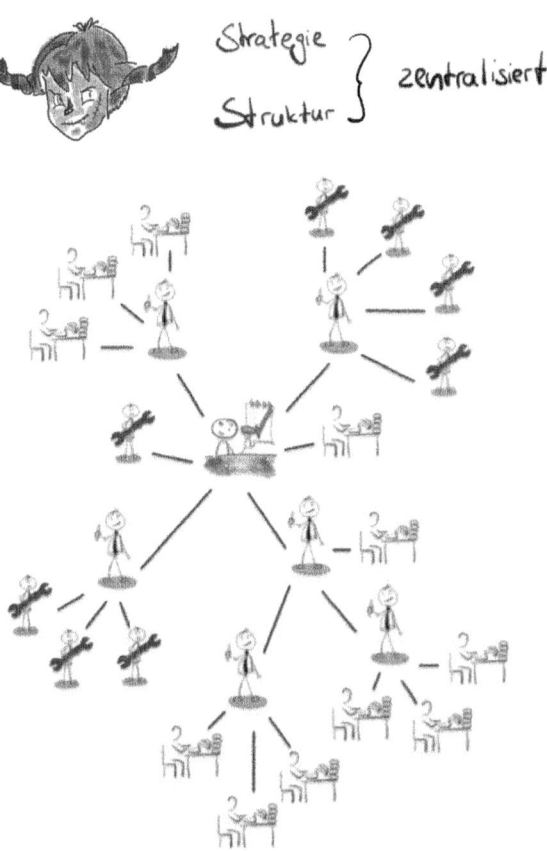

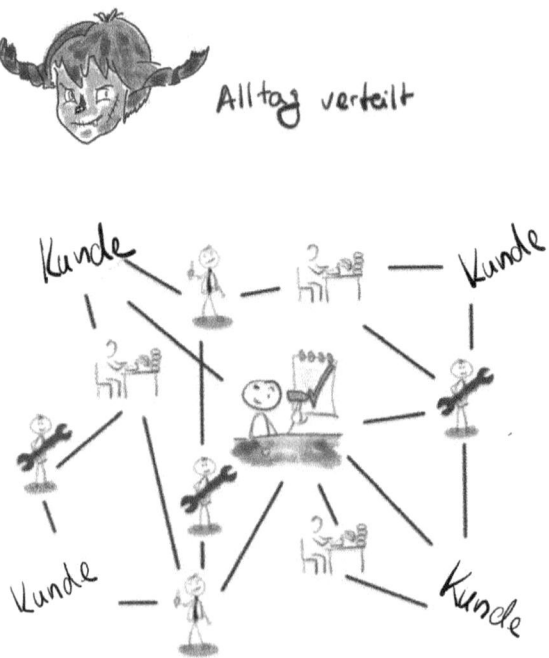

Doch was ist auf dem Donut anders? Ging es nicht um Mitarbeiterbeteiligung? Hier wissen wir, dass Strategie und Struktur in großen Gruppen abgestimmt gehört – siehe Abschnitt »Masse«. Das ermöglicht es uns, Menschen einzubeziehen. Wir werden der Experten-Ansage gerecht. Jetzt wird die Strategieebene von der ganzen Firma zusammen als verteiltes Netzwerk entwickelt. Gegebenenfalls lädt man sogar Kunden dazu ein. Die Strukturen nehmen die Kollegen in ihre Hände, die die anstehenden Veränderungen umsetzen sollen. Das passiert dezentralisiert. Im Alltag arbeiten wir auf dem Donut weiterhin zentralisiert, so wie bei Pippi. Allerdings steht der Kunde im Zentrum des Interesses, keinesfalls die Führungshierarchie. So stellen wir sicher, für unsere Käufer einen Wert zu generieren, den sie uns auch bezahlen wollen. Mit gelebter Betriebskatalyse kann eine Firma schematisch so aussehen:

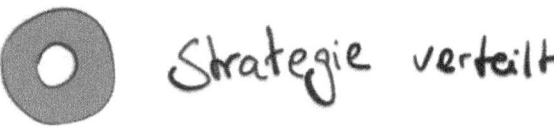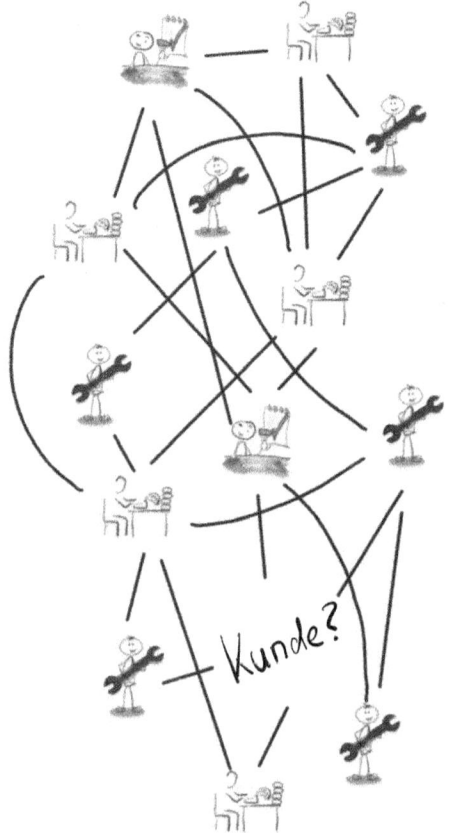

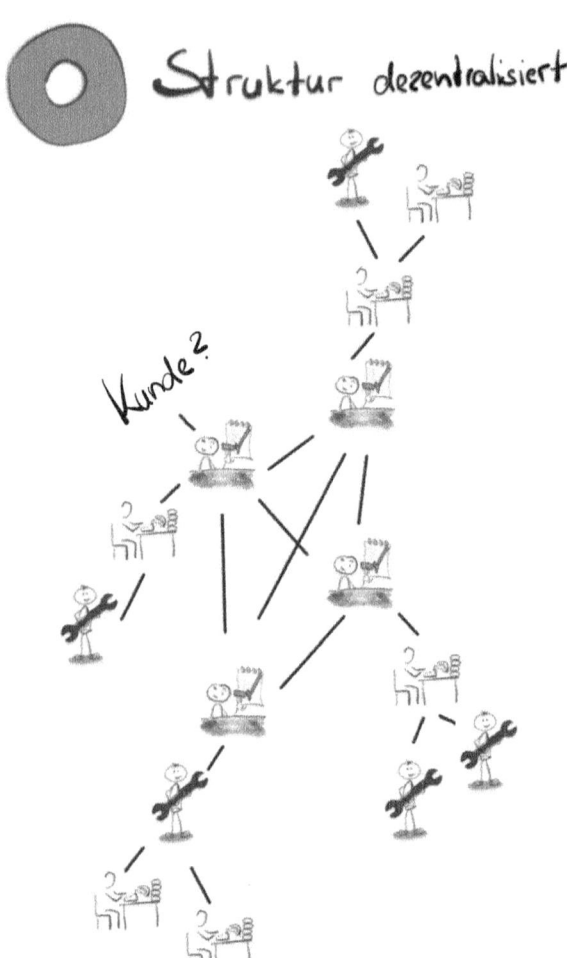

# Alltag zentralisiert

So viel an dieser Stelle zur Aufbauorganisation. Kommen wir zur Rollenstruktur. Bei Pippi stehen die Rollen in Verbindung zu Funktion und Hierarchie. Da gibt es Werker, Sachbearbeiter, Führungskräfte und Geschäftsführung. Die Rollen werden mit Adjektiven wie technisch oder kaufmännisch ergänzt. In der Zombie-Apokalypse braucht es mehr Rollen: Hier verwöhnen wir ja die Mitarbeiter. Das führt dann oft zu englischen Begriffen. Da haben wir einen Junior, Senior und Chief Leader. Fast jede Aufgabe bekommt ihre eigene Rollenbeschreibung. So passiert es Leuten, die bei Pippi noch technischer Abteilungsleiter hießen – in der Zombie-Apokalypse ist ein Senior Technical Head of Production aus ihnen geworden. Wie perfide das System ist, zeigt der Blick ins dazugehörige Gehaltssystem. Wenn der Titel auch sonst wenig aussagt: Jedes Wort bezieht sich auf einen bestimmten Wert in der komplizierten Vergütungstabelle. Da gibt es ein Grundgehalt. Es erhält einen Aufschlag für die Führungsposition. Dazu kommt die Gewinnbeteiligung des Geschäftsbereichs. Und der Bonus mit Bezug auf die Betriebszugehörigkeit rundet das Bild ab.

In der Betriebskatalyse gehen wir zurück auf natürliche Zusammenhänge – wie etwa in der Familie. Da gibt es als Rollen den Vater, die Mutter, den Bruder, den Freund, den Vereinskameraden und so weiter. So beantwortet das Rollenverständnis in der Betriebskatalyse eher Fragen wie: Was ist ein guter Kollege? Oder: Wie ist man ein sinnvoller Repräsentant für die Firma? Die daraus abgeleiteten Rollenbeschreibungen sind weniger funktional. Die Rollen sind von der Situation abhängig, in der du dich befindest. Das bedeutet, dass auch gerne mal zwei Rollen auf einmal gelebt werden können. Ein Unding in der Apokalypse und bei Pippi. Und ich setzte noch einen drauf: Die Betriebskatalyse fordert entsprechende Rollen, unter Umständen, von allen Mitarbeitern gleichermaßen ein.

So viel zum zentralen Nervensystem (GM, AO und RS). Kommen wir zu den Sinnen und Gliedmaßen des Firmenstrangs. Was deine Firma wahrnimmt und wie sie damit aktiv umgeht, bündelt sich in den vier inneren Elementen Entscheidungsdesign (ED), Kommunikationsdesign (KD), Prozessebene (PE) und Beziehungsebene (BE).

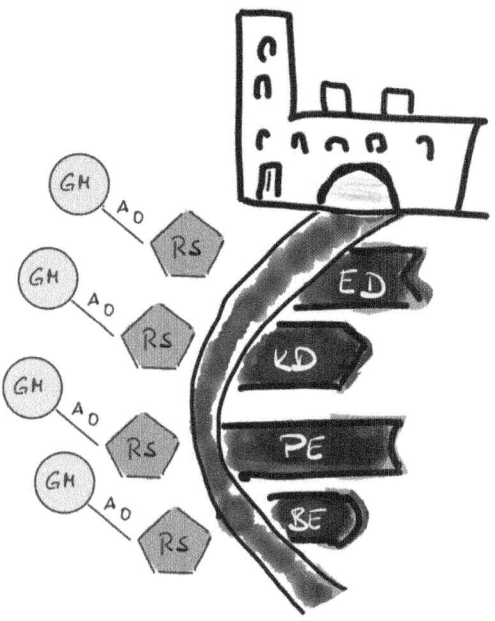

Beginnen wir mit der Umsetzung. Alles Handeln beruht auf den Beschlüssen, die man fasst. Aus diesem Grund lege ich damit los, das **Entscheidungsdesign** zu erläutern. Darunter verstehe ich den Weg, wie du in deiner Firma zu Entschlüssen kommst. Egal für welches Thema. Dieser Teil ist so wichtig, dass ich dafür ein eigenes Denkwerkzeug entwickelte. Das erkläre ich dir im Anschluss an die Firmen-DNA. Hier gehe ich deshalb nur auf Pippi und die Zombie-Apokalypse ein. Bei Pippilotta ist es klar: Mitarbeiter dürfen sich an Vorgaben halten. Urteilen tut nur sie allein.

Diese Schlichtheit verliert sich schnell, lässt man die Zombies in die Firma. Auf dem Papier scheint hier alles eindeutig. Doch in Wirklichkeit sind die Organigramme, Stellenbeschreibungen und Arbeitsanweisungen nur ein dicker Vorhang. Hinter diesem wird entschieden. Ausschlaggebend sind Beziehungsgeflechte. Es kommt auf die Seilschaften an, zu denen man gehört. Da kann ein informeller Führer, der Zugang zu den Privatgemächern des Eigentümers hat, schnell zum Schwergewicht in Sachen Einflussnahme werden. Geschäftsführer treffen hier Entscheidungen nur, nachdem sie noch mal eine Nacht darüber geschlafen haben. Doch anstatt sich auszuruhen, führen sie bis in den späten Abend hinein Telefonate. Sie müssen die Truppen organisieren. Wenn du so eine Organisation kennst, weißt du, das Organigramm ist hier den Speicher nicht wert, den es belegt.

Die Betriebskatalyse macht jede und jeden zum Entscheider – allerdings mit klaren Befugnissen innerhalb der Zusammenhänge Strategie, Struktur und Alltag. Hier gibt es keine Ausnahmen mehr, etwa für die Geschäftsführung. Wir sind alle erwachsen. Wir können mit Konflikten umgehen. Wir wissen, am Ende muss es für die Firma passen. Sollte ich da mal nicht mitgehen können, gibt es ja noch andere Firmen, in denen ich arbeiten kann. Wie das geht, erfährst du im Abschnitt »Entscheidungskopfstand«.

Das Entscheidungsdesign steht in direktem Bezug zum Thema **Kommunikationsdesign**. Denn das beschreibt den Weg hin zu den Beschlüssen. Bei Pippi ist das Grundmuster Anweisung-Kontrolle-Belohnung/Bestrafung. Hier sollen die Mitarbeiter diszipliniert den Vorgaben der Chefin folgen. Weichst du ab und wirst erwischt, gibt es hinter die Ohren. Machst du mit und die Firma ist damit erfolgreich, bekommst du eine Uhr zum zehnjährigen Firmenjubiläum. Hältst du dich daran und die Erwartungen werden verfehlt, beglückt dich Pippi mit Durchhalteparolen. Bei Pippi erfüllen die Mitarbeiter die Vorgaben aus dem ERP-System. Administrationszugriff hat nur ein Mensch. Regelmäßig ist das ein Externer. Interne Kommunikation findet in Formularen statt. Da werden Rapporte geschrieben. Erledigte Vorgänge bekommen einen Stempel mit Namen. Alles ist feinsäuberlich in einem Archiv abgelegt. Den einzigen Schlüssel hat Pippi.

In der Zombie-Apokalypse ist die Kommunikation geprägt von der Strategie: Täuschen-Tarnen-Wegducken. Hier sind die Leute vorne rum alle freundlich zueinander. Das Hauen und Stechen passiert hinter der sauberen Fassade. Es gilt mehr als in irgendeiner anderen Welt: Wer schreibt, der bleibt. Allerdings gehört einiges Geschick dazu, das Richtige im passenden Moment an die geeignete Stelle zu schreiben. Zombies sind gewiefte Politiker. Verantwortung gleitet an ihnen ab wie Dreck an einer Lotusblüte. Und das selbst wenn sie Führungspositionen einnehmen. Bist du ein Pragmatiker in der Apokalypse, hast du dich dazu verdammt, immer die bestmöglichen Ergebnisse zu liefern – weil du ja die Damen und Herren Strategen alle mitfinanzierst. Leider bekommst du für dein Engagement eher Tritte als Gehaltserhöhungen. Denn wer etwas macht, macht auch Fehler. Politikern, die nur Meinungen anderer von A nach B schieben, passiert das nicht. In diesen Organisationen gibt es keinen Prozess ohne Bypass. Das ERP braucht umfängliche firmenspezifische Anpassungen. Die beliebtesten Kommunikationsmittel sind E-Mails oder noch besser Messenger-Anwendungen. So bleibt alles unverbindlich. Auf den Laufwerken liegen Terabyte von Office-Dokumenten mit Vorschlägen oder Konzepten, die nie ihren Weg in die Umsetzung fanden. In jeder Software ist die Regelung der Zugriffsberechtigung zentral. Wer was auf sich hält, hat Admin-Rechte. Selbst wenn er keine Ahnung hat, was das bedeutet.

Die Betriebskatalyse baut auf eine offene Kommunikation unter Erwachsenen. Das bedeutet, die Mitarbeiter darin fit zu machen, erfolgreich heikle Gespräche zu führen. Das unterscheidet sich dazu, Feedback zu geben. Es geht weniger darum, sich gegenseitig die Meinung über den jeweils anderen zu sagen. Es orientiert sich stärker an den Methoden der Mediation. Auf dem Donut steht am Beginn einer Unstimmigkeit die Frage: »Wollen wir gemeinsam etwas erreichen?« Findet sich darauf keine vertrauenswürdige Antwort, ist es praktisch unmöglich, in eine Richtung zu gehen. Und dann lassen wir es auch bleiben. Die Betriebskatalyse eröffnet dir Wege, Konflikte in der direkten Auseinandersetzung zwischen den Menschen zu lösen. So sparst du dir in deinen Tools die Beobachtung der Belegschaft. Die anderen Welten stellen die Schuldfrage in den Mittelpunkt ihrer Kommunikation – du kümmerst dich um die gemeinsame Problemlösung. Pippi will beaufsichtigen. Die Zombies spionieren aus. Auf dem Donut sorgen wir mit Transparenz dafür, dass sich das System selbst kontrolliert. Das ist technologisch weit weniger aufwendig. Wir Menschen halten es allerdings nur aus, wenn wir fähig sind, die auftretenden Konflikte zu bewältigen. Pippi wischt diese mit einem Machtwort weg. In der Zombie-Apokalypse ist es ein wichtiges Talent, ihnen gekonnt auszuweichen. Auf dem Donut werden sie mit Unterstützung von Betriebskatalysatoren aufgelöst. Praktisch alle Konzepte, Methoden und Werkzeuge, die ich dir in Episode 3 vorstelle, sind Bestandteil des Entscheidungs- oder Kommunikationsdesigns.

Für gutes Handeln braucht es sinnvolle Informationen. Doch das allein reicht nicht. Ausschlaggebend ist, sie wahrzunehmen. In der Firmen-DNA finden wir die dafür nötige Sensorik auf der Prozess- sowie der Beziehungsebene. Dort ist es am einfachsten zu erkennen, wenn etwas schief läuft.

Keine Firma kommt ohne die **Prozessebene** aus. Sie ist wie der Blutkreislauf der Organisation. Ich meine damit die Abläufe, die sich wiederholen, um verlässlich zu Ergebnissen zu kommen. Eine wichtige Abfolge ist etwa die der Aufträge. Je nach Unternehmen hat sie verschiedene Schritte. Ganz allgemein beginnt sie häufig mit einer Bestellung. Der folgt ein Angebot.

Das nimmt der Kunde an. Damit ist ein Vertrag geschlossen. Den gilt es dann zu erfüllen. Das löst die Auftragsabwicklung aus. Die Firma muss dafür sorgen, dass alles da ist, was für die Lieferung benötigt wird. Das kann Material sein oder Zeit, unter Umständen braucht es auch beides. Wenn geleistet ist, kommt eine Rechnung. Mit der Bezahlung ist der Prozess abgeschlossen. Es startet eventuell die Garantie.

Es gibt Abläufe, die müssen gesetzliche Anforderungen erfüllen. Da sind also Teilschritte fremd vorgegeben. Andere, speziell Produktionsverfahren, ordnen sich den technischen Möglichkeiten unter. Hier wird der Mensch häufig zum Diener der Maschine. Natürlich kann auch der Umgang mit Strategie- oder Strukturveränderungen einer Abfolge von Einzelschritten folgen. So kann selbst die Anwendung der Denkwerkzeuge in der Betriebskatalyse als Prozess verstanden werden. Für die DNA ist wichtig, sich der Abläufe bewusst zu sein. Mehr noch geht es darum, die eigenen Erwartungen an einen guten Prozessverlauf zu kennen. Das sind die Informationen, von denen ich oben spreche. Nur mit ihnen ist es dir möglich, Abweichungen zu bemerken – gute wie schlechte. So erklärt sich die Erkenntnis der Lean-Experten: »Qualität ist das Ergebnis eines guten Prozesses.« Und erst über die Unstimmigkeiten kommst du auf sinnvolle Handlungsbedarfe. Laufen alle Abläufe so wie ihr es euch vorstellt, hat die Betriebskatalyse Pause. Keine Sorge, bis heute hab ich diesen Zustand noch nie erlebt. Leider werden Prozesse gerne für anderes missbraucht. Bei Pippi ist es wie mit einem Kutscher: Die Abläufe sind ihre Zügel, die Peitsche und das Geschirr zugleich. Sie gibt damit den Takt an, in dem die Mitarbeiter ihre Wünsche zu erfüllen haben. Erreicht die Belegschaft diese Zufriedenheit, ist für Pippilotta die Welt in Ordnung.

Die Zombies sind noch eine ganze Größenordnung hinterlistiger. Ihnen geht es um individuelle Leistungsmessung. In der Apokalypse gibt es kein klares Bild, wessen Wohlbefinden ausschlaggebend ist. Sind es die formellen Führungskräfte? Oder muss ich als Mitarbeiter auch die informellen Leader einbeziehen? Wer ist gerade bestimmend? Vielleicht tatsächlich zufriedene Kunden? In der Zombie-Apokalypse sind Prozessschritte mit Leistungsindikatoren verknüpft. Die kommen selten von den Kollegen selbst. Stattdessen wurden sie in den Führungsebenen festgelegt – dennoch steht hinter ihnen die Drohung, die Stelle zu verlieren, sollte man sie verfehlen. Hier misst man scheinbar objektiv individuelle Leistung. Dabei kann die heutzutage praktisch nur im Team erbracht werden. Jeder ist auf die Zuarbeit und Zusammenarbeit mit anderen angewiesen. Von Adam Smith haben die Zombies gelernt, Prozesse in einzelne Aufgaben zu zerstückeln. So verliert der Arbeiter den Überblick. Das Ergebnis sind Schnittstellen. Diese abzustimmen, zu steuern und zu kontrollieren ist eine zentrale Angelegenheit des Managements. So kommt es zu Ereignissen wie dem folgenden.

Bei einem Maschinenbauer bemerkt die Testabteilung, dass regelmäßig falsche Teile in den Prüfprodukten verbaut sind. Leider müssen sie, um das zu erkennen, die Maschine komplett zerlegen. Das ist sehr aufwendig. Doch schlimmer noch, bestätigt sich ihr Verdacht, sind die Ergebnisse der durchgeführten Versuche ungültig. Der Testbereich gibt das Problem an die Forschung weiter. Die entwickelt folgende Lösung: Alle zu prüfenden Bauteile werden künftig mit einem Chip versehen, der sie identifiziert. Dann kann schon während der Prototypfertigung durch Scans erkannt werden, ob die richtigen Teile eingebaut sind. Es ist kein Zerlegen mehr nötig. Die Forschung rechnet nach. Sie kommt auf einen Millionenbetrag, den sich die Entwicklung so bei jeder Maschine sparen kann. Erfreut gibt sie ihr Ergebnis an die entsprechenden Stellen weiter. Vielleicht erwartest du jetzt eine schnelle Umsetzung? Weit gefehlt, in der Zombie-Apokalypse endete die Geschichte so: Den Preis für die Chips hätte der Prototypeinkauf bezahlen müssen. Der Aufwand für die Messungen wäre in der Fertigung angefallen. Beide Bereiche weigerten sich, die mehreren hunderttausend Euro, die das gekostet hätte, einzusetzen. Das Projekt kam in die Schublade. Bis heute verliert die Firma dadurch einige Millionen in jeder neuen Prototypentwicklung.

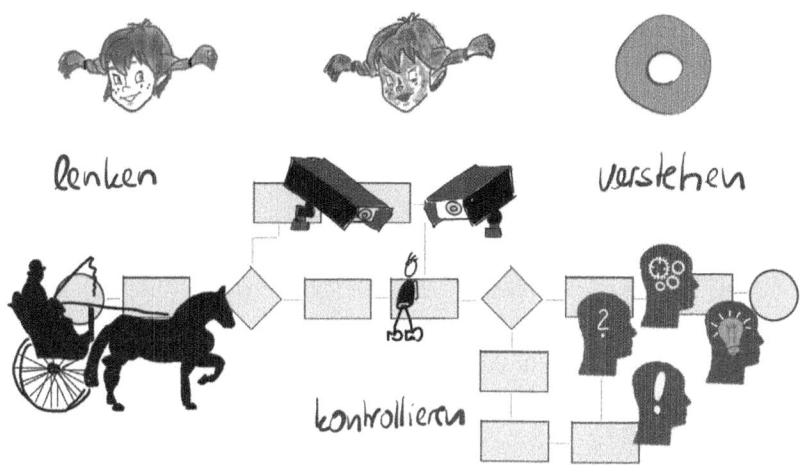

In der Betriebskatalyse kommt es auf übergreifendes Prozessverständnis an. Das bedeutet, wir kennen die Abläufe erst einmal so, wie sie sind. Egal, ob wir das gut oder schlecht finden. Nur von einem gemeinsamen Ist-Verständnis aus können wir sinnvolle Schritte in eine bessere Zukunft gehen. Denn wir wollen ja auf keinen Fall verlieren, was wir schon haben. Auf dem Donut versuchen wir deshalb, uns schonungslos über unsere Lücken auszutauschen. Hier kommt das tolerant offene Kommunikationsdesign von oben zum Tragen. Also beschreibst du auf der Prozessebene zuerst das, was da ist. Einer meiner Kunden sagte einmal zu mir: »Wir haben keine Kundenkommunikation!« Ich schaute ihn verdutzt an und fragte dann zurück: »Das heißt, ihre Kunden bekommen keine Rechnungen und Sie kein Geld?« Er lachte und meinte: »Das haben wir natürlich. Mit Bestellung und allem Brimborium. Ich meine einen wirklichen Austausch.« Ich wartete einige Sekunden, schließlich erkannte er seine eigene Denkgrenze. Er schmunzelte: »Ah, jetzt verstehe ich Sie. Wie sollen unsere Leute verstehen, was es zu verbessern gibt, wenn sie noch gar nicht klar haben, was wir aktuell machen. Egal wie unvollständig das ist.« Ich nickte. Die Transformation hatte in diesem Moment begonnen. Auch in der Betriebskatalyse hängst du deine Sensoren an die Prozesse. Doch du gängelst damit keine Kollegen. Alle sollen sehen, was läuft und wo es hapert. Jeder kann Veränderungen anstoßen. Die Hoheitsrechte verschwinden. An ihre Stelle rückt Sinn und Verstand.

Ganz ähnlich wie mit den Prozessen verhält es sich mit der **Beziehungsebene**. Allerdings gibt es hier weit weniger Formalien. Hier geht es um zwischenmenschliche Verbindungen. Viele werden durch die Aufgaben in den Abläufen vorgegeben. Einige entstehen aus dem Rahmen, den die Aufbauorganisation zeichnet. Natürlich existieren sie auch einfach so zwischen den Mitarbeitern. Manche Kollegen sind befreundet. Andere kommen auf der Arbeit gut miteinander klar. Im Privaten treffen sie sich aber praktisch nie. Dann gibt es die, die sich nicht von hinten anschauen. Und so weiter und so fort. Auch diese Ebene zeigt uns, wie es um unsere Firma bestellt ist. Wo es unter den Menschen ständig kracht oder sie sich aus dem Weg gehen, kommt es nur in Ausnahmen zu dauerhaft guten Ergebnissen. Zu viel der Energie geht in den Streit beziehungsweise in die Ausweichmanöver.

Pippi pflegt einen elterlich bevormundenden oder beschützenden Umgang. Sie lässt den Mitarbeitern nur wenig Raum für Verantwortung. Da mag es Vertrauenspersonen geben: Die können sich vielleicht mehr erlauben. Doch auch das nur sehr willkürlich, bis der Mama der Kompanie etwas anderes einfällt. Bei Pippilotta geht es in den Beziehungen ums Gefallen. Die Belegschaft darf so einiges, solange sie sich nicht dabei erwischen lässt. Auch Charme und Witz können einen in kniffligen Situationen retten. Das zumindest ist die angenehme Erscheinungsform. Natürlich kann Pippi ebenso als Despot, Diktator oder Autokrat daherkommen. Doch auch bei denen geht es für die Mitarbeiter um die Dienstbarkeit.

In der Zombie-Apokalypse ist dem Patriarchen die Autorität abhandengekommen. Irgendwann fing er an, das Wohlbefinden der Belegschaft über die Interessen der Firma zu stellen. Für das Versprechen auf Mitdenken hat er sich dem Diktat der Mitarbeiterzufriedenheit unterworfen. So tanzen sich alle gegenseitig auf der Nase herum. Nach außen wird ein betont freundlicher Umgangston gepflegt. Hinter den Kulissen findet ein ständiges Buhlen um die Gunst derer statt, die gerade Einfluss haben. Natürlich wechseln die andauernd. So beschäftigt sich die Firma wunderbar mit sich selbst. Anstatt den Kunden zu kennen, diskutiert man all die Meinungen, die andere zu ihnen haben. Anstelle davon, Gewissheit über den Erfolg des eigenen Geschäftsmodells zu haben, rechnet man sich jede wirtschaftliche Misere so schön, dass sich alle Achtsamkeit verliert. Sicherlich nur, bis der Kollaps kaum noch abzuwenden ist. Dekadent wie auf der Titanic wird weitergefeiert, selbst wenn sich das Schiff zum letzten Tanz aufbäumt.

Die Betriebskatalyse fordert von den Menschen, erwachsen zu sein. Das ist durchaus anspruchsvoll. Doch sie unterstützt uns dabei, die möglicherweise nötige persönliche Entwicklung erfolgreich anzugehen. Das Wirtschaften auf dem Donut fußt auf der Überzeugung, dass wir alle, wenn wir es wollen, mit unserem Schicksal sinnvoll umgehen können. Sobald wir aus der Pubertät raus sind, ist es deshalb in Ordnung, Erwachsensein von uns zu erwarten. Das gilt natürlich für beide Seiten. In einer formalen Weisungshierarchie sind die meisten Mitarbeiter zu Kindern degradiert. Es wäre schon seltsam, mit einem anderen Verhalten zu rechnen. An und für sich haben viele Firmen einfach das Glück, dass etliche Erwachsene kaum aus ihrer Haut herauskommen. Ich bin überzeugt, das ist der eigentliche Grund, warum Firmen die Zombie-Apokalypse so lange überleben. Ein gerüttelt Maß an Mitarbeitern kann selbst unter diesen Umständen nicht davon lassen, vernünftig zu sein.

Soweit zu den Elementen aus dem Firmenstrang. Bis auf die Beziehungsebene sind sie alle mit dem Mittel der vorgestellten Wirklichkeiten gestaltbar, das ich in der Einführung beschrieb. Für mich heißt das, genauso wie wir uns die aktuellen Regeln zur Unternehmensgestaltung ausdenken, funktionieren auch die der Betriebskatalyse. Auf Seiten des Betriebs ist es also weniger die Frage nach der Möglichkeit. Vielmehr stellt sich die Aufgabe, allen zu ermöglichen, sinnvoll am Firmenstrang mitzugestalten.

So entsteht Loyalität und Krisenresistenz. Lass die Kinderstube und den Kindergarten hinter dir. Steig ein in das humorvolle Abenteuer der erwachsenen Betriebswirtschaft.

Hier endet typischerweise das wirtschaftliche Schema. Denn jetzt kannst du deine ganze Firma in Schubladen packen. Ich habe festgestellt: So machen wir es uns zu einfach. Die Grundannahme, die Pippi und die Zombies treffen, lautet: »Der Mensch ist anpassungsfähig. Er ordnet sich unseren formalen Vorgaben unter.« Meine Erfahrung sagt das Gegenteil. Ich kenne viel mehr Mitarbeiter, die gelernt haben, den Schein zu wahren. Sie wissen, wie sie das Spiel spielen. Verändert hat sie das kaum. Deshalb nehme ich für die Betriebskatalyse genau das an. Während die Firma praktisch frei nach unserer Fantasie gestaltbar ist, bleiben wir Menschen ziemlich unflexibel. Wir haben unseren Charakter. Wir sind an unser Wesen gebunden. Es fordert viel Kraft, das zu ändern. Aus diesem Grund lassen wir uns auf so eine Entwicklung nur ein, wenn wir selbst sie für sinnvoll halten. Der Rest ist mehr oder weniger gutes Schauspiel.

## Kommen wir zum Menschenstrang

Aus der eben getroffenen Annahme heraus ist klar, warum die Betriebskatalyse den Firmenstrang mit dem Menschenstrang verwebt. Ohne Mitarbeiter bleibt jede Firma eine tote Idee auf einem Stück Papier. Es braucht mindestens einen Menschen. Und sei es nur, wie bei mir, der Eigentümer.

Von Viktor Frankl lernte ich, dass ich wohl ebenso wenig direkten Einfluss auf die Menschen selbst habe wie auf ihre Empfindung eines individuellen Sinns. Deshalb beschreibe ich im Folgenden nur die Elemente, die uns dabei helfen, Mitarbeiter im Bezug auf die Firma zu reflektieren. Das kannst du mit dir ebenso gut machen wie mit anderen. Beachte bitte nur, den Ergebnissen eher weniger Wert beizumessen. Denn so stimmig sie sein können, so schnell verändern sie sich, wenn es eine neue Situation gibt, in der du sie ableitest. Was jetzt kommt, ist auch keine Typisierung nach Farben oder Ähnlichem. Davon halte ich überhaupt nichts. Es ist ein Weg, über

Menschen und ihr Verhalten nachzudenken. Frankl erkennt, dass wir, aus uns selbst heraus, immer sinnvoll handeln. Das heißt für die Betriebskatalyse, wir nehmen an, alle Mitarbeiter kennen den Sinn in dem, was sie tun. Egal wie komisch uns das manchmal von außen vorkommen mag. Deshalb unterstützt dich der Menschenstrang in der DNA darin, nach den Zusammenhängen zu suchen, die deines und das Benehmen anderer (vernünftig) erklären lassen. Steigen wir ein in die einzelnen Elemente.

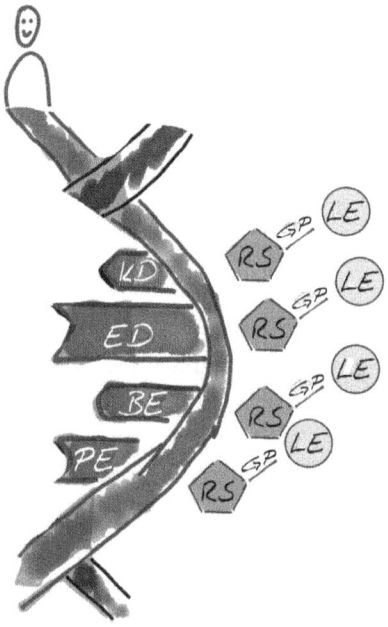

Es geht los beim **Lebensentwurf** (LE). Vergleichend zum Geschäftsmodell folgt unser Dasein Mustern. Egal ob sie klar oder unklar sind. Einige von uns treiben durch ihre Existenz wie ein Korken in einem See. Sie versuchen vor allem, den Kopf über Wasser zu halten. Andere gehen einem detaillierten Plan nach. Ihre größten Probleme entstehen, verfehlen sie wichtige Meilensteine. Und dann gibt es die, die auf Werte und Prinzipien bauen, an denen sie festhalten. Ihr Kartenhaus bricht zusammen, stellen sie sich als wirklichkeitsfremd heraus. Egal, ob wir es zulassen, dass uns ein Lebenswandel einfach geschieht oder ob wir versuchen, ihn aktiv zu beeinflussen: Alles Tun als Mensch wurzelt im Grundriss des Lebensentwurfs. Wer sich dessen gewahr wird, kann ihn schützen, bestärkten, stützen und tatkräftig weiterentwickeln.

Um unseren Lebensentwurf zu erfüllen nehmen wir **Gesellschaftliche Positionen** (GP) ein. Sie stehen der Aufbauorganisation gegenüber und sind die Antwort auf die Frage: Wie gliedere ich mich in die öffentliche Struktur ein, um meinen Lebensentwurf zu verwirklichen, im Sinne eigener und fremder Erwartungen? Dazu kann ich beispielsweise einem Verein vorsitzen. Oder ich gehe alleine in ein Fitnesscenter. Manche besuchen nur ausgewählte Lokale oder werden Mitglied in einem Golfklub, um die richtigen Kontakte zu knüpfen. Andere steigen aus der Konsumgesellschaft aus. All das sind gesellschaftliche Positionen.

Wie schon im Firmenstrang erwähnt, kennt das Leben weniger formale **Rollenstrukturen** (RS). Stattdessen lebt jeder von uns in verschiedensten Verhaltenssystemen. Beispielsweise familiär als Kind, Geschwister, Elternteil und so weiter. Hinzu kommen außerfamiliär zwischenmenschliche wie die eines Partners, in Freundschaften, als Mentor et cetera. In der Firma wird so viel Rollenkompetenz nur selten verlangt. Denn herausfordernd ist das soziale Zusammenkommen mit anderen, wenn sich die Systeme mischen. Etwa auf einer Grillparty mit Kollegen, Freunden, der Familie, den Eltern und den Nachbarn. Das sind typische Momente, in denen unsere Rollen gerne mal in einen inneren Konflikt kommen, der sich dann nach außen entlädt.

Die Mischung aus Lebensentwurf, Gesellschaftlicher Position und Rollenstruktur bildet in meinem Modell das Fundament deines Wesens. Es entsteht, ähnlich wie bei Firmen, zumeist wie von selbst über die Zeit. Trotzdem kannst du es gewollt reflektieren. So gewinnst du Handlungsspielräume hinzu. Du entdeckst Gestaltungsmöglichkeiten, die ohne die Rückbesinnung versteckt blieben.

Ganz genauso wie die Firma bringt jeder Mensch sein eigenes Entscheidungs- (ED) und Kommunikationsdesign (KD) sowie seine persönliche Prozess- (PE) und Beziehungsebene (BE) mit. In meiner Beobachtung treffen diese allerdings über Kreuz auf ihre Geschwisterpaare im Firmenstrang. So nimmt dein individuelles Entscheidungsmuster auf das mögliche Kommunikationsdesign in der Firma Einfluss, während das Entscheidungsdesign des Betriebs deine Kommunikationsfähigkeiten auf die Probe stellt. Ähnlich verhält es sich mit den Prozessen. Hierzu ein Beispiel aus meinem Alltag: Als unsere Kinder noch klein waren, hatte ich beispielsweise eine Vereinbarung mit meiner Frau. Danach brachte ich sie in den Kindergarten und meine Frau war nachmittags da, wenn sie nach Hause kamen. Das ist meine persönliche Prozessebene. Sie stresst unter Umständen die Beziehungsebene zu meinen Kunden. Denn ich konnte so nur nach vorheriger Abstimmung mit meiner Frau Termine vor 9:30 Uhr annehmen. Hatten die Kunden wiederum Abläufe, die frühere Einsatzzeiten verlangten, bekam ich hin und wieder Schwierigkeiten mit der Beziehungsebene meiner Familie.

Klar ist es für die Firma wichtig, zu wissen, mit wem sie es zu tun hat. Und doch sind die Muster, wie Unternehmen die Beweggründe ihrer Mitarbeiter wahrnehmen, ziemlich verschieden.

Bei Pippi spielt die Ergründung der menschlichen Motivation kaum eine Rolle. Denn die Mitarbeiter können ja froh sein, für sie zu arbeiten. Das mag überspitzt klingen. Doch schlussendlich sind sie Kinder, auch bei allem erlebbaren Einfühlungsvermögen seitens der (Führungs-)Eltern. Pippilotta kann natürlich auf die Kleinen eingehen. Das tut sie, solange sie will. Sie entscheidet einseitig, wann es genug ist. Dann endet das Spiel abrupt und der Sprössling hat sich zu fügen oder zu gehen.

In der Zombie-Apokalypse gibt es Schubladen. Sie heißen beispielsweise Myers-Briggs-Type-Indikator (MBTI), Insights Discovery oder Golden Profiler Of Personality (GPOP). Sie alle kategorisieren den Persönlichkeitstyp. So lässt es sich leichter mit dir kommunizieren. Es ist dann auch viel einfacher, dich deinen Fähigkeiten entsprechend einzusetzen. Das ist zumindest die Geschichte, die von ihren Vertretern erzählt wird. Ich selbst habe den Insights-Test zweimal innerhalb sehr kurzer Zeit gemacht. Vom Typ her war ich beide Male im gleichen Farbschema. Die Handlungsempfehlungen im Umgang mit mir wichen allerdings stark voneinander ab. Je mehr sie untersucht werden, umso deutlicher zeigt sich: All diese Verfahren sind fragwürdig. In der Fachzeitschrift *Nature Human Behaviour* wurde 2019 der Artikel zu einer Studie veröffentlicht, die sich damit beschäftigt, ob solche

Typisierungen die Grundlage für organisatorisches Handeln sein sollten. Darin kommen die Autoren, Forscher aus Deutschland, zum Ergebnis, dass die Typen lediglich bei zweiundvierzig Prozent der Personen stimmig zugeordnet werden konnten. Für die seriöse Arbeit in Organisationen, so die Experten, sollte das Resultat bei weit über neunzig Prozent richtig sein. Den Zombies ist das freilich egal, sie wollen ja keine Wahrheit. Ihr Spiel ist es, andere zu ihren Gunsten zu beeinflussen.

Mit der Betriebskatalyse respektieren sich die Kollegen gegenseitig. Sie gibt den Menschen ein Werkzeug an die Hand, über sich selbst und ihren Bezug zur Firma nachzudenken. Du willst sie damit weder typisieren noch bevormunden. So wird es recht simpel, denn ich gehe davon aus, je besser jeder Mitarbeiter sich versteht und die Gründe kennt, warum er ausgerechnet in euren Betrieb zum Arbeiten kommt, desto einfacher ist gemeinsamer Erfolg.

Jetzt weißt du, was alles in den Firmenstrang gehört. Außerdem kannst du deinen Kollegen mit dem Menschenstrang ein vergleichbares Instrument an die Hand geben, um über sich selbst nachzudenken. Damit kommen wir zum letzten Element der Firmen-DNA. Es beantwortet die Frage, warum sich jemand in deiner Organisation engagieren sollte. Ich rede vom Kopplungsmodus.

## Der Kopplungsmodus

Die Betriebskatalyse geht davon aus, dass Menschen sich in einer Firma umfassend einbringen, wenn sie einen persönlichen Sinn darin sehen. So schlüssig das klingen mag, so unterschiedlich wird es verstanden. Und so entstehen die schlimmsten Arbeitszustände in Organisationen. Schauen wir uns an, was die verschiedenen Welten aus dem Thema Sinn machen.

Bei Pippi ist es, wie so häufig, ganz einfach: Sie gibt den Sinn vor. Der Mitarbeiter eines Kunden von mir brachte das mal treffend auf den Punkt: »Wenn der Chef sagt: ›Der Rhein fließt ab heute in die Schweiz!‹, dann ist das so, bis er sich eben umentscheidet.« Ich fragte ihn: »Und du machst das mit?« Er zuckte die Schultern und verdrehte ein wenig die Augen. Eine Kollegin, die neben uns stand und die Unterhaltung mitgehört hatte, meinte lapidar: »So ist es einfacher. Wir haben alle schon unseren Strauß mit dem Alten gefochten. Das bringt nur Ärger. An und für sich machen wir was wir wollen. Wir achten halt nur darauf, dem Chef nicht in die Quere zu kommen.« Hier hat Resignation Engagement ersetzt. Die Belegschaft hat aufgehört, selbst im Sinne des Betriebs zu denken. Trotzdem gibt es in diesen Firmen absolut loyale Mitarbeiter: Die Kopplung findet auf anderen Ebenen statt. Emotional binden sich Menschen gerne an erfolgreiche Persönlichkeiten. Viele mittelständische Geschäftsführer vermitteln genau dieses Bild. Sie sind Macher. Sie packen an. Sie lösen Probleme. Das imponiert Arbeitnehmern. Sie fühlen sich in deren Firmen sicher aufgehoben. Behütet, so wie Kinder von ihren Eltern. Doch der Unternehmer macht noch mehr. Seine Löhne und Gehälter sind zwar eher unterdurchschnittlich – dafür hilft er gerne mal unbürokratisch. Da gibt es einen formlosen Firmenkredit, wenn dem Beschäftigten das Auto überraschend den Dienst versagt und er kurzfristig für Ersatz sorgen muss. Auch unverhoffte Güte ist verbreitet. Der Boss drückt dann mal zwei Augen zu – selbst, als der Vertriebsmitarbeiter wegen Trunkenheit am Steuer für drei Monate den Führerschein abzugeben hatte. Da engagierte der Chef persönlich seinen Neffen als Chauffeur. So schafft es Pippi, dass ihre Angestellten in ihrer Schuld oder ihrem Schatten stehen. Da es für uns sehr riskant ist, aus so einer Beziehung auszubrechen, entsteht Verbundenheit. Die Mitarbeiter koppeln sich an den Chef oder ihre Aufgaben, nicht an die Firma. Die Abhängigkeit fußt auf den Selbstzweifeln der Belegschaft. Menschen, die eine solche Unterordnung akzeptiert haben, fällt es schwer, in komplexen Situationen aus sich heraus wirksam zu sein.

Das ist in der Apokalypse freilich anders. Da wird das heldenhafte Bild des geschäftsführenden Gesellschafters zielgerichtet angekratzt. Pippi-Zombies kennen nur die Lichtgestalten, die sie selbst in ihren Stories erfunden haben. Die kommen meist aus anderen Firmen – und zieren die Titel von Hochglanzmagazinen. Sie heißen Jobs, Musk, Thelen, Bezos, Page oder Gates. Hier halten Anglizismen Einzug in die Alltagssprache. Aus Sinn wird Purpose. Aus Geschäft: Business. Aus dem Mitarbeiter ein Employee. Aus der Führungskraft ein Leader. Anstatt sich um ihre Belegschaft zu kümmern, brandet sich die Firma in dieser Welt. Hier hat der Vorgesetzte die Aufgabe, seinen Untergebenen Sinn zu stiften. So begegnet sie ihren Competitors im War for Talents. Das Tückische ist, die Profis in der Zombie-Apokalypse benutzen die richtigen Worte. Doch sie liefern entweder keinen oder einen gefährlichen Inhalt. Ihre Welt ist schnell. Hier geht es um Work Hard and Fail Fast. Da braucht die Transformation Quick Wins. Deshalb entwickeln sie mit Design Thinking beziehungsweise Speed Protoyping im Lego Serious Play ein Most Valuable Product. Der Progress schmilzt sichtbar im Burndown oder sie messen ihn mit Objectives and Key Results, die sie eigens dafür erfinden. So ist der Erfolg eine sich selbst erfüllende Prophezeiung. Alles im Lack. Einige der Worte sagen dir nichts? Keine Sorge, solltest du sie wirklich brauchen, wirst du sie verstehen. Gut beraten wärst du, wegen etwas anderem Unbehagen zu verspüren: Denn was die Zombies veranstalten, funktioniert leider bei Menschen. Es fixt uns tatsächlich an. Es begeistert. Es schafft eine emotionale Verbindung. Es koppelt uns an die Firma. Tatjana Schnell erforscht an der Uni Innsbruck schon seit Jahren den Zusammenhang zwischen Arbeit und Sinn. Sie nennt diese Begeisterung ein motivational-affektives Arbeitsengagement. Das heißt, all diese Faktoren wirken wie Schokolade oder Einkaufen. Im Moment der Handlung – im Affekt – befriedigen sie uns. In diesen Augenblicken macht Arbeiten einfach Spaß. Was die Zombies gerne übersehen: Dieser Zustand hält nur kurz. Er ist überhaupt ungeeignet, um Krisen gesund durchzustehen. Fun ist eben zu wenig. Er füllt unsere Sehnsucht nach Sinn nur zu einem geringen Teil. Und genau das sehe ich dann in den Firmen, die sich in die Apokalypse manövriert haben. Um die Leute bei Laune zu halten, braucht es immer ausgefallenere Ereignisse. Technische Gimmicks lenken vom Verfall ab. Ständig veränderte Worthülsen verkaufen der Belegschaft erneut Glitzer. Doch darunter fault es längst. Der schöne Schein trügt. Egal wie viel Show wir ihnen anbieten, an ernsthafte konzentrierte Arbeit ist immer weniger zu denken. Denn nach dem großen Auftritt, wenn das Adrenalin verarbeitet ist, kommt die nüchterne Langeweile der Normalität. Und die hält dann niemand mehr aus – Probleme zu lösen oder Schwierigkeiten auszuhalten wird schwerer denn je.

Da sieht es auf dem Donut anders aus. Dort geht es um Sinnerfüllung. Und so ist das auch die Art von Kopplung, die wir in der Betriebskatalyse anstreben. Tatjana Schnell beschreibt, zusammen mit ihrem Kollegen Thomas Höge, in ihrem Artikel im Fachmagazin *Wirtschaftspsychologie* von 2012, was das heißt. Demnach bewerten wir bewusst unsere gesamte Arbeit. Hier fließen vorrangig eigene Faktoren ein: Es geht um meine Persönlichkeit. Die Bedeutung für mein Leben. Meine Werte. Meine Ziele. Damit wird die Idee der Sinnstiftung, etwa durch Führungskräfte, ein Indikator der Zombie-Apokalypse. Ob jemand seine Arbeit für sinnvoll hält, ist schlicht keine Entscheidung der Organisation. Sie kann nur ein Angebot machen. Jeder Mensch entscheidet schlussendlich selbst, ob, warum und wie er koppelt.

Aus dieser Einsicht heraus versuchen jetzt viele Firmen, die Sinnhaftigkeit der einzelnen Mitarbeiter zu verstehen, um den perfekten Reiz zu generieren. Myers-Briggs und so weiter. Das ist der nächste Fehler. Denn wir Menschen begreifen uns selbst ja auch nur begrenzt. Das ist immer eine Mischung aus Verstand, Gefühl und Intuition. So ist es schlicht Zeitverschwendung, zu versuchen, jeden umfänglich richtig einschätzen zu wollen. Die Betriebskatalyse hat eine andere Lesart. Sie nimmt an: »Einzig der Mensch ist für seine Sinnerfüllung verantwortlich. Die Organisation sollte nur erkennen, ob er an-, aus- oder entkoppelt (siehe Abschnitt »Sinn«) und entsprechend handeln.«

Wie geht das in der Praxis? Nehmen wir zum Beispiel den Prokuristen bei einem meiner Kunden. Wir sind mitten in der Transformation. Es zeigt sich, dass die Belegschaft ihre Probleme ohne Weisungsbefugnis sehr gut löst. Er fühlt sich deshalb von Tag zu Tag unnötiger. In dieser Stimmung sucht er das Gespräch mit mir:

»Gebhard, ich schau mir das jetzt eine ganze Weile an. Meine anfängliche Skepsis löst sich mehr und mehr auf. Inzwischen glaube ich dir. Die Firma bekommt das hin.«
Ein offenes Lächeln huscht mir übers Gesicht: »Ganz ehrlich? Das freut mich!«
Seine Stirn runzelt sich: »Ja, das war mir klar. Aber ich komm trotzdem nicht damit zurecht. Mich überfordert das. Ich kann einfach nicht ruhig bleiben, wenn ich denke, dass die Leute einen Fehler machen. Dann mische ich mich ein. Und alles ist wieder beim Alten. Ich sage an und die anderen machen. Keinerlei Verantwortungsübernahme.«
Ich stutze: »Und das heißt?«
Er zuckt mit den Schultern: »Ich pack das nicht, ich kündige.«

Er hat entkoppelt. Und das Unternehmen verlassen. Betriebskatalytisch akzeptieren wir seine Entscheidung – wir schauen nur auf die Beweggründe, um zu prüfen, ob die Firma etwas am eingeschlagenen Weg ändern sollte. So schwer es uns fiel, dass er sich dafür entschied, tat er es aus den richtigen Gründen. Was sind die Ergebnisse? Der Transformationsprozess ist auf einem guten Weg. Der Prokurist trennt sich aus einer für ihn stimmigen Überlegung heraus. Die Firma kann ihm kein für ihn sinnvolles Angebot machen. Obwohl es für beide Seiten schmerzhaft ist, passt alles. Die Veränderung geht ohne ihn und Blick zurück einfach weiter.

Heute ist er Geschäftsführer bei einem Zulieferer der Firma. Im Unternehmen taten sich im Anschluss an seinen Weggang Mitarbeiter hervor, die sich bis dahin wegen seiner Anwesenheit zurückhielten. Trotz der starken emotionalen Verbundenheit ist die Entscheidung nach wie vor für beide

Parteien stimmig. Das ist das Resultat aus einem gesunden Umgang mit dem Kopplungsmodus. Auch wenn es der Firma in dem Moment wehtat, war es gut, ihn gehen zu lassen. Und obwohl es ihn genauso schmerzte, war es richtig, zu kündigen.

Die Betriebskatalyse prüft für Mensch und Betrieb, ob eine gemeinsame Sinnerfüllung möglich ist. Wenn ein Nein dabei herauskommt, egal aus welchem Grund, unterstützt die Firma den Mitarbeiter, so gut sie kann, seinem Sinn auch woanders näherzukommen. In dieser Konsequenz entsteht gefühlte wie vernunftgeprägte Treue. So kann sich die Organisation auf ihre Belegschaft verlassen und umgekehrt. Eine offen sinngeprüfte Zusammenarbeit ist der einzig gesunde Weg, um in Krisenzeiten zu bestehen.

Jetzt weißt du, woraus das Denkwerkzeug der Firmen-DNA besteht und wie es sich in den verschiedenen Welten ausprägt. Bleibt noch offen, was du damit in der Betriebskatalyse machst.

## 7.3 Wie wird die Firmen-DNA angewandt?

Wir alle sortieren ständig unsere Gedanken. Die DNA unterstützt deine Firma dabei, dass möglichst viele Mitarbeiter in denselben Schubladen denken. Mit ihr wissen sie, wo sie ihre Antworten finden, wenn sie sich folgende oder ähnliche Fragen stellen: Wozu dient unser Geschäftsmodell? Wie sieht unsere Aufbauorganisation aus? Weshalb entscheiden wir so, wie wir es tun? Wie kopple ich an die Firma an? Und warum noch mal? So kann jeder für sich, mehr noch, mit Kollegen zusammen, über den Betrieb reflektieren.

Ein zweiter Punkt ist, Veränderungen zu starten und ihren Fortschritt zu bewerten. Nehmen wir beispielsweise an, ihr wollt etwas auf der Prozessebene ändern. Dann findet ihr in der DNA die Beschreibungen der Istsituation. Neben die stellt ihr ein, vielleicht sogar verschiedene Szenarien, wo es hingehen soll. In Episode 3 erkläre ich dir dazu passende Methoden und Werkzeuge.

Die Firmen-DNA kann ebenso gut der Ausgangspunkt der Transformation selbst sein. Ein paar meiner Kunden starteten so: Die ganze Belegschaft entwickelte das aktuelle Geschäftsmodell. Anschließend konnte jeder für sich seine Zukunftswünsche formulieren. Ich unterstützte die Firma dabei, die Ergebnisse zu bündeln. So entstand in sehr kurzer Zeit ein gemeinsames Verständnis für den Zweck des Betriebs. Es zeigten sich auch schnell die ersten Ansatzpunkte für mögliche Verbesserungen. Dasselbe lässt sich dann für die weiteren Schubladen machen.

Schlussendlich dient sie zudem der Ursachenforschung. Manche Probleme, die im Kommunikationsdesign auffallen, finden ihren Ursprung an anderen Stellen. Bei einem Projekt gab es große Schwierigkeiten zwischen einem Kunden und einem Mitarbeiter. Der Kollege fühlte sich wiederholt verkannt. Er legte es auf einen Rauswurf an. Im Workshop zum Geschäftsmodell kam heraus, dass es verschiedene Projektkategorien gab. Einige Aufträge waren herausfordernd. Andere brachten einfach nur Umsatz. Sein Projekt gehörte zu den Letzteren. Er verstand, dass es um mehr ging, als darum, seine Fähigkeiten zu beweisen. Mit seinem Projekt sicherte er die Firma wirtschaftlich mit ab. So wurden inhaltlich spannendere Dinge überhaupt erst möglich. Als er das erkannt hatte, änderte sich sein Verhalten gegenüber dem Kunden umfänglich. Der Auftrag lief besser den je. Er wurde inzwischen mehrmals verlängert – das alles, weil der Mitarbeiter verstand, was an dieser Stelle sein Beitrag zum Gelingen der Firma war. Jetzt erfüllte es ihn, sich so einbringen zu können.

Wie vorhin schon erwähnt, gibt es ein besonderes Element in der Firmen-DNA, das Entscheidungsdesign. Zeitlich war seine Entwicklung der Einstieg in die Betriebskatalyse überhaupt. Es war mein erstes Denkwerkzeug. Wie einige Kollegen, die auch gleich den ersten Ansatz zum neuen Seligmacher ernennen, dachte auch ich damals: Ich hab die Welt neu erfunden. Heute weiß ich: weit gefehlt. Dennoch ist es einer der Pfeiler der veränderten Denke. Wie es bei Pippi und den Zombies aussieht, hast du vorhin schon gelesen. Jetzt erkläre ich dir, wie es auf dem Donut geht.

# Episode 2 – von den Regeln des Spiels

## 8.
## Entscheidungskopfstand

*»Leben ist die Summe all unserer Entscheidungen.«*

Albert Camus

Ich verstehe jede Firma als lebendigen Organismus. Gerne folge ich deshalb dem Philosophen in seiner Ansicht: Dann ergibt sich der Fortbestand eines Betriebs aus der Reihe der getroffenen Beschlüsse. Also ist die Frage maßgeblich, wie kommen diese zustande? Im Abschnitt »Entscheidungsdesign« der Firmen-DNA beschrieb ich, wie es bei Pippi und in der Zombie-Apokalypse läuft. Jetzt, wie angekündigt, geht es um die Betriebskatalyse. Hier steht alles auf dem Kopf, was Pippilotta und die Zombies hinsichtlich Entscheidungen tun. Bei der Strategie bekommt jeder eine Stimme. Im Alltag freuen wir uns über ganz viel Eigeninitiative. Das bedeutet, dass die weite Mehrheit der Entscheidungen alleine getroffen werden soll. Wie das so zusammengeht, dass deine Firma aufblüht, zeige ich dir in diesem Abschnitt.

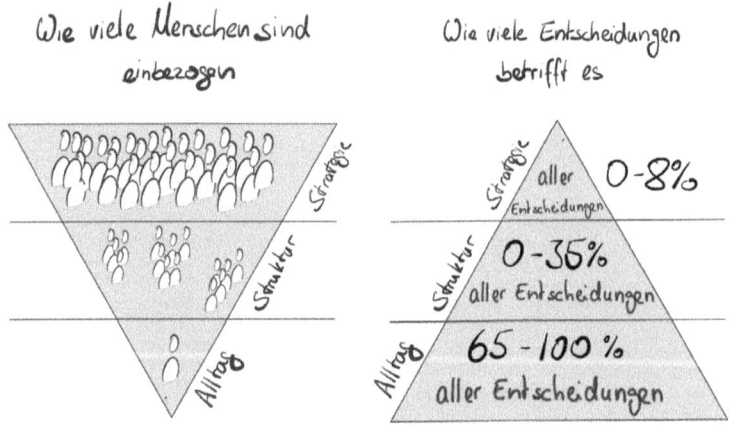

## 8.1 Wozu wird das Denkwerkzeug gebraucht?

Es ist der Kern, um formale Weisungsbefugnis zu überwinden. Die bekannte Hierarchie definiert zuallererst eines: Wer trifft die Entscheidung? Dann schreibt sie den Entscheidungsträgern das Recht zu, anderen anzusagen, wann (Intervall) sie was (Inhalt) auf welche Weise (Wie) zu tun haben. Eben diese Konzentration des Denkens und Lenkens auf einen kleinen Teil der Belegschaft fällt völlig aus unserer Zeit, in der jeden Tag Unvorhergesehenes passiert. Dennoch bleibt ja die Aufgabenstellung bestehen, Dinge zu beschließen. Genau darum geht es jetzt.

## 8.2 Was sind die wesentlichen Bausteine?

### Erkennen
Die Betriebskatalyse unterstützt deine Firma dabei, ihre Probleme sinnvoll zu lösen. Sie ist darin besser als Pippi, da sie stimmig die Weisheit der Vielen anzapft. Sie unterscheidet sich zur Zombie-Apokalypse, weil dort mit Schwierigkeiten Politik gemacht wird, anstatt sie zu bereinigen. Der gravierendste Unterschied zu beiden Welten ist aber ein anderer: Jetzt sind alle Mitarbeiter gefordert, jedes Problem einzuordnen. Denn nur so kann es vernünftig überwunden werden. Dazu unterscheiden wir folgende vier Gruppen:

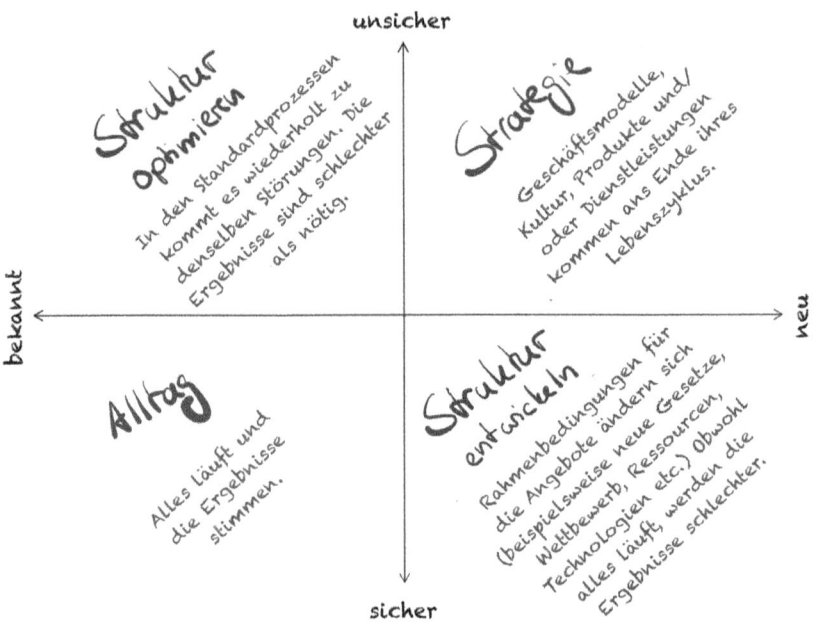

Im Alltag ist alles in Ordnung. Die Prozesse laufen reibungslos. Und sie erzeugen die Ergebnisse, mit denen wir zufrieden sind. Viele Menschen in Firmen glauben, dass dieser Zustand bei ihnen nur flüchtig oder gar nicht vorkommt. Doch das ist falsch, denn dann gäbe es ihren Betrieb nicht mehr, da die Hauptarbeit genau hier stattfindet. Übertragen auf unseren Körper sprechen wir von den Abläufen, die das vegetative Nervensystem steuert. Atmen, Kreislauf, Schlucken, Verdauen und so weiter. In Unternehmen sind das die Mitarbeiter, die beständig ihrer Arbeit nachkommen. Daneben meine ich auch Systeme wie die Telefonanlage, die Heizung, den Strom, das Netzwerk, das CRM/ERP und dergleichen mehr.

Ins Bewusstsein kommt uns das erst, wenn's zwickt. Sobald etwas wehtut oder wir außer Atem kommen, geht ein rotes Lämpchen an. Zu Beginn ist es häufig klein. Es leuchtet dann auch nur schwach. Mit der Anzahl der Wiederholungen desselben Problems steigt die Intensität. Ignorieren wir es weiter, kommt lautes Geschrei dazu. Schließlich kollabiert das System. Spätestens jetzt bekommt das Problem unsere Aufmerksamkeit. Bei uns Menschen ist das dann ein Herzinfarkt, ein Schlaganfall oder Ähnliches. In der Firma kann das beispielsweise ein radikaler Umsatzeinbruch im Kernkundensegment sein.

Sinnvoll ist, möglichst früh zu handeln, damit die Probleme klein bleiben. Genau hier setzt die Betriebskatalyse an. Bei Pippi muss es ins Bewusstsein der Führung vordringen, bevor etwas passiert. Bei den Zombies ist es reiner Zufall, sie spielen mit so vielen Scheinproblemen, dass die richtigen gerne untergehen. Demgegenüber soll auf dem Donut jeder etwas tun. Denn hier erkennt jeder sofort, ob er alleine für Abhilfe sorgen kann oder wo die Lösung zu suchen ist, nämlich in den Strukturen beziehungsweise den Strategien. Und er ist berechtigt, den Lösungsprozess direkt anzustoßen. Jetzt kommen die Erkenntnisse aus den Abschnitten des Kapitels »Der ausgefranste Betrieb« zum Tragen. Die Betriebskatalyse unterstützt darin, in Unsicherheit gute Entscheidungen zu treffen. Doch wann ist das? Der folgende Prozess verdeutlicht es:

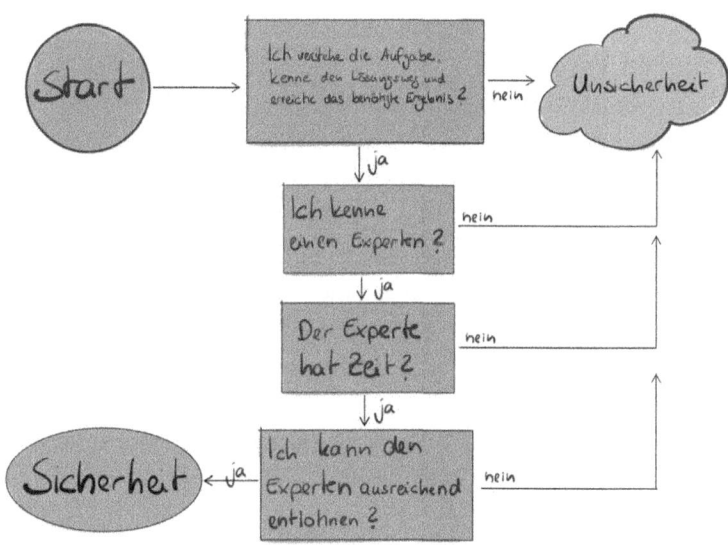

Das heißt, dann und nur dann brauchst du einen betriebskatalytischen Weg, wenn du niemanden kennst, derjenige keine Zeit hat oder du ihn nicht bezahlen kannst, der zu deinem Problem schon eine passende Lösung weiß – inklusive dem Weg dahin. Ohne ausgewiesenen Fachmann entscheidest du mit den Mitteln der Katalyse. Hast du allerdings einen gefunden, ist es wichtig, zuerst einmal seine Expertise zu beurteilen. Genau hier liegt eine der versteckten Fallen bei New Work. Es gibt viele, die von sich behaupten, kompetent zu sein. Doch nur wenige können das im betrieblichen Zusammenhang nachweisen. Dieses Playbook macht dich fit, auch hier die Spreu vom Weizen zu trennen.

Ein erstes Kriterium im Entscheidungsdesign der Betriebskatalyse ist also, die Entscheidungsebene zu erkennen. Geht es um eine Alltagsaufgabe, eine Strukturveränderung oder gar die Strategie? In den tagtäglichen Arbeiten übernimmt künftig jeder die Verantwortung alleine. Was kann schon groß schiefgehen? Ihr seid ja mit euren Prozessen, Formularen, Verträgen und so weiter vertraut. Sobald es um Struktur geht, verändert sich etwas. Denn selbst wenn du einen Fachmann findest, kommen jetzt die Gesetze der Massenentscheide zum Zug.

## Zusammen gescheit

Genau das ist es, wovor sich viele Firmen fürchten. Erst vor ein paar Tagen sagte der Mitarbeiter eines Kunden im Videocall zu mir: »Ich hab halt Sorge, dass die Firma zu einer Basisdemokratieveranstaltung verkommt.« Diese Bedenken teilt er mit Pippi und den Protagonisten aus der Zombie-Apokalypse gleichermaßen. Denn hier wird ja, wenn überhaupt, fleißig Pseudodemokratie gespielt. Andreas Zeuch zeigt in seinem Buch *Alle Macht für niemand – Aufbruch der Unternehmensdemokraten*, wie Firmen heute schon ihre Belegschaft beteiligen. Dass es funktionieren kann, steht somit außer Frage. Doch wie geht es richtig? Die erfolgreiche Betriebskatalyse lebt von Teilhabe. Sie bezieht Menschen aufgrund folgender Voraussetzungen in Entscheidungen mit ein:

- Man ist von den Konsequenzen betroffen,
- die Einbeziehung fußt auf einer bewussten Struktur/Methode,
- das Ergebnis der Gruppe ist bindend, es gibt kein spezielles Vetorecht für die formale Führung,
- die Teilnahme wird allen Betroffenen angeboten, sie ist allerdings freiwillig,
- alle, auch die, die sich dafür entschieden, fernzubleiben, akzeptieren den Beschluss und tragen gemeinsam die Konsequenzen.

Sicherlich ist das nach wie vor die größte Kompetenzlücke in Firmen. Daraus leitet sich dann die verständliche Furcht ab, die formale Weisungsbefugnis loszulassen. Dieses Playbook räumt mit den Vorurteilen dazu auf. Trotzdem braucht es bei dir den Mut, die Wege konsequent zu gehen. Denn es ist wie bei allen Meisterschaften: Ihr Kern ist Übung, Übung, Übung. Sei unbesorgt, hier zeige ich dir in Episode 3 die Grundlagen, die es dir leicht machen, den Überblick zu behalten. Sobald du die Kollegen miteinbeziehst, wird der Umgang mit Widerstand zu deinem zentralen Thema. Schließlich ist er der Grund für die miserable Lage von Firmen in der Zombie-Apokalypse. Also widmen wir uns jetzt dem ...

## Widerstand gegen Umsetzung

Sowohl Pippi wie die Zombies nehmen unbewusst an, dass einmal getroffene Entscheidungen auch umgesetzt werden. Das widerspricht allem, was ich in Firmen erlebe. Ein Fehler dabei ist, Beschlüsse als für sich allein stehende Ereignisse anzusehen. Sie sind immer Teil eines Entscheidungsprozesses. Das heißt, sie sind keineswegs bindend, nur weil sie stattfinden. Vielmehr hängt es davon ab, wie sie entstehen und was ihr, deine Kollegen und du, von ihnen erwartet. Das zeigt sich deutlich, sobald wir uns die Bestandteile eines Entscheidungsverlaufs ansehen. Es gibt da den Moment, in dem wir auf ein Problem aufmerksam werden. Egal ob es vorher schon da war, erst mit dem Augenmerk darauf beginnt die Entscheidungsfindung. Hier stellt sich jedem Betroffenen die Frage nach der eigenen Kompetenz.

Im folgenden Bild siehst du die unterschiedlichen Stufen in einem persönlichen Entwicklungsprozess am Beispiel Autofahren.

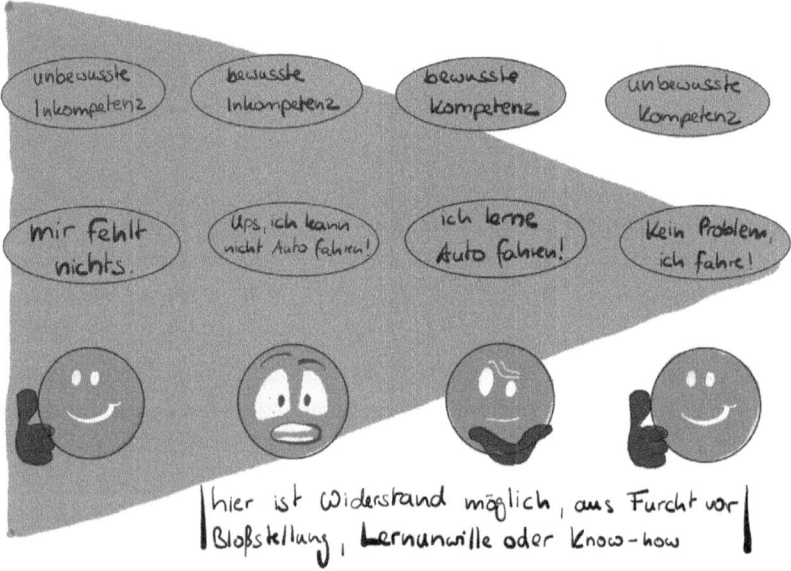

Je nachdem, wie bewandert wir mit den erkannten Schwierigkeiten sind, fällt unsere Gegenwehr aus: Im einen Extrem angeleitet von der Angst, sich zu blamieren (= Inkompetenz) oder aber vom Wissen um die Mängel der angestrebten Lösung (= Expertise). Neben diesem bekannten Phänomen gibt es noch weitere emotionale und/oder intuitive Widerstände. Hier ist es ähnlich wie mit dem Thema Sinn: Sie sind sehr individuell. Deshalb versucht die Betriebskatalyse, ihnen Raum zu geben, anstatt sie alle zu verstehen. Wie das genau geht, erfährst du ebenfalls in Episode 3. Jetzt will ich dir zeigen, wann es im Entscheidungsverlauf sinnvoll ist, Gegenwehr zu ermöglichen. Dafür schauen wir uns wieder an, was in den verschiedenen Welten passiert.

Pippi hat ihren Laden im Griff. Wie oben bereits erwähnt, gaben die Mitarbeiter ihre Opposition gegen die Meinungen der Chefin vor langer Zeit auf. Für Probleme bedeutet das: Sobald Pippi sie erkannt hat, entscheidet sie, wie damit umzugehen ist. Dann gibt sie die entsprechenden Anweisungen. Die verursachen vielleicht ein wenig Aufbegehren, doch das ist schnell vorbei. Ab jetzt läuft ihre Lösung. Zumindest, bis die Firma an einer Serie von Fehlentscheidungen scheitert. Im Diagramm sieht das so aus:

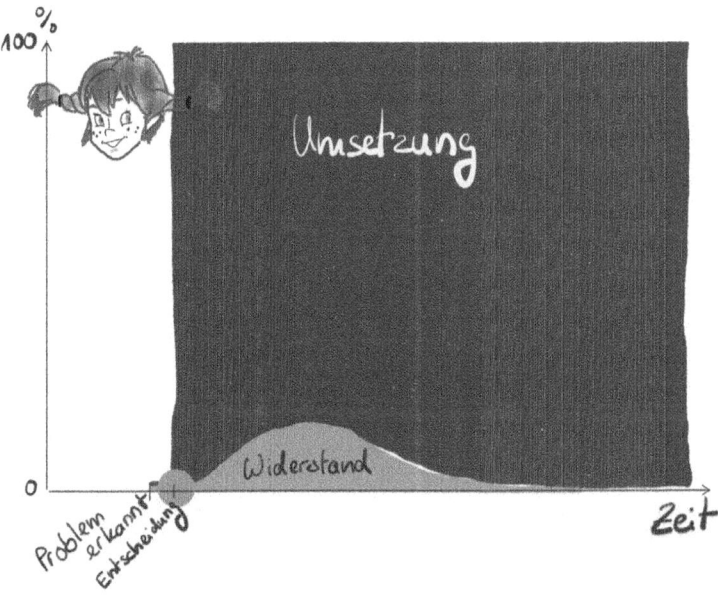

In der Zombie-Apokalypse verändert sich das Bild. Zuerst einmal konkurriert jede neue Schwierigkeit mit den bereits vorhandenen. Es entsteht eine, meistens politisch geprägte, Rangfolge der anzugehenden Probleme. Ist das so weit ausgestanden, trifft ein Führungsgremium eine Entscheidung. Ganz selten ist das nur noch eine Führungskraft. Denn das würde ja bedeuten, jemand Bestimmtes wäre, zumindest für den Beschluss, verantwortlich. Erst nachdem entschieden ist, erfahren die Betroffenen das Ergebnis. Im Rahmen der Einführung lernen sie dann, sich daran zu halten. Leider ist der Erfolg dieses Vorgehens die absolute Ausnahme. Immer wieder finde ich folgende Situation vor:

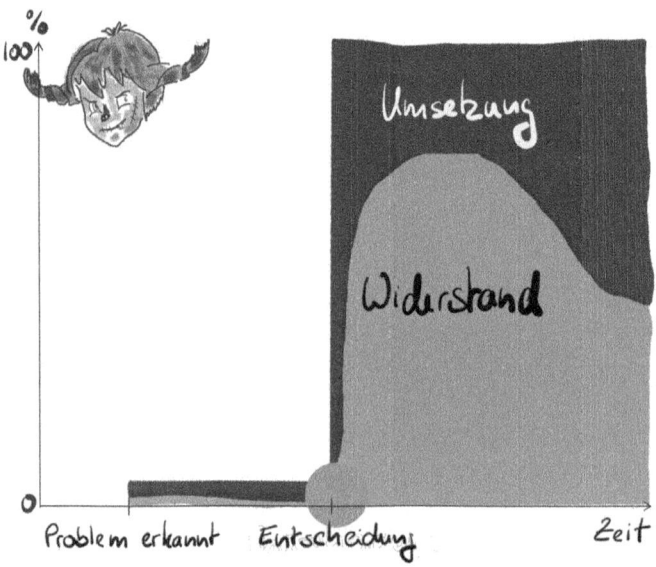

Selbst nach Wochen, Monaten, regelmäßig sogar Jahren, fehlt es an Umsetzung der Entscheidungen. Meisten wurden einfach weitere darüber gestülpt – ebenso unvollendet wie ihre Vorgänger. Der Berg des Widerstandes der Aktivposten wächst derweil, bis er in Selbstaufgabe endet. Die Zombies freuen sich. Endlich können sie in dekadentem Frohsinn den Untergang der Firma zelebrieren.

Auf dem Donut wünschen wir uns einen ähnlichen Kurvenverlauf wie bei Pippi. Allerdings ohne die Gefahr, dass ein Mensch allein die (falsche) Richtung bestimmt. Der Weg, das zu erreichen, ist denkbar einfach: Du musst nur mit den Betroffenen kollaborieren, bevor die Entscheidung gefällt wird. So könnt ihr alle Widerstände konstruktiv in den Beschluss aufnehmen. Das stärkt seine Qualität und die konsequente Umsetzung wird zur Formsache. Dieses Vorgehen ist bereits im TPS (Toyota Production System) aus den Achtzigerjahren beschrieben. Im Buch *Business Reengineering* legen es die Autoren Michael Hammer und James Champy mit der Aussage eines Managers des Automobilherstellers so dar: »Wenn wir zusammenkommen, um zu entscheiden, ist alles schon geklärt.« Das Diagramm zu diesem Vorgehen sieht so aus:

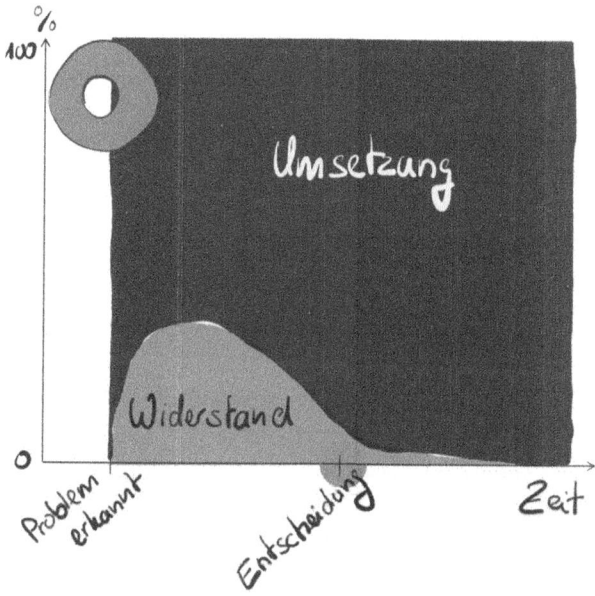

In der Betriebskatalyse wollen wir nur dann aufwendige Entscheidungen, wenn es nötig ist. Ein Schwerpunkt der Transformation ist deshalb, die Mitarbeiter für ihren Alltag verantwortlich zu machen. Mit den dafür vorzunehmenden Veränderungen lernt deine Organisation alles, was sie für die erfolgreiche Anwendung braucht. Du schlägst zwei Fliegen mit einer Klappe: Zum einen räumt ihr die Firma auf. Beim Ordnen eignet sich die

Belegschaft dann die benötigten Kompetenzen an, um nie mehr in die Welt der Zombies oder von Pippi zurückzukehren.

## 8.3 Wie wird das Entscheidungsdesign angewandt?

Alle Mitarbeiter müssen zumindest Alltag-, Struktur- und Strategie-Themen unterscheiden können. Nur im Alltag sollen sie auch selbst lösen. In den anderen Fällen braucht es für einen Erfolg oft Betriebskatalysatoren. Das sind Menschen, die es als eine ihrer Aufgaben verstehen, die Belegschaft dabei zu unterstützen, klug zu entscheiden. Im Alltag gibt es dann ein paar denkbare Szenarien, wie es dazu kommt: Stellen wir uns etwa vor, bei einem Mitarbeiter im Warenausgang häufen sich die immer gleichen Beschwerden. Beispielsweise fehlen ständig Teile in den Auslieferungen. Zuerst schaut er, ob das stimmt. Wenn ja, geht er der Sache weiter nach. Vielleicht ist ein neuer Kollege gekommen, der in den Abläufen noch ungeübt ist. Dann klären die beiden das direkt im Alltag mit einem entsprechenden Training. Er kann auch feststellen, dass die Bauteile auf der Stückliste fehlen. Die kommt aus der Konstruktion. Hier finden sie heraus: Es handelt sich um neue Produkte. Dort sind sie zwar korrekt im CAD angelegt, allerdings regelt die Übertragung auf die Warenliste eine selbstentwickelte Schnittstelle. Der Programmierer hat leider vor einem halben Jahr die Firma verlassen. So weiß niemand, wie die Liste die neuen Artikel erkennt. Spätestens hier sollte der Mann aus dem Warenausgang einen Betriebskatalysator hinzuholen, der sich weiter um das Thema kümmert. Der hat zwar keine Weisungsbefugnis, dafür ist er darin kompetent, Entscheidungsprozesse effizient zu machen. Er übernimmt den Fall und bleibt so lange dran, bis die Beschwerden im Wareneingang aufhören.

Es braucht keineswegs jedes Mal einen Hinweis aus der Belegschaft. Natürlich kann auch der Katalysator selbst einen Missstand erkennen und dem nachgehen. Gerade strukturelle und strategische Themen kommen zudem aus dem Umfeld der Firma. So kann ein Kunde, ein Lieferant oder der Gesetzgeber den Prozess auslösen. Wenn klar ist, dass es sich um Struktur beziehungsweise Strategie handelt, schaust du nach den Betroffenen. Dann entwirfst du einen Entscheidungsprozess, der dem Problem und der Gruppe gerecht wird. Den beginnst du umzusetzen. Die Durchführung klappt selten reibungslos – also passt du deinen Entwurf den Gegebenheiten so lange an, bis am Ende aus der Veränderung wieder professioneller Alltag geworden ist.

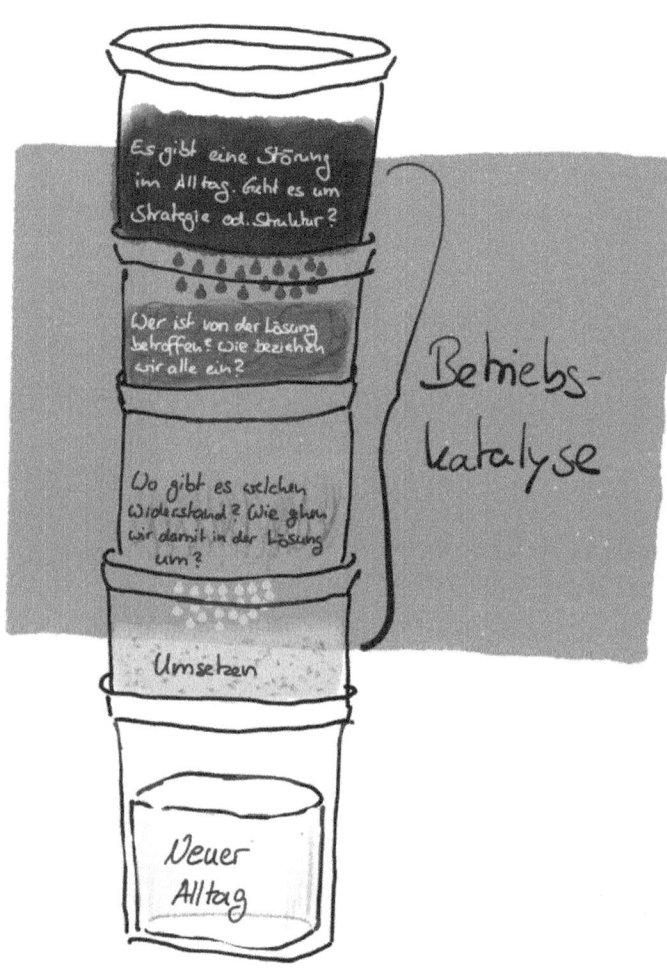

Damit das auch im Rahmen der finanziellen Möglichkeiten der Firma passiert, müssen alle verstehen, was noch geht und wann es zu aufwendig wird. In Österreich nennt sich der dazu nötige gesunde Menschenverstand: Hausverstand. Für die Betriebskatalyse habe ich diesen Begriff übernommen. Denn die Mitarbeiter sollen ihren Betrieb, ihr Haus, wirtschaftlich kapieren. Wie wir das anstellen, erfährst du im nächsten Abschnitt.

# Episode 2 – von den Regeln des Spiels

## 9.
## Hausverstand

Hast du schon einmal die betriebswirtschaftliche Auswertung (BWA) einer Firma gesehen? Konntest du gleich erkennen, wie es um den Betrieb steht? Nein? Dann geht es dir wie weit über zwei Dritteln der Menschen – Unternehmer und BWLer inklusive. Das kommt daher, dass die BWA für die Bilanz gebraucht wird. Die wiederum ist die Basis, um die Steuerlast zu berechnen. Wie du dir vorstellen kannst, ist es deshalb überhaupt kein Ziel dieser Auswertung, dass jemand versteht, wie es wirklich um die Firma bestellt ist. Aus diesem Grund haben wir Betriebswirte das Controlling erfunden. Damit schaut die Geschäftsführung, was ökonomisch real passiert. In der Betriebskatalyse sollen möglichst alle im Betrieb wirtschaftlich sinnvolle Entscheidungen treffen können. Dafür einen passenden Rahmen anzubieten, das verstehe ich unter Hausverstand.

## 9.1 Wozu wird das Denkwerkzeug gebraucht?

Bei Pippi und den Zombies geht es im Controlling darum, den Zugriff auf die finanziellen Zusammenhänge der Firma zu beschränken. Sie zu kennen ist gleichbedeutend mit Macht. Die ist bei Pippilotta zentralisiert. Nur Vertraute der Chefin haben ebenfalls Einblick. In der Apokalypse ist sie dezentralisiert. Es gibt Fürstentümer. So entsteht der nahrhafte Boden für politische Ränkespiele, die wunderbar vom Markt und anderen realen Problemen ablenken. Auf dem Donut wollen wir so viel Intelligenz wie möglich nutzen. Dazu gehört, dass jeder die Chance hat, für die Firma wirtschaftlich sinnvoll zu handeln. Im Zusammenspiel einiger weniger Prinzipien gelingt das auch deinem Unternehmen: Es geht ab jetzt darum, dass dein Betrieb finanziell so einfach zu verstehen ist wie ein Imbiss.

## 9.2 Was sind die wesentlichen Bausteine?

Es gehört zur wirtschaftlichen Kontrolle, dass du weißt, was du erreichen willst. Doch wie geht das auf dem Donut? Woran erkennst du, dass du auf dem richtigen Weg bist? Na ja, ganz klassisch, anhand von ...

**Ziele**
Mit der Firmen-DNA verstehen deine Kollegen und du eure Firma immer besser. Ihr macht mehr, als sie zu gestalten. Die anderen und du wisst, weshalb ihr hier arbeitet. Durch das Entscheidungsdesign seid ihr ständig und an jeder Stelle des Unternehmens handlungsfähig. Doch wohin führen euch eure Handlungen? Warum geht ihr nach links anstatt rechts oder geradeaus? Wirtschaftlicher Erfolg dreht sich darum, Ziele zu erreichen: Zum einen aus Sicht der Firma, andererseits auch aus dem Blickwinkel der Mitarbeiter. Sie stellen sich die Frage: Was ist mein konkreter Beitrag?

Mir ist klar, dass Betriebe die verschiedensten Absichten haben. Der eine will die beste Maschine bauen, der andere den effizientesten Service abliefern. Ein Dritter legt Wert auf präzise Maßanfertigung. Das alles sind inhaltlich qualitative Ziele. Oder besser: Ansprüche. Denn nichts davon ist geeignet, um finanziellen Erfolg zu erkennen. Beim Hausverstand geht es mir allerdings im Kern darum. Auch hier will ich dir in den verschiedenen Welten aufzeigen, was die Betriebskatalyse leistet.

Pippi weiß, wie sie wirtschaftlichen Erfolg misst – in Wachstum. Denn wenn sie expandiert, kann sie sich mehr leisten. Je größer ihre Firma ist, umso weitgehender macht sie sich die Welt, wie sie ihr gefällt. Während sie beim Notar sitzt und die Tinte auf dem Vertrag trocknet, freut sie sich bereits auf den nächsten Grundstückskauf. Sie plant schon das kommende Bauprojekt, bevor das Aktuelle begonnen ist. Sie gibt Geld aus, das noch darauf wartet, verdient zu werden. So geht es ihr gut. Sie will stets mehr haben. Das ist für sie Fortschritt. So drückt sie ihren Erfolg aus.

Die Zombies können damit nur bedingt etwas anfangen. Selten genug sind sie selbst Eigentümer wie Pippi. Bei ihnen steht stattdessen Macht im Mittelpunkt. Doch wie drückt sich diese wirtschaftlich aus? Ganz einfach, im Wert der Firma. Im Shareholder Value. Denn von ihm leitet sich ein Gutteil ihrer Boni, Tantieme, ja vielleicht sogar Aktienanwartschaften ab. Sie leben davon, dass die Erwartungen an das Unternehmen hoch sind. Mehr als reale Werte, wie Gebäude oder Maschinenparks, gelten für sie die Potenziale, die dem Betrieb von Analysten zugeschrieben werden. Mit Pippi teilen sie dennoch den Fokus auf Wachstum und eine Zukunft, in der jedes Luftschloss erreichbar ist. Denn für Zombies wird die Firma selbst zum Produkt. Bevor sie irgendwo anfangen, kennen sie schon ihre Exitstrategie. Und das sowohl als Mitarbeiter wie als Investor. Und natürlich lohnt es nur dort auszusteigen, wo etwas dazugekommen ist.

Auf dem Donut haben Firmen ein ebenso einfaches und doch völlig anderes Ziel: Sie wollen überleben. Anstatt auf Wachstum achten sie wirtschaftlich auf Erträge. Sie haben stets ihren Markt und das Verhältnis von Ausgaben zu Einnahmen im Blick. Sie wissen, dass forcierte Expansion viele Risiken mitbringt. Deshalb schützen sie sich vor Wachstumszwang. Es reicht ihnen, mit organischen Zuwächsen umzugehen. Ihrer Belegschaft ist bewusst, dass Erfolg aus Teamarbeit entsteht. Es gibt vielleicht herausragende Personen im Betrieb, doch sind auch sie auf die Zusammenarbeit mit ihren Kollegen angewiesen.

Deshalb gehe ich in der Betriebskatalyse weg von der Konzentration auf die (Schein-)Leistung einzelner. Ausgehend von der Annahme Frankls, dass sich Menschen sinnvoll verhalten wollen, zeigt ihnen das Denkwerkzeug des Hausverstandes, was finanziell bei ihrem Tun herauskommt. Und das war es. Wie das geht, zeige ich dir jetzt.

## Wahrheit statt Luftschloss

Ein Vorbild für die Betriebskatalyse ist Jan Wallander. Er wurde 1970 CEO bei Svenska Handelsbanken. Die damals größte Bank Schwedens war in dieser Zeit in einer tiefen Krise. Aus der hat er sie in einer außergewöhnlichen Transformation herausgeführt. Seitdem überlebt das Geldhaus auf einem beispielgebenden Erfolgsniveau. In seinem Buch *Decentralistaion – Why and How to Make it Work* beschreibt er, wie Controlling für eine erwachsene Betriebswirtschaft zu verändern ist. Schon in seiner wissenschaftlichen Karriere beschäftigte sich Wallander in den Fünfzigerjahren mit Vorhersagetechniken. Aus dieser Zeit wusste er, die Zukunft ist uns unbekannt. Das ist sie übrigens bis heute. Es gibt keine sichere Technik, um zu prognostizieren, was passieren wird. Genau wie Nassim Nicholas Taleb stellte er vielmehr fest: Es kommt regelmäßig zu (zufälligen) Ereignissen, die mehr Einfluss auf die Firma haben, als alles, was wir uns bis dahin vorstellten. Daraus leitete er schon vor über vierzig Jahren ab, dass wir uns die ganze Wahrsagerei sparen sollten. Doch was heißt das genau?

## Wer berichtet an wen?

Es ist bis heute üblich, dass die Geschäftsleitung über die Finanzen herrscht. Um dieser Aufgabe nachzukommen, sammelt und untersucht sie Informationen. Sie stehen in Systemen wie einem ERP oder einem CRM. Einige generieren sich automatisch. Doch die Mehrheit ist davon abhängig, das Mitarbeiter sie korrekt eintragen. Nur die Führungsebenen haben einen umfassenden Zugriff, der es erlaubt, Rückschlüsse zu ziehen. Der Informationsfluss geht also von den Arbeitern an die Vorgesetzten. Sie verarbeiten die Daten. Sie erstellen Vorhersagen: Die nennen wir Forecasts. Diese sind die Grundlage für ihre Anweisungen, die sie dann in die Belegschaft zurückgeben. Bezogen auf Finanzen heißt das Budget. Stimmen ihre Annahmen, läuft der Laden. Leider stört die tatsächlich eintretende Zukunft ständig. Denn sie weigert sich strikt, den Vermutungen der Führungsebene zu folgen. Also braucht das aufwendige System aus Erfassung, Analyse und Prognose wiederkehrende Anpassungsrunden. Viele Firmen machen die, wegen des Aufhebens, einmal im Quartal. Doch auch das schert die Zukunft wenig. Sie ändert sich manchmal in einer täglichen Taktung. So kommen regelmäßige Feuerwehreinsätze, sogenannte Taskforces, noch obendrauf. Dieses träge Spektakel ist gekrönt von der Untätigkeit aller auf der Arbeitsebene, bis die neuen Anweisungen eintrudeln. Und das auch dann, wenn die Missstände ebenso bekannt sind wie ihre Lösungen.

Die Betriebskatalyse folgt den Ideen von Wallander. Sie vergeudet keine Zeit in den Führungsetagen. Stattdessen machst du die finanziellen Fakten der Firma allen gleichermaßen zugänglich. Das nenne ich Kassentransparenz. Dafür sind die vielen Informationen so aufzubereiten, dass normale Mitarbeiter sie verstehen. Jetzt dreht sich die Richtung des Berichtswesens um. Früher berichteten Angestellte den Führungskräften. Nun stattet die Katalyse alle Menschen im Unternehmen mit dem Wissen aus, das für sinnvolle wirtschaftliche Entscheidung nötig ist. Das führt zu mehr Vernunft in sämtlichen Bereichen der Firma. Denn jetzt sagen wir der ganzen Belegschaft: »Willkommen in der Wirklichkeit.«

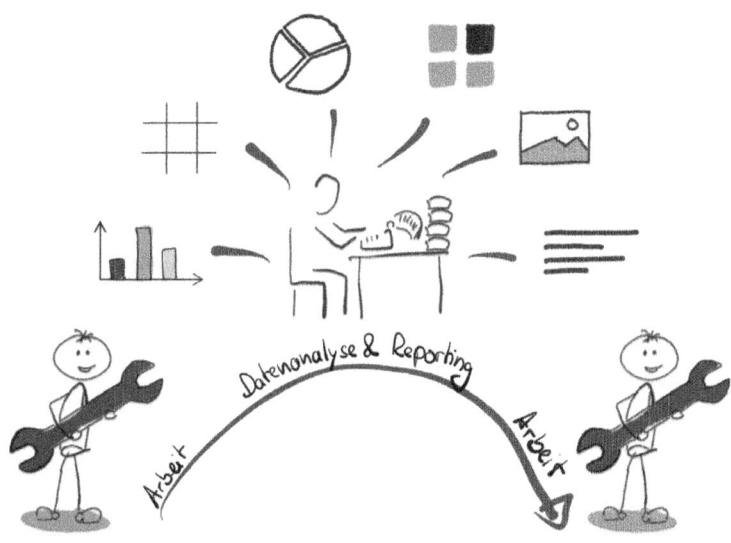

## Willkommen in der Wirklichkeit

Es passiert allerdings noch mehr. Verabschiedest du dich von der Planung, deinen Budgets, fehlt dir der Soll-Ist-Vergleich für die übliche Erfolgsmessung. Wir wissen inzwischen, dass beide Konzepte für die Zukunftsvorhersage oder -gestaltung eh versagen. Doch sie haben einen wichtigen psychologischen Effekt. Sie geben uns (falsche) Sicherheit. Die Betriebskatalyse will ohne diese trügerische Geborgenheit auskommen. Denn genau das verhindert, dass die Belegschaft ihre Gehirne nutzt. Also ja, setz deine Kollegen und dich selbst der möglichst nackten Wirklichkeit aus. Zumindest, was die Wirtschaftlichkeit angeht. Wie das klappt, zeigt folgendes Beispiel:

Mark, der Produktionsleiter, ruft bei mir an: »Gebhard, ich hab ein Problem!«

Ich muss schmunzeln. Seit Tagen testet er mich: »Um was geht's?«

Er legt sofort los: »Ich hab hier die Zahlen für den Zuschnitt liegen. Die Jungs in der Tagschicht machen knapp fünfhundert Quadratmeter. Die Spätschicht so vierhundertzwanzig. Das ist beides so weit in Ordnung. Aber die in der Nachtschicht schaffen gerade mal zweihundertachtzig. Und das, obwohl es da keine Störungen mehr gibt. So weit klar bei dir?«

Jetzt grinse ich: »Ja, alles gut. Ich kann dir folgen. Was willst du von mir?«

Er holt hörbar tief Luft: »Na eigentlich wäre ich runter und hätte den Jungs mal ordentlich einen zwischen die Hörner gegeben. Aber du sagst immer, das bringt wenig bis gar nichts. Also, wie soll ich das stattdessen angehen? Herr Berater!« ...

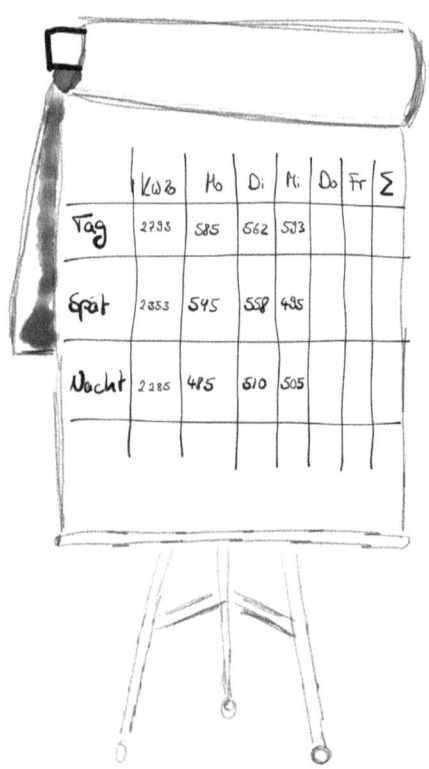

Nach dem Gespräch kauft er ein Flipchart. Das stellt er im Zuschnitt auf. So, dass es alle aus der Produktion sehen, wenn sie zu ihren Arbeitsplätzen gehen. Jeden Morgen schreibt er, ohne weitere Kommentare, die aktuellen Zahlen des letzten Tages auf. Zum Wochenabschluss summiert er das Ergebnis auf und überträgt es auf die nächste Seite. Drei Wochen später macht die Tagschicht im Schnitt sechshundert Quadratmeter, die Spätschicht fünfhundertzwanzig und die Nachtschicht vierhundertneunzig.

Er führte kein klärendes Gespräch. Die Zahlen wurden nie in einer Teamsitzung thematisiert. Wir gaben niemandem vor, wie er seine Arbeit gut oder besser machen konnte. Weder der Produktionsleiter noch ich dachten auch nur im Ansatz über mögliche Konsequenzen nach, sollten sich die Zahlen dauerhaft verschlechtern. Wir beide haben keine Ahnung, wo die Leistungssteigerung herkam. Solange die Transparenz bestand, blieb die Produktivität im Zuschnitt hoch. Die Mitarbeiter konnten nie sicher sein, was für Störungen es geben wird. Und Störungen gab es natürlich zuhauf. Sie wussten nur, man würde es im Zahlenverlauf sehen. In dieser Zeit gab es für jeden Ausreißer nach unten eine gute Erklärung.

Die kleine Geschichte zeigt dir, dass Menschen mit Unsicherheit umgehen können. Ihre Reaktion darauf ist: Sie schalten ihr Hirn an, das langsame Denken, das ich im Abschnitt »Hirn & Bauch« erwähnte. Mit ihren Überlegungen gewinnen sie die verlorene Sicherheit zurück. Und sehr oft ist das, was bei diesem Nachdenken herauskommt, deutlich besser als all die Planung, für die sich die Zombies so gerne auf die Schultern klopfen. Doch was bedeutet das auf Firmenebene? Welche Zahlen werden benötigt? Wir brauchen zwei Finanzblickwinkel für eine gelungene Betriebskatalyse.

### Der erste ist: Das große Ganze

Wie steht es um die Firma generell? Jan Wallander schlägt dazu vor, das Verhältnis der Aufwände (C = Cost) zu den Umsatzerträgen (I = Income) zu zeigen. Also C/I. So ist das umfassende Ziel eine möglichst niedrige Zahl. Doch es benötigt mehr. Unser Ergebnis braucht einen Vergleich. Auch im

Beispiel steht die Produktion jeder Schicht stets im Spiegel der anderen. Am besten wäre es, die Kennzahl der eigenen Firma neben die von Wettbewerbern zu stellen.

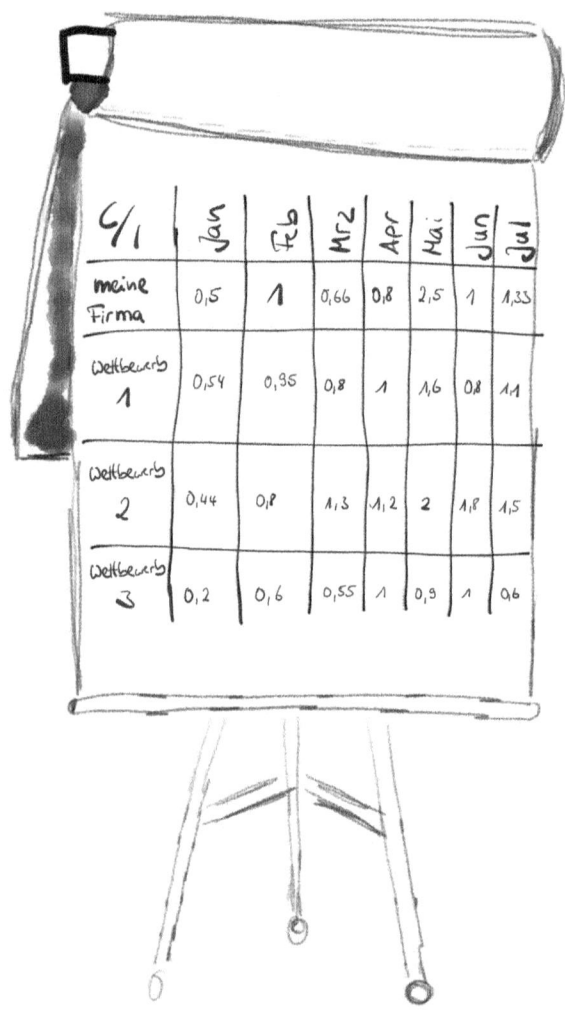

Das ist bei mittelständischen Familienunternehmen häufig recht schwer bis unmöglich. Deshalb entwickelte ich einen alternativen Bezug. Bevor ich dir den erkläre, will ich auf die dritte wichtige Eigenschaft hinweisen: Sowohl die Zahl selbst wie ihre Bezugspunkte sollten sich der Wirklichkeit entsprechend verändern. Das war auch in der Produktion so. Da gab es Ausfälle wegen Krankheit. Manchmal fiel der Strom aus. Einige Male brauchte die Steuerung der Maschine einen Reboot. Tagsüber war der Zuschnitt auch gleichzeitig der Wareneingang. Deshalb mussten die Mitarbeiter dort regelmäßig Spediteure abfertigen. Solche Störungen passieren natürlich so oder so ähnlich ebenso in der Firma als Ganzes. Ihre Dynamik ist unvorhersehbar. Dennoch sollten wir uns die daraus entstehenden Schwankungen erklären können. Ansonsten haben wir vermutlich ein strukturelles oder strategisches Problem, das wir dann, wie im vorherigen Abschnitt beschrieben, katalytisch angehen. Die Auswertung, die das abbildet, nenne ich Wasserstandsmeldung. Zum besseren Verständnis trenne ich bei einigen Kunden die beiden Faktoren Einkommen und Aufwände wieder auf. Das ergibt folgendes Bild:

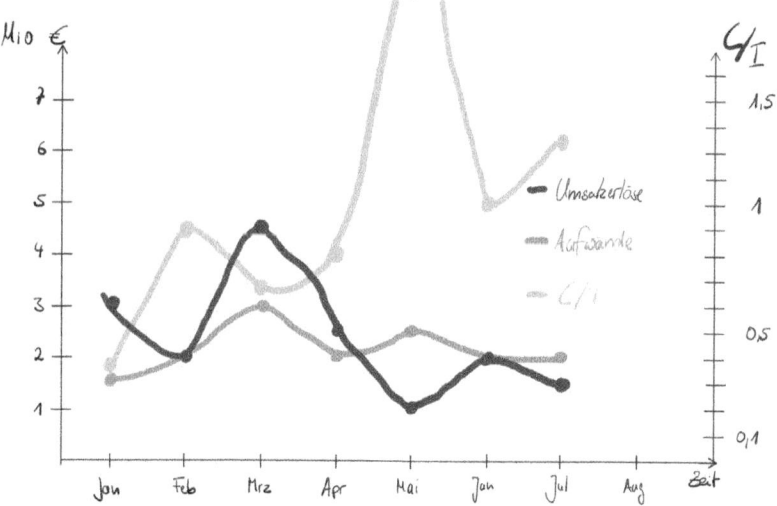

Du siehst, dass die Aufwandskurve moderat verläuft. Die Erlöse haben daneben im März einen starken Ausschlag nach oben. Alarmieren sollte das Verhältnis im Mai. Die rote Flagge wird vom Faktor C/I ausgelöst. Er ist in dem Monat mit zweieinhalb sogar außerhalb des Koordinatensystems. Ein stimmiges Bild wird es allerdings erst, vergleicht man die Abweichung mit der Entwicklung bei den Wettbewerbern – siehe die Flipchart von oben. Dort geht es bei zweien ebenfalls hoch. Einer kann sein Niveau unter eins halten. Dennoch schneidet die eigene Firma im Vergleich am schlechtesten ab. Mit Blick auf die anderen Monatszahlen verfestigt sich dieser Eindruck. Wettbewerber Nummer drei scheint deutlich besser zu laufen. Eins und zwei müsste man sich genauer anschauen. Der Clou ist: Sobald die Betriebskatalyse durchgängig läuft, reicht es aus, diese Zahlen regelmäßig zu berichten. Den Rest macht die Belegschaft aus sich heraus. Es braucht kein hartes Eingreifen von oben. Nächtelange Ursachenforschungsorgien im Führungsstab mit anschließenden Sofortmaßnahmen gehören der Vergangenheit an. Schon bald entsteht eine bewusst gelassene Leistungskultur. Denn die Mitarbeiter sehen mehr als die schlechten Zahlen. Sie sind ja alle handlungs- und gestaltungsfähig. Die Katalyse macht jede Ebene deiner Firma in ihrem Nutzen sinnvoll wirksam. Die Zielerreichung klappt im Zusammenspiel zwischen der Aufwand-Ertrags-Betrachtung und dem Wettbewerbsvergleich. Doch was machst du, wenn du keine Vergleichszahlen bekommst? Ganz einfach, du berechnest das gedankliche Ertragsmaximum deiner Firma.

**Theoretisches Optimum**

Die Grundlage dafür ist dein finanziell bestes Produkt. Gehen wir zurück in die Produktionsfirma. Es handelte sich um einen Glashersteller. Sein lukrativster Artikel war eine genormte Fensterglasscheibe. Bei ihr kam man ohne Verschnitt beim Rohglas aus. Es wurden keine zusätzlichen Bearbeitungsschritte wie Bohrungen, abgeschliffene Kanten und so weiter vorgenommen. Dennoch erzielte es einen vergleichsweise hohen Preis. Hätte die Firma ihre ganze Produktionskapazität für dieses Glas aufgewendet und alles verkauft, wäre der maximal mögliche Ertrag herausgekommen.

Der optimale Faktor aus C/I schwankte aufgrund von Fehlzeiten bei Mitarbeitern. Auch der planbare Ausfall von Maschinen, etwa für die Wartung, nahm darauf Einfluss. Oder ein Lieferengpass im Rohglas. So gesehen war das angenommene Ideal ebenso dynamisch wie die realen Einnahmen und Aufwände. Es reicht als Referenz natürlich kaum an den Wettbewerbsvergleich heran. Allerdings ist es deutlich besser, als gar keinen Reflexionsparameter zu haben. Mit diesem Wert sähe unsere Flipchart so aus:

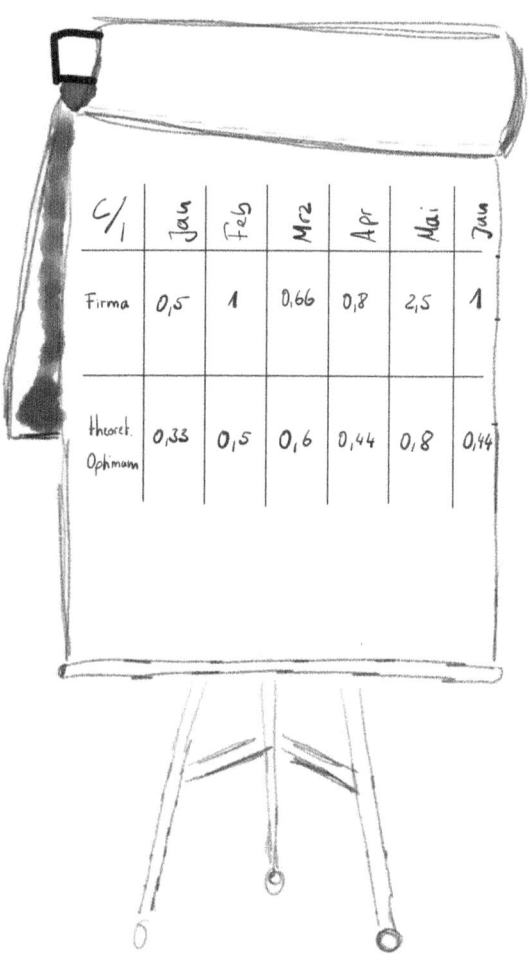

| C/I | Jan | Feb | Mrz | Apr | Mai | Jun |
|---|---|---|---|---|---|---|
| Firma | 0,5 | 1 | 0,66 | 0,8 | 2,5 | 1 |
| theoret. Optimum | 0,33 | 0,5 | 0,6 | 0,44 | 0,8 | 0,44 |

Du siehst: In einer Organisation von Erwachsenen sollte dieser Überblick Grund genug sein, nach Ursachen zu suchen und Dinge zu verändern. Wie das konkret geht, zeige ich dir in Episode 3. Jetzt kommen wir erst einmal zum zweiten zentralen Finanzblickwinkel im Denkwerkzeug des Hausverstandes:

**Der zweite ist: Mein Beitrag**
Für viele meiner Kunden begann eine ganz neue Ära, als sie der kompletten Belegschaft erstmals den Wasserstand zeigten. Doch der Aha-Effekt nutzt sich schnell ab. Schon bald wollen die Mitarbeiter wissen, was sie dafür tun können, dass es besser wird. Und natürlich, wo sie das dann sehen. Neben dem großen Ganzen braucht es deshalb das Klein-Klein. Wir springen gedanklich noch mal zurück zu unserem Imbiss am Beginn dieses Abschnitts. Dort vollzieht der Betreiber genau denselben Weg. Beim Start kauft er Pommes, Bratwürste, Schnitzel, Senf, Ketchup, Mayo, Brötchen und Getränke. Dann erstellt er Menüs und geht frisch ans Werk. Er nimmt Geld ein und macht zum Feierabend Kassensturz. Die Einnahmen reichen, um die Güter für den nächsten Tag zu kaufen. Und es bleibt noch was übrig. So weit, so gut. Am Monatsende kommt die Standmiete. Auch da gibt es einen Überschuss. Ein halbes Jahr später flattert die erste Stromkostenabrechnung ins Haus. Es wird erstmals eng. Spätestens jetzt sollte der Imbissbudenbetreiber etwas genauer hinschauen: Wie viel Gramm Pommes sind eigentlich eine Portion? Ist das Ketchup im Preis inbegriffen oder läuft das extra? Und wie legt er das auf seine Menüs um? Darum geht es auch in deiner Firma. Doch wie kommst du hier an sinnvolle Zahlen?

Der Weg von Pippi und den Zombies ist beispielsweise eine Kostenträger- oder -stellenrechnung. Der Blick ihrer Firmen richtet sich damit auf die Bereitstellung von Möglichkeiten. Das ist aus menschlicher Sicht verständlich: Wie sollte ich ohne Fabrikhalle mit entsprechendem Inventar ein Auto bauen? Diese Art, Kosten zu verwalten, lässt sich auch gut gegen die oben beschriebene aufwendige Planung vergleichen.

Der Hausverstand wird von so vielen Zahlen und Zuordnungen freilich nur behindert. Hier ist es deutlich klüger, sich darauf zu konzentrieren, wie die Ergebnisse zustande kommen. Denn nur wenn ich genügend Autos verkaufe, die in der Produktionsstätte gebaut wurden, lohnen sich die Gebäude und Maschinen. Was dich deshalb interessieren sollte, ist, welche Aufgaben zu erledigen sind, damit das Geld deiner Kunden auf dem Firmenkonto landet. Das Konzept dazu heißt Prozesskostenrechnung oder Activity Based Costing. Über die Aufwände gibst du darin den Tätigkeiten einen Preis. Wir stellen dem so ermittelbaren Wert der Erzeugung ebenfalls den Ertrag gegenüber, also Kosten (Costs) zu Einkommen (I). Genau wie im Wasserstand. Es ändert sich allerdings der Bezugspunkt. Beim Fahrzeughersteller wäre er natürlich das Produkt. Bei Beratungsfirmen eignet sich beispielsweise das Projekt. IT-Firmen schauen häufig auf einzelne Kunden. Handwerker bevorzugen den Auftrag. In jedem Fall gibt es jetzt eine Ertragsrechnung pro Auto, Projekt, Kunde oder Auftrag. Dokumentiert ihr alle Tätigkeiten sauber zu eurer ausgewählten Bezugsgröße, erhaltet ihr eine aussagefähige Detailbetrachtung über die Wirkung eurer Arbeit. Hier das Schema:

## Grundlagenberechnung

| | Materialwirtschaft | Fertigung | Vertrieb | Verwaltung |
|---|---|---|---|---|
| |  |  |  |  |
| $\frac{\Sigma\ Aufwände/Apr.}{\Sigma\ d.\ Einzelschritte/Apr.}$ = | $\frac{1.563.062}{18.639}$ | $\frac{2.379.142}{86.971}$ | $\frac{879.653}{26.441}$ | $\frac{1.068.353}{12.143}$ |
| Preis pro Arbeitsschritt = | 83,86 € | = 27,36 € | = 33,27 € | = 87,98 € |

## Ertrag pro Produkt

Auto 1:
- 25 Schritte = 2.096,50
- 193 Schritte = 5.280,48
- 22 Schritte = 731,94
- 14 Schritte = 1.231,72

Auto 2:
- 32 Schritte = 2.683,52
- 185 Schritte = 5.061,06
- 86 Schritte = 2.861,22
- 14 Schritte = 1.231,72

| | Auto 1 | | Auto 2 |
|---|---|---|---|
| Verkauft für: | 12.604 € | Verkauft für: | 13.444,54 € |
| Aufwand: | 9.340,64 € | Aufwand: | 11.837,52 € |
| Ertrag: | 3.263,36 € | Ertrag: | 1.607,02 € |

Bei dir kann es beispielsweise sinnvoll sein, die Preise pro Team zu berechnen. Oder nach Niederlassungen. Oder nach Prozessverantwortung, wie im Abschnitt »Aufbauorganisation« der Firmen-DNA beschrieben. Doch das Schema bleibt gleich. Auf diese Weise bekommst du außerdem heraus, welches dein Produkt oder deine Auftragsart für das theoretische Optimum ist. Arbeitsschritte sind dabei all das, was du automatisiert durch die Dokumentation des Prozesses zählen kannst. Manche Firmen arbeiten mit Ticketsystemen. Ich hatte einen Kunden, der tätigte sogar seine Mails und Anrufe aus seinem ERP-System heraus. Er war ein Dienstleister. Bei ihm erstellten wir die Ertragsberechnung auf Auftragsbasis. Er sorgte dafür, dass die Mitarbeiter alle Tätigkeiten einem Auftrag zuordnen konnten. Schlussendlich definierten sie interne Aufträge für Arbeiten, die direkt keinem Kunden zuzuordnen waren. Damit erreichten sie zwei Dinge: Sie sahen, welche Anstrengungen etwas mit der Zukunft der Firma zu tun hatten und sie erkannten, wie viel Aufwand des Betriebs in der Beschäftigung mit sich selbst entstand. Sobald du dein Informationssystem auf diese Zählungen und Berechnungen eingestellt hast, spart ihr euch die mühsame Buchhaltung, die heute bei vielen Firmen üblich ist. Außerdem wächst das System automatisch mit, ohne zusätzliche Kosten zu verursachen.

Mit diesem Vorgehen stellst du weitere Fehlinterpretation aus Pippis Welt und der Apokalypse ab. Pippilotta kauft sich Arbeitsleistung auf Zeit ein. Sie beschäftigt Lastesel. In seinem Buch *Die Arbeit im modernen Produktionsprozess* beschreibt Harry Braverman ab Seite 86, wie Frederick Taylor in den Bethlehem-Stahlwerken die Produktivität der Werker erhöhte. Mit exakten Regeln, wann sie zu tragen und wann zu ruhen hatten, steigerte er die vertragene Menge Roheisen. Sie stieg von 12,5 t pro Mann und Tag auf 47,5 t. Das ist Pippis Welt. Sie macht sich einen Plan. Sie weist die Mitarbeiter so klar ein, dass selbst ein Kind es versteht. Sie kontrolliert, dass die Vorgaben eingehalten werden. Und dann wartet sie auf den Erfolg. Das funktionierte, solange es darum ging, Lasten zu vertragen. Seit wir akzeptieren, dass die Welt komplex ist, versagen Firmen, die in dieser Weltsicht verharren.

Die Zombies verstehen das. Allerdings wollen auch sie den Angestellten keinen reinen Wein einschenken. Denn die Realität in ihrer ganzen Härte halten viele Mitarbeiter sicherlich kaum aus. Sie setzen deshalb auf Wellness. Sie fangen an, die Belegschaft mit den bereits erwähnten Goodies zu verwöhnen. Dafür bekommen sie eine Show. Wo Pippi echte Lastesel mindestens acht Stunden am Tag schwitzen lässt, entsteht in der Apokalypse ein Schaulaufen der Unterhaltung. Dort fließen Gehälter für bessere Dramen als in jeder Daily Soap. Unter den It-Girls, Influencern, Nerds und Showmastern langweilen diejenigen schon fast, die die nötige Arbeit bewältigen. Bei den Zombies kauft die Firma vierzig Stunden Spektakel pro Woche. Und das wird auch dauerhaft geboten.

In der Betriebskatalyse setzen wir auf mitdenkende Menschen. Deshalb ist es klug, hier die Leistung unabhängig von Zeit anhand der erreichten Resultate zu messen. Da bringt es auch keinen Mehrwert, individuelle Anteile zu bestimmen. Das Gesamtergebnis zählt. Der Zeitfaktor geht dennoch in die oben beschriebene Preisermittlung ein. Solltet ihr zu lange brauchen, um die nötigen Ergebnisse zu erreichen, dann steigt nämlich der Preis. Doch auch wenn ihr nur die Resultate zeigt, sieht jetzt jeder Mitarbeiter seinen Beitrag zum Erfolg der Firma. Er weiß ja, in welchem Bereich und woran er arbeitet. Größere Unternehmen haben oft mehrere ähnliche Geschäftsbereiche oder Niederlassungen. Die können ihre Ergebnisse sogar vergleichen – analog zur Wasserstandsmeldung. Dort stellen wir sie neben die Wettbewerber beziehungsweise das theoretische Optimum. Auch hier bitte nur offenlegen. Erwachsene sind durchaus fähig, eigene Konsequenzen daraus zu ziehen.

Doch nur, weil wir die Zahlen kennen, läuft der Laden keineswegs automatisch rund. Was bei Firmen mit weniger als dreißig Mitarbeitern ausreichen kann, bedarf bei größeren Organisationen noch eine weitere Struktur. Jetzt sprechen wir über die ...

## Koordination der Ziele

Bis hierhin habe ich dir viele Bausteine dafür gezeigt, wie Kollaboration in deinem Betrieb lebendig wird. Trotzdem besteht weiterhin das Risiko, ein Tohuwabohu der Eigenmächtigkeiten zu erleben. Das passiert, wenn sich die zu erreichenden Ziele in verschiedenen Bereichen deiner Firma unentdeckt im Weg stehen. Deshalb brauchst du ein System, das sie sichtbar macht. Nur so gelingt es dir, sie sinnvoll zu koordinieren. Leider kenne ich kein Konzept, das du einfach anwenden kannst, sodass alles gut wird. Stattdessen zeige ich dir, auf was du achten solltest. Dann eignen sich viele, bereits bestehende, Vorgehensweisen. Hier die wichtigsten Grundsätze:

- Strategie-, Struktur- und Alltagsziele in der gleichen Systematik abbilden – wenn du beispielsweise mit OKR arbeiten möchtest, sorge dafür, dass die operativen Quartalsziele klar ersichtlich auf die strategischen einzahlen,
- sämtliche Ziele sind für alle Mitarbeiter transparent,
- die Zielerreichung/-verfehlung ist für die gesamte Belegschaft einsehbar,
- jeder Mitarbeiter kann auf den Zielebenen (Strategie, Struktur, Alltag) neue/veränderte Inhalte einbringen,
- es ist für alle Kollegen nachvollziehbar, weshalb bestimmte Absichten verfolgt werden und andere nicht.

Diese Punkte beachtend, kannst du deine Ziele mit Kanban, Wasserfall, Management by Objectives, OKR oder was du sonst gut beherrschst koordinieren. Für mich sind das nur Werkzeuge. Solange deine Kollegen und du sie verstehen, erfüllen sie ihren Zweck. Mehr dazu im Abschnitt »Ein Ende den Hegemonen« und in Episode 3.

Das ist der letzte wichtige Baustein zum Hausverstand. Jetzt geht es darum, dieses Denkwerkzeug in der Betriebskatalyse sinnvoll anzuwenden. Auch dabei gibt es einige Punkte zu beachten.

## 9.3 Wie wird das Denkwerkzeug angewandt?

Das Denkwerkzeug für deine Firma anzuwenden bedeutet, sich von ein paar lieb gewonnenen Gewohnheiten zu verabschieden. Jetzt erkläre ich dir, was du stattdessen machen kannst.

**Entkopple die Gehälter von der Zukunft der Firma**
Wie bereits erwähnt, ist unvorhersehbar, was kommt. Freilich stellt das Pippi keineswegs zufrieden. Denn sie macht sich ja die Welt, wie sie ihr gefällt. Ganz praktisch heißt das, sie setzt ihre Mitarbeiter unter Druck, ihre

Vorstellungen auch zu erreichen. Dazu nimmt sie ihnen einen Teil ihrer Gehälter weg. Den gibt es nur dann, wenn die Vorgaben eintreten. In der Apokalypse wird dieselbe Bestrafung als Motivation maskiert. Tatsächlich glauben die Zombies daran, dass ein ausgelobter Bonus zu besserer Leistung führt. Wie falsch das ist, erklärte uns Reinhard K. Sprenger schon vor über zwanzig Jahren in seinem Klassiker *Mythos Motivation*. Neuere Forschungen von Daniel Pink *Drive*) und Dan Ariely *Denken hilft zwar, nützt aber nichts*) unterstreichen diese falsche Schlussfolgerung. Deshalb gibt es in der Betriebskatalyse einzig die sich ständig verändernden Zahlen zur Wirklichkeit. Sollte das irgendwelche Auswirkungen auf Gehälter haben, dann immer erst im Nachhinein. Nämlich dann, wenn das Geld verdient und die Aussichten so sind, dass man es auszahlen kann. Ansonsten erwarten wir auf dem Donut einfach einhundert Prozent Leistung für einhundert Prozent Gehalt.

Es ist übrigens keineswegs nötig, für den Hausverstand das Einkommen der Mitarbeiter transparent zu machen. Es richtet auch keinen Schaden an, wenn man es tut. Doch sicherlich ist es schlicht ein Marketing-Gag, um Aufmerksamkeit zu gewinnen, mahnt jemand an, dass davon der Erfolg einer Transformation abhinge. Ich zeige in der Betriebskatalyse also immer nur die Wirklichkeit. Daraus ergibt sich eine ...

### Ist-Ist-Feedbackschleife

Heute unternehmen Firmen große Anstrengungen, um die Zukunft vorwegzunehmen. Sie sind proaktiv. Sie gestalten ihr Morgen. Das Gute daran ist, sie denken darüber nach. Niemand sollte sich davor verschließen, sich vorzustellen, wie er eine Verbesserung erreichen kann. Denn das ist eine der Wurzeln, die unserem Dasein Sinn geben. Wenn es allerdings um die finanzielle Existenz der Firma geht, ist es ratsam, sich selbst erfüllende Prophezeiungen zu vermeiden. Wir sollten uns über wirtschaftliche Vorgaben wie Budgets keine Sicherheit vorgaukeln. Keinesfalls sind sie geeignet, unsere Handlungen zu koordinieren. Besser ist es, wenn sich ein Unternehmen an seiner Wirklichkeit orientiert. Das gelingt, indem du immer wieder einfach den jetzt gültigen finanziellen Istzustand abbildest. Egal, auf was du es beziehst. Das bedeutet etwa: Für den zukünftigen Umsatz zeigst du die Aufträge, die ihr schon unterschrieben habt. Keine Prognosen, die sich von der Vergangenheit ableiten. Schlicht das Ist. Als ich das einem Kunden in einem Telefonat vorschlug fragte er mich:

»Gebhard, halten das die Leute aus?«
Ich wollte es genauer wissen: »Was meinst Du?«
Er führte aus: »Na ja, ich hab ja schon manchmal eine schlaflose Nacht, wenn ich mir unsere Auftragsbücher anschaue. Aus dem Bestand reicht das Geld so für drei Monate. Doch mit den Bestellungen sieht es gerade mau aus. Sollte das so bleiben, sehen die Kollegen, dass wir den Laden in zwölf Wochen dicht machen können. Ich weiß halt nicht, ob es so gut ist, ihnen das zu zeigen?«
Ich bohrte weiter: »Was machst du denn in der Situation?«
Es war ein paar Sekunden still am anderen Ende. Dann kam die Antwort: »Na ich überleg mir, was ich noch machen kann, damit das Fiasko ausbleibt.«
Wie in vielen Beratungsgesprächen reichte eine weitere Frage meinerseits: »Und was wäre jetzt so schlimm daran, wenn die anderen das auch tun würden?«

Sofort verstand er. Die Wirklichkeit kann er kaum verändern. Sobald er offen damit umgeht, teilt er natürlich seine Sorgen. Genauso erhöht er allerdings die Chancen, dass irgendjemand etwas Konstruktives daraus macht. Und das passierte in allen mir bekannten Fällen. Die Last verteilt sich über viele Schultern und die Handlungsmöglichkeiten nehmen zu. Das erreicht die Betriebskatalyse mit dem ständigen Feedback zur realen Situation der Firma. Keine Heilsversprechen. Keine Wunschträume. Keine Welt, wie sie Pippi nun mal gefallen möge. In der Wirklichkeit angekommen, spielt ein weiterer Perspektivenwechsel eine wichtige Rolle.

## Zinsen

Mit der Wertbildungsrechnung entwickelte der Drogeriemarkt dm in den Nullerjahren einen neuen finanziellen Blick auf die Mitarbeiter. Das Denkwerkzeug des Hausverstandes unterstützt diesen Blickwinkel umfänglich. Die Firma hatte in ihrer Transformation erkannt: Controlling schaut mit falschen Erwartungen auf die Menschen. Bei Pippi ist die Belegschaft ein Produktionsfaktor – er kann mit anderen ausgetauscht werden. Laut Erich Gutenberg sind das entweder die Betriebsmittel (dazu gehört im weitesten Sinne auch Geld) oder Werkstoffe. In der Zombie-Apokalypse werden gerade Lohnarbeiter zu fragwürdigem Ballast. Ihre Leistungen stehen in ständiger Kritik – oft, um von den Aufwänden abzulenken, die die formale Weisungsstruktur selbst verursacht. Dabei achten zunehmend mehr Kollegen auf ihre Bonusauszahlung als auf Ergebnisse. Auf dem Donut sind Mitarbeiter, die ihr Gehirn für die Firma mitbenutzen, der Weg, das eingesetzte Kapital zu verzinsen.

In der Betriebskatalyse gehe ich davon aus, dass sie durch ihren Beitrag einen Mehrwert schaffen. Genau diesen Blick schärft die Wertbildungsrechnung. Wo Pippi den Gewinn und die Zombies ihren Reibach suchen, stellt das neue Controlling die Frage: Was ist unsere positive Wirkung? Denn wenn es die gibt, dann können wir sie Kunden vermitteln. So entsteht erkennbarer Wert, der von Käufern gern bezahlt wird. Bei dm betrifft das beispielsweise mehr als nur die Produkte. So punkteten sie gegenüber dem Wettbewerb über einen langen Zeitraum mit offeneren und größeren Ladenflächen. Heute ist das in Drogeriemärkten fast schon Standard. Bernd Oestereich nennt den Aspekt, der zur Wertbildung beiträgt, Eigenleistung. In seinem Onlineartikel *BWL 2.0 – Eine neue Sicht auf Betriebswirtschaft* erklärt er die Unterschiede. Ich habe das Muster in den folgenden Vergleich zwischen Pippi, der Apokalypse und dem Donut übernommen:

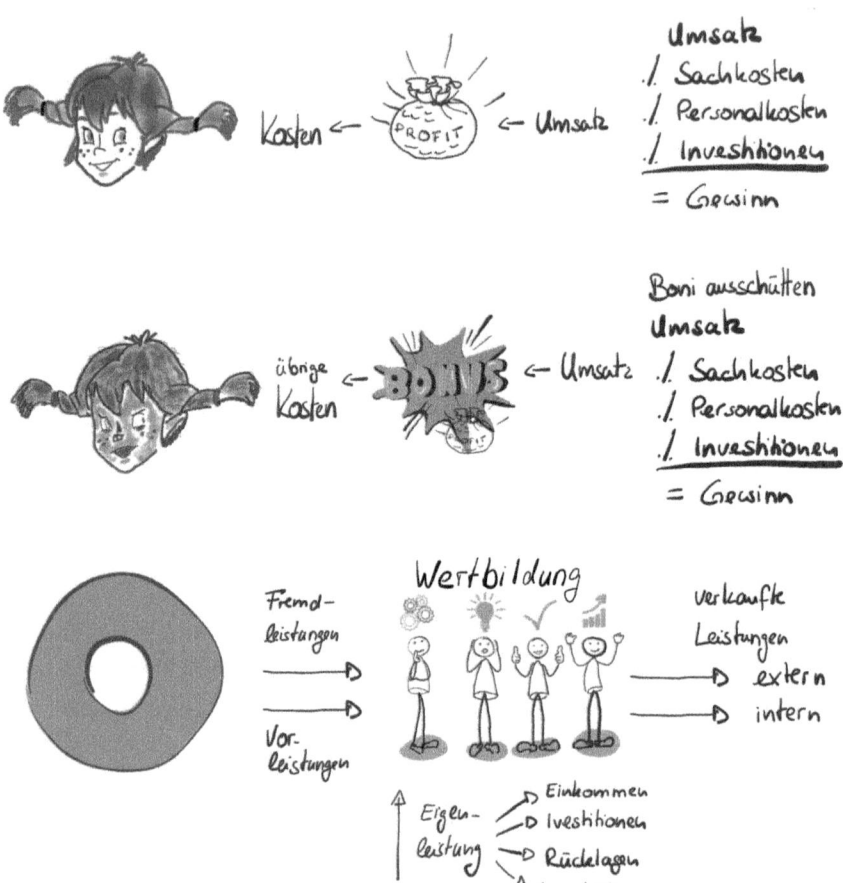

Für die Betriebskatalyse ist genau dieser Blick auf die Kollegen so wichtig, weil er einen neuen Umgang mit Produktivität erlaubt. Bei Pippi dient sie der Gewinnsteigerung. In der Zombie-Apokalypse den Boni. Gerne sieht man hier auch, wie sie die Schlechtleistung des an den Tag gelegten Hedonismus verschleiert. Auf dem Donut schafft sie Raum und Zeit für langsames Denken. So können deine Kollegen und du beispielsweise sinnvoll über die Zukunft nachdenken. Ihr habt die Gelassenheit, um strukturelle und strategische Fragestellungen zu klären, wenn sie anstehen. Eine Belegschaft, die direkt von ihrer Produktivität profitiert, geht konstruktiv mit Komplexität um. Sie reitet die Welle, anstatt von ihr überrollt zu werden.

Mit den drei Denkwerkzeugen, Firmen-DNA, Entscheidungsdesign und Hausverstand, bist du arbeitsfähig. Zusammen mit deinen Kollegen gestaltet ihr nun die Firma. Mehr noch, ihr seid im Bilde, warum ihr gerade hier arbeitet. Ihr wisst jetzt, wie ihr welches Thema beschließt, um eure Vorstellungen auf die Straße zu bringen. Zu guter Letzt erkennt ihr, ob die Kraft auch auf dem Asphalt ankommt. Mit dem Blick auf die Finanzen stabilisiert ihr das Überleben des Betriebs. Wenn das alles in deiner Firma läuft, gehen viele davon aus, dass die Transformation erfolgreich war. Das ist ein Trugschluss. Denn es fehlt ein entscheidender Baustein. Bis hierher weißt du, wie du die Dinge richtig tust. Mit dem letzten Denkwerkzeug sorgst du dafür, dass es auch die richtigen Dinge sind. Jetzt zeige ich dir, wie ihr den inneren Kompass der Organisation korrekt kalibriert.

# Episode 2 – von den Regeln des Spiels

## 10.
### Der innere Kompass

*»Hegemonie ist der Versuch, die eigenen Meinungen, Normen und Werte zum verpflichtenden Standard für alle Bürger zu erklären.«*

Julian Paffrath

Pippi ist eine Imperatorin. Denn sie macht mehr, als es nur zu versuchen: Sie zwingt ihre Mitarbeiter dazu, ihren Vorgaben zu gehorchen. In der Apokalypse ist das anders. Hier gibt es die Arbeit zu Mission, Vision und Werten. Die Themen sind schon seit Langem im Marketing, bei Public Relations und im Verkauf bewährt. Im ersten Jahrzehnt unseres Jahrhunderts zogen sie von dort in die Organisationsentwicklung ein. Die Zombies begannen, die Belegschaft einzubeziehen. Sie vermitteln den Eindruck, die Kollegen könnten mitreden. Doch letztendlich ist alles vorgegeben. Anstatt mit den Mitarbeiterinnen und Mitarbeitern zu arbeiten, werden sie clever dazu überredet, die bereits vorgedachten Worthülsen hinzunehmen. Sämtliche Betriebe, die ich besuche, durchlebten mindestens einmal eine entsprechende Maßnahme. Interessanterweise findet sich die Hochglanzvariante der Resultate nur in den Chefetagen. Auf Arbeitsebene spielen sie, wenn überhaupt, nur in den Jahresgesprächen eine Rolle. Dort beurteilen Vorgesetzte mit ihnen die Verbundenheit der Untergebenen zum Unternehmen. Ich habe solche Prozesse selbst in den Nullerjahren begleitet. Schon damals grummelte mein Magen. Heute weiß ich: Es verhält sich damit so ähnlich wie mit unserem Sinnverständnis. Für den einzelnen Menschen ist es sehr wertvoll, die eigenen Wertmaßstäbe und Zukunftsideale zu reflektieren. Auf der Firmenebene verursachen sie schnell Scheuklappen und Betriebsblindheit.

Ich rate deshalb davon ab, Geld in die Erarbeitung von übergreifenden Werten und Visionen zu stecken. Als ich das bei einer Impro-Keynote aussprach, kamen prompt Fragen wie:

»Aber was machen wir dann?« »Gehen wir einfach darüber hinweg?« »Wir sind uns doch wohl einig, dass es ohne geteilte Werte nichts wird?«

Bitte versteh mich richtig: Mir sind sowohl Werte wie ambitionierte Vorstellungen für die Zukunft, die jemand erreichen möchte, sehr wichtig. Ich wünsche jedem Menschen, dass er da mit sich im Reinen ist. Leider bringt dieselbe Reflexion firmenweit recht wenig. Denn in Organisationen geraten Initiativen, die dazu ein gemeinsames Gesamtbild entwickeln wollen, schnell zu Gesinnungsdiktaten. Selbst die mit den besten Absichten. Anstatt die Belegschaft zu vereinen, spalten sie sie in Mitarbeiter, die dem Diktat entsprechen, und lästig eigensinnigen Quertreibern. Du wünschst dir davon vielleicht ein optimistisch tolerantes: »Wir packen das zusammen!« Lässt du dich auf die Orgaentwicklung der Zombies ein, kommen allerdings mit hoher Wahrscheinlichkeit Wertetribunale dabei heraus. Und in ihrem Fahrwasser bist du schnell mit Intrigen und Zwietracht konfrontiert. Das passiert, wenn du das Thema von der individuellen auf die organisatorische Ebene überführst.

Werte helfen mir, Antworten auf die Frage zu finden: »Bin ich hier richtig unterwegs?« In anderen Zusammenhängen braucht es dazu meist zwei Orientierungspunkte. Auf der Welt sind es Längen- und Breitengrad. Auf dem Donut definiert das obere Limit der globale Ressourcenverbrauch. Im unteren vermeiden wir kritische Entbehrungen. Die Betriebskatalyse kennt auch zwei Richtpunkte: Zum einen, wie du schon gelesen hast, geht es stark nach dem Markt, dem »Was wird gebraucht/verlangt«. Dem steht der innere Kompass gegenüber, die Frage an die Organisation: »Wie setzen wir um?« In der Balance zwischen dem Was und dem Wie findet sich das Wozu. Es ist die Antwort auf die Sinnfrage an jeden Mitarbeiter: »Warum arbeitest du genau das, genau so, in genau dieser Firma?« Den Weg zum Wie ohne firmenübergreifende Visions- und Wertearbeit zeigt dir dieser Abschnitt.

## 10.1 Wozu wird das Denkwerkzeug gebraucht?

Menschen glauben an ihre Werte und Leitbilder. Keineswegs wissen wir, ob das richtig oder falsch ist. Wir haben dazu eine Meinung. Einen Beweis, dass diese stimmt, gibt es, wenn überhaupt, nur selten. Der Philosoph Michael Hampe spricht in seinem Buch *Die Dritte Aufklärung* dann auch von Meinungsraufereien. Er erkennt die Gefahr, dass Meinungsdiskussionen zu Glaubensfragen werden. Die Schwierigkeit damit ist, dass Glaube aus sich heraus unfundiert ist. Er führt zu Intoleranz, ja sogar Fanatismus. Genau das erkenne ich mit Bezug auf die heutige Wertearbeit in Unternehmen. Hampe schlägt vor, stattdessen in einen Prozess der kritischen Wahrheitsfindung einzusteigen. In ihm werden die Informationen, die Inhalte aus der Firmen-DNA, dem Entscheidungsdesign und dem Hausverstand, zur Grundlage unseres gemeinsamen Handelns. Es entsteht Wissen, das unabhängig von Meinung und Glauben gültig ist. Mit dem inneren Kompass beugst du deshalb einer möglichen Radikalisierung deiner Firma mit Bezug auf Werte und Visionen vor. Manchen Vorbildunternehmen aus dem Bereich neue Arbeit wird unterstellt, fast schon eine Religion aus ihrer Kultur zu machen. Ein Beispiel dafür ist W. L. Gore. Die Firma gilt als verschlossen und elitär. Häufig fällt hinter vorgehaltener Hand sogar das Wort Sekte. Einzig ihr wirtschaftlicher wie technologischer Erfolg rettet sie wohl vor einer größeren öffentlichen Debatte dazu. Der Zusammenhang erwächst aus einer übersteigerten Ausrichtung an formal festgelegten Werten. Der innere Kompass geht einen anderen Weg. Bei jeder Transformation begegne ich Menschen, die mich fragen: »Woher wissen wir, dass wir es richtig machen?« »Warum können wir nicht einfach Scrum einführen und dann ist alles gut?« »Wie erkennen wir die Scharlatane, die nur Show machen, ohne viel dahinter?« Sie suchen Orientierung.

Grundsätzlich richtet die Betriebskatalyse den Blick des Betriebs nach außen. Ihr schaut damit auf den Markt. Ihr nehmt die Impulse eurer Kunden auf. Ihr achtet auf die Leistungen eurer Wettbewerber. Ihr berücksichtigt gesetzliche Vorgaben. So bestimmen deine Kollegen und du den

Kurs der Firma. Doch was passiert, wenn die Anreize ausbleiben? Oder euch missfällt, was verlangt wird? In so einer Situation ist eure Organisation nur mit einem Kontergewicht stabil – der Gewissheit, dass ihr auch aus euch selbst heraus wirksam seid. Die entsteht aus der Sicherheit, mit den richtigen Leuten im richtigen Unternehmen die richtige Arbeit richtig zu machen. Dafür brauchst du einen inneren Kompass, der jenseits von Glaubensbekenntnissen funktioniert. Ich zeige dir jetzt, wie er sich zusammensetzt.

## 10.2 Was sind die wesentlichen Bausteine?

In den letzten Jahren wurde es zunehmend populärer, sich auf seine Intuition zu verlassen. Wie wir wissen, ist sie schnell und zeigt, häufig mit einer großen Streuweite, in die ungefähre Richtung, in die wir gehen wollen. Dennoch ist es für deine Firma überlebenswichtig, sie mit Vernunft zu kombinieren. Wie das betriebskatalystisch geht, erfährst du im Folgenden.

### Zuerst war der Knall

Ich begegne in allen Organisationen ständig Werkzeugen, Methoden und Konzepten. Sie helfen uns, die Firma koordinierend auszurichten. Doch woher kommen sie? Was ist ihr Ursprung? Entstehen sie einfach so? Ich bin überzeugt, sie wurzeln allesamt in Grundannahmen, die wir über die Welt treffen. Leider machen wir uns diese Grundlagen nur recht selten bewusst. Und so kommt es dazu, dass die best gemeinte Transformationsinitiative doch wieder beim alten Wein in neuen Schläuchen endet. Diesmal beginnt die Reise des Verstehens in der Peripherie, bei den ...

### ... Werkzeugen

Selbst wenn du, was auch immer, alleine angehst, ohne sie bekommst du nur sehr wenig umgesetzt. Das ist genauso in der Firma. Ich erinnere mich gut an den Produktionsleiter. Als ich ihm sagte: »Stell eine Flipchart in den Zuschnitt«, fragte er im Reflex zurück: »Und auf was schreiben wir dann im Besprechungsraum?« Im ganzen Betrieb gab es zu diesem Zeitpunkt tatsächlich nur ein Gestell für die großen Schreibblöcke. Werkzeuge sind die vielen kleinen Helferlein, vom Post-it über den Monitor bis zum Handlinggerät in der Produktion. Es gibt in der Tat nach wie vor Menschen, die glauben, das richtige Tool reiche, um eine Firma zu verändern. Dabei fassen sie den Begriff schon sehr weit. Oft unbemerkt sprechen sie nämlich bereits von …

## Methoden

Was ist der Unterschied? Laut der Definition in Wikipedia ist ein Werkzeug ein körperfremdes Objekt. Es dient dazu, direkt Ziele zu erreichen. Deine Arme, Hände, dein Gehirn – all das sind keine Tools. Denn du hast sie ja immer bei dir und kannst sie einfach einsetzen. Dahingegen sind es ein Hammer, Kleidung, Schuhe, ein Smartphone und so weiter schon. Methoden gehen da eine Stufe weiter. Sie systematisieren die Abfolge von Einzelschritten. Sie achten bei der Abstimmung darauf, dass bei wiederholtem Einsatz stets ähnliche Ergebnisse am Ende stehen. Der Übergang von Werkzeugen zu Methoden ist dabei fließend. So ist etwa ein Montageroboter gleichermaßen ein Tool, um etwas zu bauen, wie ein damit stringent gekoppelter Verarbeitungsprozess. Wendest du eine Methode an, kann ihr Ziel ebenso greifbar wie rein geistig sein: Etwa ein Auto oder eben der Abschlussbericht aus einer Marktanalyse. Doch auch Methoden liefern nur begrenzte Antworten. Es gibt Zusammenhänge, die kannst du nur bearbeiten, indem du mehrere Methoden kombinierst. Bleiben wir beim Beispiel mit der Marktuntersuchung. Diese kann Teil etwa einer Verkaufsstrategie oder Geschäftsmodellentwicklung sein. Ergibt sich auch hier ein System, das auf verschiedene Firmen oder Situationen anwendbar ist, spreche ich von einem …

## Konzept

Wo Methoden sich durch eine direkte Abhängigkeit der Einzelschritte auszeichnen, sind Konzepte deutlich toleranter. Sie richten sich nach Prinzipien und/oder Regeln. Hier ist der Übergang ebenso fließend wie zwischen

Werkzeug und Methode. Ich nutze beispielsweise die Business Model Generation mit dem Tool der Canvas als Methode in Workshops. Für die Arbeit mit der Firmen-DNA entwickelte ich dazu auch ein Konzept. Das beginnt mit Umfragen unter den Kollegen. Auf sie folgt ein Workshop. Das Ergebnis dient der Firma schlussendlich als fortlaufender Prozess. So gelingt es, dass die Mitarbeiter ständig das Geschäftsmodell im Auge haben und es aktiv gestalten. Ich etabliere das Prinzip: »Die Belegschaft gestaltet ihr Geschäftsmodell zusammen.« Das wird ergänzt durch ein Regelset. Die Grundregel lautet: »Das in der Canvas dokumentierte Geschäftsmodell ist verbindlich. Veränderungen werden gültig, wenn wir sie dort festhalten. Für alle sichtbar.«

Episode 3 behandelt mehr Werkzeuge, Methoden und Konzepte. Doch sie beantworten keinesfalls die Frage, ob du die geeigneten benutzt, sie richtig verknüpfst und sie sinnvoll anwendest. Heute sind Berater, Trainer und Organisationsentwickler überzeugt: Das sagen dir die Werte und das Menschenbild. Deshalb suchen sie in beiden Feldern nach der korrekten Antwort. Auf der Werteebene darf die Freiheit auf keinen Fall fehlen. Sie wird mit Verantwortung bezahlt – die Firma ist ja alles andere als ein Ponyhof. So kommt Leistung ins Spiel. Qualität ist auch beliebt. Und etwas eher Gesellschaftliches wie Nachhaltigkeit oder Kooperation rundet den Kanon ab. Beim Menschenbild spielt Empathie eine Rolle. Selbstorganisation ist eine der Tugenden des neuen Arbeitens. Für den richtigen Zug in der Organisation sollte die natürliche Führungsautorität zumindest bei ein paar Menschen vorhanden sein. Gerne dürfen einige auch Sinn stiften. Sie messen uns ebenso bei, dass wir im Grunde gut sind. Das Verzwickte ist: So weit stimmt das alles. Leider können wir Menschen sämtliche dieser Eigenschaften nur rein subjektiv begreifen. Deshalb eignen sie sich für unterhaltsame Streitgespräche ebenso wie für ein selbstreflexives Coaching. Allerdings sind sie gänzlich unnütz, um eine Firma darin zu unterstützen, die für sie stimmige Anwendung von Konzepten, Methoden und Werkzeugen zu wählen. Was sich dafür sehr gut eignet sind ...

## Grundlegende Denkmodelle

Wie bereits erwähnt, ist unsere Welt komplex. Pippi macht es sich zu dem Thema bekanntlich einfach. Sie ignoriert diese Tatsache. Alles ist so, wie es ihr gefällt. Der ganze Rest sind Fake News oder alternative Fakten. In der Apokalypse setzen die Zombies auf die oben geschilderte Wertearbeit. Das bringt uns eher zu den Glaubensdebatten als einer Lösung näher. Sie funktioniert bei Mitarbeitern wie das legendäre Brot-und-Spiele-Konzept für das Volk. Das fädeln die Zombies sogar äußerst clever ein. Denn auf der persönlichen Ebene stimmt ja alles, was sie behaupten. Ihr Fehler ist davon auszugehen, dass es Sinn hat, die Erkenntnisse auf das Niveau Firma skalieren zu wollen. Doch gerade bei Werten und Menschenbildern kann das nur misslingen. Am einfachsten lässt es sich wohl so zusammenfassen: Wenn fünf Menschen sich über Freiheit unterhalten, gibt es mindestens sieben Meinungen. Das ist gänzlich ungeeignet, um daraus eine firmenweit stabile Grundhaltung zu entwickeln.

Auf dem Donut nähern wir uns der Thematik anders an. Wir sorgen für den von Herrn Hampe vorgeschlagenen Prozess der kritischen Wahrheitsfindung. Für ganz viele komplexe Themen gibt es bereits Denkmodelle. Sie fassen die wichtigen Elemente der Wirklichkeit zusammen. Dafür gehen sie den Weg wissenschaftlicher Nachweise. Sie liegen jenseits von Meinungen und Glauben. Um das Modell zu verstehen, klammern sie gewollt Teilbereiche aus, gerade wenn diese zu sehr ins Detail gehen oder nur auf Einzelerfahrungen beruhen. So gelingt es ihnen, die Komplexität der Realität in ein überschaubares Maß zu rücken. Nehmen wir etwa die Aufklärung: Sie setzt sich mit der beobachtbaren Gegebenheit auseinander, dass augenscheinlich sämtliche Menschen eigenständig sinnvoll denken können. Anstatt allerdings den Umstand gleich zu bewerten, macht das Denkmodell etwas anderes. Es entwickelt eine Weltsicht auf Basis der Annahme, dass wir alle das auch tun. Dabei heraus kommen dann Konzepte wie Bildung, Demokratie, der Liberalismus, der Fortschritt, Menschenrechte, Gleichberechtigung von Mann und Frau und so weiter. Inzwischen gibt es zahlreiche Nachweise, dass wir tatsächlich alle denken können, wenn wir wollen.

Zur selben Modellfamilie wie die Aufklärung gehören auch der Absolutismus oder die Autokratie. In ihnen spricht man die Grundeigenschaft des eigenständigen Denkens einem gerüttelt Maß an Menschen ab. Sie leiten dann Konzepte wie Lehnsherrschaft oder Sklaverei beziehungsweise sogar die Vorstellung unreiner zweitklassiger Rassen ab.

Das zugrunde liegende Denkmodell unterstützt dich also, die genutzten Konzepte, Methoden und Werkzeuge in stimmig und unstimmig zu unterscheiden. Und das macht es sowohl inhaltlich wie in der Anwendung. Kombinierst du verschiedene dieser grundsätzlichen Denkweisen, erhöhst du die Varietät. Das versetzt deine Firma in die Lage, mit komplexen Situationen erfolgreich umzugehen.

Es gibt einen weiteren Vorteil: Denkmodelle erlauben den Prozess der kritischen Wahrheitsfindung, ohne persönlich zu werden. Glaubensdebatten zu Werten und dem Menschenbild gehen häufig mit Kränkungen einher. Deshalb empfehle ich dir den Einstieg in grundlegende Denkarten. Zu ganz vielen Themen gibt es bereits welche. Sie erklären dir die Welt. Achtung, verwechsle sie nicht mit Konzepten oder Methoden. Sei für die Anwendung in der Firma zudem skeptisch gegenüber Meinungen und Glaubenssätzen, die sich rein vom Individuum ableiten. Was für einen von uns stimmt, muss keineswegs bei allen anderen auch gelten.

Die grundlegenden Denkmodelle sind wie der Urknall in deinem Firmenuniversum. Sie sind der Ursprung von Haltungen, Meinungen und Handlungen. Gerade in der Zombie-Apokalypse stehen solche Denkweisen häufig im Konflikt. Da lebt die Führung ein Vormund-System wie im Absolutismus des neunzehnten Jahrhunderts, verlangt allerdings von den Zöglingen, sich wie eigenverantwortliche Erwachsene der Neuzeit zu verhalten. Sie glaubt, das auf Konzeptebene hinzubekommen – etwa indem sie Scrum einführt. Und wundert sich dann, wenn es ständig kracht. Zur Vorbereitung auf die praktische Umsetzung in Episode 3, stelle ich dir jetzt die grundlegenden Denkmodelle kurz vor, in denen die Betriebskatalyse wurzelt.

### Befähigung – Was traut die Betriebskatalyse den Menschen zu?

Das grundlegende Denkmodell dazu habe ich bereits erwähnt. Es ist die Aufklärung.

**Die zentralen Aspekte:** Der Begriff kommt aus dem siebzehnten Jahrhundert. Das Vorhaben nimmt sich des Phänomens des vernünftigen Denkens zur Lösung von Problemen an. Seither widmet sich die Aufklärung dem Kampf gegen Vorurteile. Sie wendet sich den Naturwissenschaften zu. In der Gesellschaft zielt sie auf mehr persönliche Handlungsfreiheit. Dazu gehört Gleichberechtigung ebenso wie Bildung oder das Gemeinwohl als zentrale Aufgabe des Staates. Heute ist klar, dass das nur ein Teil der Wahrheit ist. Wir sind keineswegs durch und durch vernünftig. Dennoch ist für die Betriebskatalyse die Annahme ausschlaggebend, dass alle Menschen in der Firma wagen sollten, ihren Verstand auch für die Organisation zu benutzen. So beschreibe ich einen mündigen Mitarbeiter. Was ich von ihm erwarte, steht im folgenden Abschnitt.

### Verantwortung – Was verlangt die Betriebskatalyse von den Menschen?

Das grundlegende Denkmodell dazu ist die Existenzanalyse von Viktor Frankl. Es umfasst die Möglichkeiten und Bedingungen für ein menschenwürdiges Dasein. Sie entstand aus den Erfahrungen des Psychologen im KZ. So grenzt sie sich von den Annahmen seiner bekannten Kollegen Sigmund

Freud und Alfred Alder ab. Um sie besser zu verstehen, lohnt es, einige der Kernaspekte der Urväter der Psychiatrie nebeneinanderzustellen. Mir ist klar, dass meine Betrachtungen hinken. Sie reduzieren die Lebenswerke auf wenige Sätze. Ich mache es trotzdem, da der Vergleich verdeutlicht, warum ich die Betriebskatalyse auf Frankl beziehe – und auf die moderneren Konzepte in der Psychologie, wie etwa das Mentalisieren, die ich auf ihn zurückführe. Das schmälert die Arbeit der anderen nicht. Hier also die Gegenüberstellung:

| Aspekt | 1. Wiener Schule (Freud) | 2. Wiener Schule (Adler) | 3. Wiener Schule (Frankl) |
|---|---|---|---|
| Veränderungsfähigkeit | Der Mensch ist mit dem Ende der Pubertät ausentwickelt. Alles, was dann kommt, lässt sich auf Prägungen aus der Kindheit zurückführen. Veränderungen sind nur in der unbewusst erlebten Geschichte möglich. | Der Mensch ist jederzeit fähig, sich zu verändern. Allerdings ist die einzige sinnvolle Entwicklung eine, die in die Zukunft gerichtet ist. Ob sie richtig ist, entscheidet die Gemeinschaft, zu der der Mensch gehören will. | Um uns zu verändern können wir uns zu jedem Zeitpunkt im Leben entscheiden, etwas Verschiedenes zu tun. |
| Blickrichtung | Vergangenheit | Zukunft | Hier und Jetzt |
| Sinnbezug | Sinn spielt keine Rolle. Menschen sind ohne Psychoanalyse von ihrem unbewussten Seelenapparat gesteuert. Mit der Analyse gelingt es, die negativen Auswirkungen zu beherrschen. | Es gibt einen Gemeinsinn, der für alle gültig ist. Daraus leitet sich ein übergeordnetes Richtig und Falsch ab. Der einzelne Mensch kann sich zwar gegen diesen Gemeinsinn verhalten, doch dann entwickelt er Neurosen. | Sinn ist individuell. Jeder kann nur nach seinem eigenen Sinnverständnis mit sich im Reinen sein. Es ist die Befreiung aus dem Nun-einmal-so-und-nicht-anders-sein-Müssen von Freud. Vielmehr ist es ein Immer-auch-anders-werden-Können. |
| Therapiegegenstand | Trauma – ausgelöst durch Be-/Misshandlungen und Missbrauch in der Kindheit. | Neurose – ausgelöst durch die übersteigerte Kompensation des entwicklungshemmenden Minderheitskomplexes. Entfernung weg vom positiven Minderwertigkeitsgefühl, das uns zum Lernen antreibt. | Frustration – als Reaktion auf die Lücke, die zwischen dem eigenen gelebten Leben und dem persönlichen Sinn entsteht. Keine Lücke = Zufriedenheit Große Lücke = psychologische Reaktionen wie Depressionen et cetera |

| Aspekt | 1. Wiener Schule (Freud) | 2. Wiener Schule (Adler) | 3. Wiener Schule (Frankl) |
|---|---|---|---|
| Therapie-inhalt | Der Psychiater erkennt das Trauma. Er deckt es mit einem ausreichend großen Pflaster ab. Der Patient vergisst die Wunde, weil er sie nicht mehr sieht und spürt. | Der Psychiater unterstützt den Menschen dabei, zurück in die Gemeinschaft zu kommen. Er richtet die Zukunft des Patienten auf den wahren Sinn des Lebens aus. Je nach Ideologie kann das eine Kirchengemeinschaft, eine bestimmte Gesellschaft oder eine politische Gesinnung sein. | Der Therapeut konfrontiert zusammen mit dem Patienten dessen Willen zum Sinn. Er belässt die Zuständigkeit zu handeln beim Menschen. Damit ist jeder fähig (und verantwortlich), sich und seine Situation selbst zu verändern. |
| Therapie-methode | Psychoanalyse | Individualpsychologie | Logotherapie |
| Woher kennen wir das Konzept? | Mindestens aus dem Fernsehen. Es ist die Situation, in der ein Patient dem Therapeuten auf der Couch sein ungeschöntes Selbst beschreibt. Der Psychiater kennt dann typischerweise die Lösung (das Pflaster). | Aus der Schule. Durch Adlers Arbeit entstand die Überzeugung, dass es eine allgemeingültige richtige/gute Erziehung gibt. Dieser Glaube wurde vor allem auch im Dritten Reich genutzt, um die Ideologisierung bereits in den Schulen voranzutreiben. Auch in der Organisationsentwicklung gibt es wieder einen Trend, der Purpose Driven Firmen als Alternative vorschlägt. Sobald darin ein gemeinsamer Sinn für alle in der Organisation angestrebt wird, geht die Psychologie auf die Annahmen Adlers zurück. | Manche kennen es von Heilpraktikern. Davon abgesehen finden sich die Erkenntnisse von Frankl weit weniger in der Gesellschaft repräsentiert als die seiner beiden berühmten Kollegen. |

| Aspekt | 1. Wiener Schule (Freud) | 2. Wiener Schule (Adler) | 3. Wiener Schule (Frankl) |
|---|---|---|---|
| **Kritik zur Anwendung in der Betriebskatalyse** | Freud geht davon aus, dass wir mit Abschluss der Pubertät definiert sind. Ab dann können wir maximal korrigiert werden oder unsere Wunden überdecken. Dazu benötigen wir die Hilfe eine Fachmanns, den Psychologen. Ohne ihn sind wir praktisch in unseren Prägungen gefangen. Das entspricht ziemlich genau dem Bild von Pippi. Sie weiß, wie die Welt zu sein hat und alle anderen richten sich gefälligst danach. | Adler gesteht uns zu, dass wir uns auch nach der Pubertät verändern können. Dafür braucht es einen Sinn, den er nur in einer Gemeinschaft ausmacht. Wer also die Ziele der Community bestimmt, ist zugleich Herr über die Veränderungsmöglichkeiten seiner Mitglieder. Auch in dieser Welt fühlt Pippi sich wohl. Solange sie die Ziele mitbestimmt. Ganz sicher ist es der psychologische Rahmen für die Zombie-Apokalypse und findet sich im Wettstreit um die Beherrschung der Gemeinschaftsziele als eine wunderbare Ablenkung zur langweiligen Arbeit. | Frankl verlangt sehr viel von den Menschen. Sowohl von den Frustrierten wie von denen, die mit ihnen zusammenkommen. Die Ersteren sollen sich ihrem Spiegelbild stellen. Die Letzteren sollen es unterlassen, Verantwortung für ihre Mitmenschen zu übernehmen. Unsere Arbeitswelt wurde über Jahrzehnte genau gegensätzlich geprägt. Das macht die Schwierigkeit der Transformation im psychologischen Kern aus. Beide Seiten sind aufgefordert, sich dem zu widersetzen, was sie bisher ausgemacht hat. |

Sigmund Freud

Alfred Adler

Viktor Frankl

**Die zentralen Aspekte:** Wie jede Betriebswirtschaft macht sich die Betriebskatalyse ein Bild von den Menschen, die mit ihr arbeiten, um sie zu verstehen. Das geht mechanisch und eben auch seelisch. Klassisch sorgen sich um diese Themen die Arbeitspsychologen. Aus meinem Arbeitsleben bin ich zur Erkenntnis gekommen, sie lassen sich stark von Freud und/ oder Adler leiten. Bei ihnen geht es darum, die Mitarbeiter von der Firma abhängig zu machen. Das nennen sie Loyalität. Sie suchen nach Wegen, von außen zu motivieren. Sie gebrauchen Slogans wie den der Purpose Driven Organization, um die Deutungshoheit des Sinns für die Angestellten bei der Betriebsleitung zu halten – ganz unabhängig davon, was die Autoren entsprechender Bücher gegebenenfalls anderes schreiben. Ich habe bis heute nie erlebt, dass diese Haltung über einen längeren Zeitraum Bestand hat. Wie auch? Denken wir das einmal zu Ende, würde es doch bedeuten, es gäbe eine einzige World-Company und alle gingen glückselig dorthin, um zu arbeiten. Das ist zu viel verlangt, sowohl von der Firma wie von den Mitarbeitern. Natürlich ist es für Pippi und die Zombies ein befremdlicher Gedanke, dass die Menschen selbst über ihren Sinn entscheiden. Und doch erlebe ich genau das tagtäglich in den Betrieben. Sei es die plötzliche Kündigung: Da geht ein langjährig loyaler Kollege, scheinbar ganz ohne Vorzeichen. Oder die Gruppe, die inzwischen seit Jahren die Firma beklaut. Wie kommen die auf so etwas? Das braucht sicherlich einen gewissen Eigensinn. Natürlich gilt das auch bei der Kollegin, die sich vom Tag ihres Firmeneintritts an für die Organisation aufopfert. Und das zu einem deutlich geringeren Gehalt, als Kollegen, die auf dem Papier dasselbe tun. Das kann kein Gemeinsinn erklären. Das ist entweder Dummheit oder eben ein ganz persönliches Sinnempfinden. Warum kommen Krankenschwestern trotz Niedriglohn dienstbeflissen zur nächsten Nachtschicht? Weil ihre Arbeit für sie, weit jenseits von Einkommen, Sinn hat. In meinem Buch *Affenmärchen – Arbeit frei von Lack und Leder* beschreibe ich diese Zusammenhänge ausführlich.

In der Betriebskatalyse leiten sich daraus zentrale Aspekte ab. Die Kommunikation hört auf, die Mitarbeiter davon zu überzeugen, dass die Führung richtigliegt. Stattdessen unterstützt sie die Belegschaft dabei, selbst sinnvoll zu denken. Denn das entspricht unserem Weg zu individueller psychischer Zufriedenheit. Was das konkret bedeutet, beschreibe ich dir in Episode 3. Die Katalysatoren haben dadurch allerdings auch das Recht, sich in die Arbeit der Kollegen einzumischen. Natürlich nur, insoweit sie Spannungen in der Sinnkopplung zwischen Mensch und Firma ausmachen. Auf einen kurzen Nenner gebracht heißt das, sie dürfen, genauso wie alle anderen, die Frage stellen: »Was siehst du für einen Sinn in deiner Arbeit bei uns?« Das klingt banal. Doch aus Erfahrung weiß ich, wie wichtig es ist, das eigene Dazwischenfunken vor sich selbst zu rechtfertigen. Denn sollte ich das ohne stimmige Gründe tun, macht es mich über kurz oder lang krank.

So weit zu dem, was mein Ansatz den Menschen auf der einen Seite zutraut, auf der anderen allerdings auch erwartet. Kommen wir zum nächsten Denkmodell. Es betrifft die ...

## Gemeinschaft – Wie leben wir in der Betriebskatalyse zusammen?

Neben dem individuellen Seelenleben spielt natürlich auch die Gruppe eine Rolle. Das grundlegende Denkmodell dazu ist die Abgrenzung verschiedener Kulturen von Erich Fromm. Ich fand es in Uwe Renald Müllers Buch *Machtwechsel im Management*. Sie beschreiben die Gesellschaft, in der wir uns befinden und die, wohin dich die Betriebskatalyse bringen wird.

**Die zentralen Aspekte**
Der Soziologe unterscheidet grundsätzlich drei Systeme. Achtung jetzt kommt Wissenschaftssprache:
- Das aggressive und destruktive,
- das aggressive und nicht-destruktive,
- das kooperativ-lebensbejahende.

Aus ihnen entwickelt Müller drei Führungssysteme:
- Das totalitäre – hier kann Pippi zu Hause sein,
- das konservative – hier ist Pippi zu Hause; die Zombieapokalypse glaubt, im Folgenden angekommen zu sein, ist allerdings tatsächlich auch hier,
- das evolutionäre – hierher bringt dich die konsequente Anwendung der Betriebskatalyse.

Daraus leitet Müller den Reifegrad der Gruppe ab. Darauf komme ich zum Beginn von Episode 3 zurück. Er erkennt vier Stufen:
1. Provisorisch – das sind Start-ups, Pioniere, viele Kleinstfirmen und Solopreneure.
2. Definiert – hier finden sich die meisten Mittelständler, Handwerker, Familienunternehmen und so weiter.
3. Optimiert – dazu gehören Industrieunternehmen, global aufgestellte Konzerne und die großen Vertreter der Netzwerkökonomie.
4. Selbstorganisierend/-steuernd – in dieser Kategorie befinden sich Firmen aus allen Bereichen. In ihnen spielt die Weisungshierarchie eine untergeordnete bis gar keine Rolle mehr. Sie orientieren sich am Markt. Demgegenüber stehen klare innere Positionen. Die Betriebskatalyse führt deine Firma in diesen Reifegrad.

Wenn wir auf der Perspektivreise an diesen Punkt kommen, sagen mir einige der Teilnehmer: »Ich dachte, wir sind ein tolerantes, kooperatives und lebensbejahendes Unternehmen. Bei uns sollten die Menschen die Möglichkeit haben, in ihrer eingebrachten Leistung den persönlichen Sinn zu erfüllen. Ich ging davon aus, das ist bei uns Wirklichkeit. Jetzt ist mir klar, wir sind noch aggressiv, nicht-destruktiv.« Dem kann ich für sämtliche Firmen zustimmen, die ich kennenlernen durfte – natürlich vor der Transformation. Die folgende Tabelle stellt das gängige dem kooperativ-lebensbejahenden System gegenüber:

|  | aggressiv, nicht-destruktiv | kooperativ-lebensbejahend |
| --- | --- | --- |
| Allgemein | Hierarchisch geordnet mit Rivalität zwischen den Angestellten. Alles ist eher technisch sachlich denn menschlich. | Systemisch, synergetisch, kooperativ, human. |
| Leitfigur | Von befehlend autoritär bis väterlich freundlich bestimmend. | Partnerschaftlich, sozial. Autorität beruht auf Eigenschaften anstatt auf formalen Weisungsrechten. |
| Ziel und Zweck | Vorwiegend materielle Wachstumsziele. Existenzsicherung des Systems ist ein sekundäres Ziel. Monetärer Erfolg wird zum Machtgewinn und zur -erhaltung genutzt. | Existenzerhalt der Organisation und ihrer Mitarbeiter stehen im Mittelpunkt. Monetäre Ziele sind Mittel zum Zweck des Systemerhalts. |
| Regeln | Kollektivistische Regeln. Gehorsam gegenüber den Anweisungen der Hierarchie. | Eher Prinzipien statt bedingungsloser Regelgehorsam. Solidarität bezüglich des Ziels und des Zwecks der Gesellschaft. Achtung der Menschenrechte. Einsicht in die Natur des Menschen. Systemübergreifende Nachhaltigkeit. |
| Strafen | Bei Verweigerung der Systemkonformität subtile psychische Aggression (Mobbing), Isolation (Wegbefördern) oder Systemausschluss (Kündigung). | Bei Verstoß gegen stabilisierende Faktoren wie Solidarität, Loyalität und Menschlichkeit schädigt man das Gesamtsystem. |

| | aggressiv, nicht-destruktiv | kooperativ-lebensbejahend |
|---|---|---|
| Konkurrenten/ Feinde | Jeder, der nicht Teil oder Partner des Systems ist. Und die Systemteilnehmer untereinander mit Blick auf Karriere, Anerkennung, Leistung et cetera. | Duale Sichtweise, sowohl Partner als auch Konkurrent. Kollaboration rückt in den Mittelpunkt. |
| Riten | Gehorsamsgesten (freiwillige (Pflicht-)Teilnahme an der alljährlichen Betriebsweihnachtsfeier). Unterwerfungsriten (Arbeitsvertrag). Manipulatorische Elemente (Jahresgespräch). | Dienen der Stabilität von sozialen Beziehungen. Ansonsten sind sie schwach ausgeprägt, ständigen Veränderungen unterworfen und nur temporärer gültig. |
| Bindungsmechanismus | Materielle Abhängigkeit. Zuerst über das Gehalt, darüber hinaus mit Vergünstigungen wie Firmenhandy, -wagen, -kredite. Boniregelungen bei Akkord oder Zielvereinbarungen. | Kopplung durch gemeinsame Sinnerfüllung, sowohl des Firmen- wie auch des persönlichen Sinns. Damit zusammenhängend die Entkopplung der monetären oder materiellen Abhängigkeit vom System (Entlassung der Angestellten in eine selbstgewählte, freiwillige Mitarbeit). |
| Slogan | »Leben ist Arbeit« | »Arbeit ist Spiel« |

Die Betriebskatalyse bringt deine Firma auf den Weg in Richtung konstruktiv-lebensbejahend. Allerdings geht das nur begrenzt, solange die Grundlage unserer Wirtschaft mehrheitlich die klassische BWL ist. Erst auf dem Donut kann der gesellschaftliche Aspekt seinen vollen Nutzen entfalten. An dieser Stelle verlassen wir die sozialen Gesichtspunkte. Widmen wir uns nun einem Thema, das schon ein paar Mal angeklungen ist, dem ...

## Zufall – Wie geht die Betriebskatalyse mit Unsicherheit um?

Der Sachverhalt kommt immer wieder. Auch in diesem Buch. Sei es im Umgang mit Planung oder mit Bezug auf ein sinnvolles Controlling. Das grundlegende Denkmodell dazu ist die Macht höchst unwahrscheinlicher Ereignisse (Black Swan Conjecture) von Nassim Nicholas Taleb. Er kommt nachher gleich noch einmal vor. Denn er beschäftigt sich in seinem Werk ausführlich sowohl mit dem Zufall wie auch mit systematischen Ansätzen, wie du mit ihm erfolgreich umgehen kannst. Doch zuerst widmen wir uns seiner Black Swan Theory.

**Die zentralen Aspekte:** Taleb bezeichnet Ereignisse als »schwarzen Schwan«, etwas das selten und außergewöhnlich schwer vorherzusehen ist. Der Experte beschäftigt sich mit den häufig extremen Konsequenzen dieser Ausreißer. Er benennt die Zusammenhänge erstmals in seinem 2001 erschienenen Buch *Fooled By Randomness*, damals noch mit einem reinen Bezug auf die Finanzgeschichte. Als Trader hat er jahrelang sein Geld an der Börse verdient. 2007 veröffentlichte er unter dem Titel *The Black Swan* ein eigenes Buch zu dem Begriff. Darin setzt er ihn zu vielen anderen Bereichen des Lebens und Arbeitens in Bezug.

In seiner Theorie diskutiert er zunächst die These am Beispiel der Geschichtsschreibung im Allgemeinen. Er benennt ein Triplet of Opacity, die Dreifaltigkeit des Missverstehens in Bezug auf die Geschichte und ihre Auswirkung auf die Gegenwart:

- Die Illusion, gegenwärtige Ereignisse richtig zu verstehen,
- die retrospektive Verzerrung historischer Ereignisse und
- die Überbewertung von Sachinformation, kombiniert mit einer Überbewertung der intellektuellen Elite.

Taleb sieht es als vergeblich an, schwarze Schwäne vorhersehen zu wollen: Das Unerwartete zeichnet sie ja gerade aus. Es geht ihm stattdessen darum, Stabilität vor allem mit Bezug auf negative schwarze Schwäne, wie etwa für viele die Corona-Krise, zu erreichen. Bei positiven befasst er sich damit, wie du sie besser nutzen kannst. Zum einfacheren Verständnis unterscheidet Taleb zwischen den Ländern Extremistan und Mediokristan. In Mediokristan herrscht ein Mittelmaß »mit wenigen extremen Erfolgen oder Fehlschlägen«. Es ist das sichere Leben unter der Gaußschen Glocke. Einzelne Geschehnisse spielen hier im immer gleichen Fluss der Dinge kaum eine Rolle. Sie zeichnen sich auch alle dadurch aus, dass sie nicht skalieren. Das ist im Nachbarland Extremistan anders. Hier kann ein einziges Ereignis das gesamte System beeinflussen. Dazu ist nötig, dass es skaliert. Ein Beispiel sind etwa die Auswirkungen des Coronavirus in 2020. Es veränderte die Politik und die Wirtschaft ebenso wie vielerorts auch das Zusammenleben oder das Verhalten in der Öffentlichkeit.

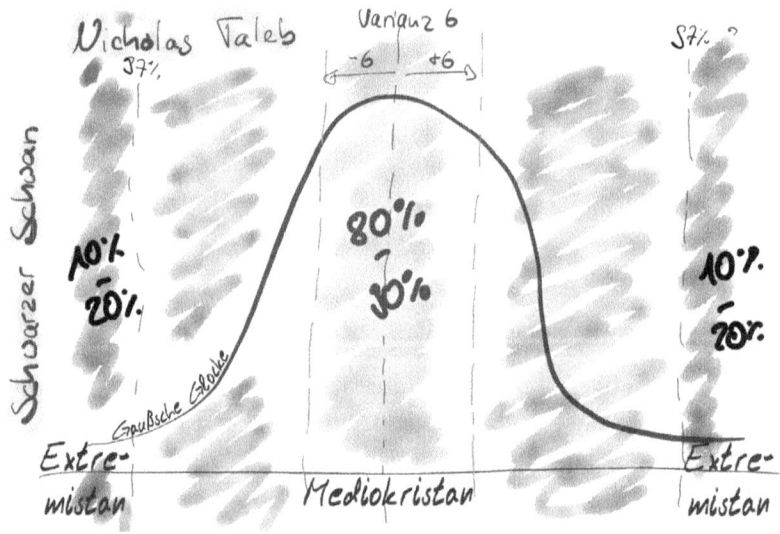

Taleb empfiehlt, sich geschäftlich zu achtzig bis neunzig Prozent in Mediokristan aufzuhalten. Die übrigen zehn bis zwanzig Prozent solltest du, laut ihm, in Extremistan verbringen. Alles dazwischen hält er für Verschwendung, da dort das Risiko des Verlustes höher wiegt als der mögliche Ertrag.

Pippi kennt nur weiße Schwäne – schwarze Schwäne ignoriert sie, weil es angenehmer ist, die Welt als geordnet und verständlich zu betrachten. In der Apokalypse glauben die Zombies, sie können mit weniger Risiko als in Extremistan dieselben Gewinne erzielen. Sie befinden sich genau in der Zone zwischen den beiden bekannten Zuständen – also dort, wo Taleb den Aufenthalt ausdrücklich ausschließt. Sie sind überzeugt, den Überraschungen ein Schnippchen schlagen zu können, beispielsweise mit ihrer ausführlichen Planung. So, stellen sie sich vor, gelingt es ihnen, nur die positiven Effekte der Unvorhersagbarkeit auszunutzen. Auf dem Donut wissen wir, dass es erfreuliche und beängstigende schwarze Schwäne gibt. Die Betriebskatalyse ist der Weg, um mit beiden umzugehen. Wer sich dieser Sicht verweigert, geht zumindest folgenden drei geistigen Verzerrungen auf den Leim.

- Narrative Verzerrung – das nachträgliche Schaffen einer Erzählung, um einem Ereignis einen plausiblen Grund zu verleihen,
- ludische Verzerrung – die Überzeugung, dass ein etwa in Spielen strukturierter Zufall dem unstrukturierten Zufall im Leben gleicht,
- statistisch-regressive Verzerrung – die Annahme, die auch im Controlling üblich ist, dass sich aus einer Zahlenreihe das Prinzip einer Zufallsverteilung erschließt: So wie wir beispielsweise daran festhalten, dass sich aus den Umsätzen der Vergangenheit das kommende Einkommen planen lässt.

Aus den Einsichten im schwarzen Schwan leitet sich ein Großteil der Überlegungen zum Hausverstand ab. So gelingt es, die Konzepte und Methoden zu erkennen, die deine Firma in einer unvorhersehbaren Zukunft wirtschaftlich stabilisieren. Mit Taleb mache ich auch weiter. In seinen weiteren Büchern geht es darum, was es braucht, um in so einer unwirtlichen Welt zu ...

## Überleben – Wie erreicht die Betriebskatalyse den Fortbestand der Firma?

Das grundlegende Denkmodell zu diesem Bereich sind die Erkenntnisse von Nassim Nicholas Taleb zur Antifragilität.

**Die zentralen Aspekte:** Die Denkweise geht auf die Umstände ein, dass sich bei Unbeständigkeit und den verschiedenen Formen der Unsicherheit dennoch produktive und positive Entwicklungen ereignen. Es ist die Fähigkeit, sich zu verbessern. Trotz Dynamik. Auch wenn die Varietät hoch ist. Selbst bei Stress. Fragiles leidet an Zufälligkeit, Variabilität und Störungen. Es wird schlechter. Manchmal scheitert es gänzlich daran. Antifragiles gewinnt unter diesen Umständen sogar noch dazu. Es wird besser. Die drei Welten geben auch hier Aufschluss über die Unterschiede.

Pippi will robust sein. Damit meint sie, dass ihr Betrieb durch die Umwelt nicht beeinträchtigt wird. Er bleibt unverändert. Allerdings kann er sich so nur innerhalb von Pippis Vorstellungen weiterentwickeln. Geschieht eine Veränderung, die stärker ist, als das Unternehmen stabil, bricht das Kartenhaus zusammen und Pippi mitten drin. In der Apokalypse wissen die Zombies: Das kommt in den besten Firmen vor. Sie verlassen sich nur ungern auf Stabilität. Bei ihnen heißt das Zauberwort Resilienz. In einer Definition wird sie als die Zeit beschrieben, die ein zerstörtes System braucht, um wieder einwandfrei zu funktionieren. So lösen sich die Zombies auch von der Bindung an eine Firma. Deutlich können wir das bei Investoren mit Venture Capital sehen. Schon bevor sie einsteigen, kennen sie die genauen Bedingungen für ihren Ausstieg. In der Apokalypse werden Unternehmen zu Produkten. Die Zombies gehen kaum mit der Titanic unter: Vorher setzen sie gekonnt auf ein anders Schiff über. Und sei es zeitweise ein Rettungsboot. Schon ein paar Monate später triffst du sie auf dem Promenadendeck der Andrea Doria mit Kurs auf Stockholm.

Auf dem Donut wollen wir Stürme mehr als nur überstehen: Danach soll die Firma besser dastehen. Sie lernt selbst in der Krise dazu. Und auch wenn das keine direkten monetären Gewinne bedeutet, so ist doch die Stressresistenz angestiegen.

> **Robust** – die stabilere Struktur hat in der Krise Bestand
>
> **Resilient** – Krisen ohne anhaltende Beeinträchtigung durchstehen & schon in kurzer Zeit wieder normal leisten.
>
> **Antifragil** – Krisen unbeschadet bestehen und mit Verbesserungen daraus hervorgehen

Diese Phänomene beschreibt Taleb aus der Natur, der Medizin und im Sozialen. Sie finden sich als Erfahrungsschatz schon lange in Sprichwörtern wie: »Not macht erfinderisch« oder »When life gives you a lemon, make lemonade.« Er nennt auch das Wolff'sche Gesetz nach dem Arzt Julius Wolff. Er entdeckte, dass Wadenknochen von Fußballspielern über die Zeit durch ausgeheilte Mikrobrüche dichter werden. Sie behalten die Elastizität des Knochens, halten aber deutlich stärkere Schläge aus, als ein normaler Wadenknochen. Im Kern ist der Zusammenhang, der deine Firma antifragil macht, einfach: Sie braucht Stress, der sie für eine gewisse Zeit über ihre bisher bekannte Grenze anstrengt. Es ist egal, ob es sich dabei um eine hohe Auslastung, einen Liquiditätsengpass oder Corona handelt. Diese Belastungsprobe gilt es zu meistern. Im Anschluss benötigt das System eine Ruhephase. In ihr stabilisiert es sich. Dann ist die Firma bereit für den nächsten Stress. Und der kann diesmal höher ausfallen.

Mit der Betriebskatalyse verteilst du Lasten auf alle Schultern. Das macht es einfacher, sie auszuhalten. Pippi und die Zombies lassen die Mitarbeiter gerne außen vor, wenn es um die wirklichen Probleme für eine Firma geht. Sie entschuldigen das mit Aussagen wie: »Ich will die Leute schützen.« Oder: »Es wäre doch unfair, sie damit zu belasten, was können sie schon tun?« Ich rate dir, konfrontiere sie mit allen Schwierigkeiten. Nur so wird deine ganze Firma antifragil.

Antifragilität ist das letzte grundlegende Denkmodell, das ich dir vorstelle. Jetzt kennst du mein Fundament für die Betriebskatalyse. Alle Denkarten passen zusammen. Sie verstärken sich gegenseitig. Und du merkst, wie eng die Firmen-DNA, das Entscheidungsdesign und der Hausverstand mit diesen Grundlagen verzahnt sind. Das sind natürlich nicht alle, die es gibt also ...

## 10.3 Wie wird das Denkwerkzeug angewandt?

Hier ist es ähnlich wie schon in Episode 1: Vermutlich sind dir andere grundlegende Denkmodelle bekannt, die für dich und deine Firma wichtig sind. Nimm mein Schema als Vorlage, wie du damit umgehst. Schreib das Modell auf. Vermerke, wo es herkommt. Fasse die zentralen Aspekte zusammen und beleuchte sie aus Sicht von Pippi, der Apokalypse und dem Leben auf dem Donut. Achte gemeinsam mit deinen Kollegen darauf, dass sie mit den anderen Denkarten harmonieren.

Hinter allen grundlegenden Denkmodellen stehen Werte, Zukunftsvorstellungen und Handlungsmaxime. Für deine Firma bringen sie den Vorteil, dass ihr sehr gut über sie streiten könnt, ohne euch persönlich zu verletzen. Dieses Denkwerkzeug lässt jedem den Raum für eigene Sichtweisen. Und es baut ein verbindendes Dach über eure Organisation: Ein Schutz, den ihr jederzeit hinterfragt und gestaltet. Um das für deinen Betrieb zu nutzen, ist es hilfreich, den Unterschied zu kennen zwischen …

## Identität oder Identifikation

Der Schriftsteller Navid Kermani schrieb 2015 sein Buch *Wer ist Wir? Deutschland und seine Muslime*. Es setzt sich damit auseinander, ob und wie Menschen in mehreren Kulturkreisen leben. Ich las es, da meine Frau aus Barcelona kommt und unsere Kinder in drei Kulturen aufwachsen, der deutschen, der spanischen und der katalanischen. In den Texten verdeutlicht der Autor, dass Spannungen auftreten, sobald wir nach der Identität gefragt werden. Also wenn uns jemand beispielsweise fragt: »Was bist du, Deutscher oder Schwabe?« Identität erklärt sich durch Abgrenzung. Es stellt die Unterschiede in den Mittelpunkt. Anders verhält es sich mit dem fast gleichen Wort Identifikation. Wir identifizieren uns, indem wir Gemeinsamkeiten suchen. Gerade in meiner spanischen Familie wird das sehr deutlich. Identifizieren können sich alle mit einem Leben auf der iberischen Halbinsel. Mit dem Selbstverständnis, dass Arbeit keinesfalls wichtiger als die Familie, die Freunde und Lebensfreude an sich ist. Mit dem mediterranen Klima der Costa Brava. Da gibt es keine Konflikte. Fragst du die Leute in der Region hingegen nach ihrer Identität, bricht die Gesellschaft auseinander. Plötzlich stehen sich radikale Separatisten, die Vergangenheit idealisierende Franco-Anhänger und gemäßigte Unionisten unvereinbar gegenüber. Dann streiten sich Menschen, die alle dasselbe Essen, ihre Region und ihren Lebensstil lieben. Identität hilft deiner Firma in ihrer Kommunikation im Markt. So können Kunden deine Marken von Wettbewerbern abgrenzen. Im Inneren der Organisation solltest du mehr auf Identifikation achten. Denn sie ist es, die euch zusammenhält. Da Werte und Visionen individuell sind, dienen sie unserer Identität. Es ist uns wichtig, unsere ureigene Interpretation davon zu leben. Die Identifikationsfläche, die aus deiner Belegschaft eine antifragile Gemeinschaft macht, spannst du um einiges einfacher mit grundlegenden Denkmodellen auf.

Wir kommen zum Ende von Episode 2. Jetzt kennst du die Prinzipien und Regeln der Betriebskatalyse. Du kannst alle vier Denkwerkzeuge mit deinem Wissen und deinen Erfahrungen anreichern. Auch ich lerne in jeder Firma wieder etwas dazu. So empfehlen mir Kunden Bücher, die weitere Denkarten beschreiben. Ich prüfe, ob sie mit meinem Fundament gut zusammenpassen. Wenn ja, baue ich sie ein. Entsteht innerer Widerstand, kenne ich konstruktive Wege, damit umzugehen. Und genau das erwartet dich in Episode 3. Jetzt geht es darum, die Betriebskatalyse aktiv umzusetzen. Auf geht's!

# Episode 3 – vom Spiel

## 11.
## Die Magie, es einfach zu machen

Ab jetzt steigen wir ein, die sinnvolle Betriebswirtschaft für dein Arbeiten auf dem Donut praktisch umzusetzen. Für viele Firmen bedeutet das erst einmal: Sie müssen sich transformieren. Glücklicherweise unterscheidet sich das vom Alltag in einer selbstwirksamen Firma nur in einer Sache: Dir/euch fehlt die Routine. Der Rest ist in der Transformation und danach gleich. Ich bezeichne mich als Transformationskatalysator, weil ich für Firmen diese Lücke in der Erfahrung so lange schließe, bis sie aus sich selbst heraus betriebskatalytisch arbeiten. Anfangs verlangt das ein intensives Engagement. Bei den bisherigen Vorhaben geht das irgendwann über in eine Supervision. Zur Alois Heiler GmbH habe ich nur noch sporadischen Kontakt. Die Netsyno GmbH aus Karlsruhe war zu Beginn so klein – zwölf Mitarbeiter –, dass ihnen die Strukturen fehlten, die ich üblicherweise transformiere. Sie bewältigen ihre Firmenentwicklung seither einfach mit der Betriebskatalyse. Das ist sicher der ideale Ausgangspunkt. Stephan Heiler brachte es schmunzelnd so auf den Punkt: »Wenn ich noch einmal auf der grünen Wiese starten könnte, wäre es um Größenordnungen leichter.« Egal ob für die Transformation oder später in der Katalyse: Schlussendlich geht es stets darum, in der Firma intelligent zu kollaborieren. Das meint, sich mit dem konstruktiv skeptischen Widerstand der Firma zu verbünden. Der erste Trugschluss, dem viele Betriebe aufsitzen, ist, dass sie annehmen, mit Selbstorganisation bekäme das die Belegschaft irgendwann alleine hin. Das ist auch kein Wunder, versprechen genau das etliche der Evangelisten für neue Arbeit. Ich muss dich an dieser Stelle enttäuschen. Es gibt Lücken, die können Mitarbeiter nicht ohne Unterstützung schließen.

## Die Wissenslücke

Erinnerst du dich noch an den Einstieg in Episode 1? Ashby's Gesetz von der Varietät? Pippi versucht, die Schaltung zu reparieren, doch leider weiß sie in Situation vier nichts von der verborgenen Sicherung. Das passiert allen Menschen in einer Firma ständig. Sie wissen einiges, aber irgendeine Info fehlt immer. Das ist im Alltag auch kaum der Rede wert. Doch wenn es um mehr geht, können enorme Schäden entstehen. Deshalb braucht es Kollegen, die sich darum bemühen, Informationen zusammenzutragen und so aufzubereiten, dass daraus anwendbares Wissen entsteht. So sind alle am Überblick beteiligt und können ihn in ihre Arbeit sinnvoll einfließen lassen.

### Die Moderationslücke

Viele strukturelle und strategische Probleme zeigen sich im Alltag. Doch dort können sie nur unzureichend bearbeitet werden. Wer in der Peripherie der Firma seinen Job gut macht, der hat keine Zeit, einen Veränderungsprozess zu begleiten. Es braucht deshalb Kollegen, die die Störungen aufgreifen. An ihnen ist es, Formate und Abläufe zu entwickeln, die sicherstellen, dass die operativen Mitarbeiter beteiligt sind. Doch diese Einbeziehung kann nur so vonstattengehen, dass der Alltag erfolgreich weiterläuft. Dasselbe gilt für soziale Konflikte, die in der Belegschaft auftreten.

### Die Reflexionslücke

In Episode 1, im Abschnitt »Unsicherheit«, haben wir erkannt, dass Aufgaben sehr unsicher ein können. Diese Herausforderung sollte uns im Alltag erspart bleiben. Da gibt es Routinen. Der Arbeitsauftrag, sein Lösungsweg und das erwartete Ergebnis sind bekannt. Dieser tägliche Trott erfährt ständige Störungen. Die können von den Kunden kommen, die anfangen, etwas an unserem Angebot zu monieren. Ein Wettbewerber kann ein Produkt einführen, das uns in Zugzwang versetzt, nachzulegen. Ein Lieferant wird unzuverlässig. Viele Kollegen erwischt gleichzeitig eine Grippewelle. Häufig ist dann ein Umschalten vom schnellen ins langsame Denken gefragt. Doch das ist aus dem Alltag heraus schwer leistbar. Deshalb braucht es Mitarbeiter, die dem Gros der Belegschaft den Einstieg in vernünftiges Nachdenken so erleichtern, dass sie es neben ihrem Tagesgeschäft hinbekommen.

### Die Lücke zwischen Anforderung und Fähigkeit

Die Kompetenz, schwierige Situationen erfolgreich zu bewältigen, hängt auch vom Reifegrad ab. Ich sehe dieses Thema eher kritisch. Es gibt Konzepte, wie etwa Spiral Dynamics, die ein Reifegradschema beschreiben, das allgemeingültig sein soll. Meistens nennen sie feste Abhängigkeiten. Da kann Stufe 3 nur nach Stufe 2 erreicht werden. Viele Berater setzen sich über diese Vorgabe hinweg. Sie sagen: »Es erklärt mir die Zusammenhänge so, dass ich sie begreife. Den Rest lass ich einfach weg.« Mir fällt diese Rosinenpickerei schwer. Ich suche nach Durchgängigkeit. Deshalb geht es mir mit den Reifegradmodellen ähnlich wie mit den Typisierungen der Menschen im Abschnitt zur Firmen-DNA. Klar gibt es erkennbare Charakteristiken, doch zu glauben, dass daraus feste Verhaltensregeln oder unverrückbare Wirkzusammenhänge entstehen, fällt mir schwer. Ich beziehe den Reifegrad nur auf Gruppen. Hier lehne ich mich an die Facilitation-Ausbildung von Tony Mann an. Ich arbeite mit den drei Stufen funktional (an Anweisungen gewohnt), transitional (hat beispielsweise schon mal mit agilen Settings gearbeitet) und prozessbewusst (kann aus sich heraus, auch während eines Events, die Methode zielsicher verändern). Die stelle ich dem Unsicherheitsgrad der Aufgabe/Situation von oben gegenüber – klar, komplex oder unsicher. So kann es beim heutigen Problem eine Lücke geben. Beim nächsten allerdings schon keine mehr. Das zeigt: Reifegrad ist situativ. Sobald die Komplexität der Schwierigkeiten über dem Reifegrad der Gruppe liegt, braucht es Menschen, um die Differenz methodisch so gut es geht auszugleichen. Nur so kann die Organisation ihre beste Lösung finden.

Zusammengefasst heißt das: Den Alltag bekommen selbstorganisierte und selbstgesteuerte Belegschaften problemlos in den Griff. Bei Strategie- und Struktur-Themen brauchen sie Unterstützung. Wer unterstützt, hat keine Weisungsbefugnis. Das Ergebnis dieser Kombination ist eine selbstwirksame Organisation.

Die Menschen, die die Lücken schließen, nenne ich Betriebskatalysatoren. Mit der Betriebskatalyse schaffen sie diese Aufgabe ohne die Notwendigkeit einer disziplinarischen Überordnung. Heraus kommt eine Firma, die erwachsene Mitarbeiter gemeinsam zu einem verantwortlichen Erfolg führen. Jetzt schauen wir uns den Betriebskatalysator genauer an.

# Episode 3 – vom Spiel

## 12.
## Die Betriebskatalysatoren

Inzwischen ist klar: Diesen Menschen gibt es nicht. Es ist eine theoretische Zusammenstellung von Kompetenzen und Fähigkeiten. Jede für sich bietet genug Stoff, um dein Arbeitsleben auszufüllen. Dennoch sind alle für deine Firma wichtig. Hier verhält es sich ganz ähnlich wie in Pippis Strukturen. Dort gibt es Ressortleiter. Wer für Produktion zuständig ist, macht selten zugleich das Marketing. Nichtsdestotrotz solltest du stets alle Teilaspekte im Zusammenspiel verstehen. Nur so wird die Katalyse in deiner Firma zum Erfolg kommen. Natürlich gibt es Menschen, die mehrere der Ausprägungen gleichzeitig erfüllen. Doch mit Leichtigkeit gelingt Firmen die Betriebskatalyse, wenn viele Kollegen zusammen im Gesamtüberblick abgestimmt handeln. Bevor ich dir das näher erkläre, hier erst einmal die verschiedenen Kompetenzbereiche für den Betriebskatalysator. Alle Beschreibungen sind speziell auf diesen Rahmen beschrieben. Sie können deshalb wenig bis stark von anderen Definitionen der Begriffe abweichen. Bitte vermeide aus diesem Grund die mögliche geistige Diskussion mit dem Text, ob ich die Inhalte zu den Rollen deiner Meinung nach richtig beschreibe. Sie sind stimmig im Zusammenhang mit der Betriebskatalyse. Nicht mehr und nicht weniger.

## 12.1 Berater/Experten ...

... legen selbst Hand an. Hier sprechen wir von einem inhaltlichen Fachmann zu einem Thema. Als dieser geht es um Information und Wissen. Du bietest den Menschen und der Organisation spezielles Know-how rund um diese und ähnliche Fragen:

- Wie kommt Erfüllung in unsere Arbeit?
- Wie behalten wir den Sinn im Tun?
- Wie schaffen wir den Spagat zwischen Menschsein und Wirtschaftlichkeit?
- Wie erhält man Vertrauen bei unguten Personen in der Belegschaft?
- Wie entscheiden wir in Gemeinschaft?
- Wie entstehen angstfreie Entwicklungsräume?
- ...

Du bist zufrieden, sobald du Einsichten praktisch anwendest. Bis dahin bleibst du unruhig.

Du bist ein guter Berater/Experte für deine Organisation, wenn sie mit deinem Sachverstand ihre Welt auf die Probe stellt. Wenn sie neugierig verstehen möchte. Du bereicherst das Zusammenleben in der Firma mit deinen Rückschlüssen – bevorzugt in einer konstruktiv-selbstkritischen Haltung seitens der Kollegen. Du bist kein Lehrer, der Wissen vermittelt. Du suchst im intelligent-wachsamen Austausch ständig nach mehr Verständnis. Du beschleunigst das Denken der anderen ohne den Anspruch, selbst alles zu kennen. Du kommst und machst die Dinge so lange, bis ein anderer deine Aufgaben übernimmt oder sie sich über die Zeit erledigen. Erschließe zusammen mit deinen Kollegen Neuland!

## 12.2 Trainer ...

... stehen daneben. Als Begleiter geht es dir um die Verhaltensweisen deiner Kollegen. Du willst Menschen neue/veränderte Vorgehensweisen erklären, zeigen oder beibringen. Du:

- entwickelst das Curriculum,
- spannst den didaktischen Bogen,
- suchst und findest den Zugang zu den Teilnehmerinnen,
- kombinierst Modelle, Konzepte, Methoden und Werkzeuge,
- ersinnst die Inhalte,
- erstellst Dokumentationen,
- stellst dich der Bewertung durch die Teilnehmerinnen,
- improvisierst während des Trainings,
- ...

Es missfällt dir, dass bei vielen Schulungen kaum etwas hängen bleibt. Der Fachbegriff dafür lautet Transferquote. Es ist die Antwort auf die Frage: Wie viel Prozent der vermittelten Praktiken kann der Schüler behalten und praktisch einsetzen? Ehrlich? In lebensentkoppelten Settings strebt die Antwort gegen Null!

Deshalb trainierst du Menschen in ihrem Alltag. In konkreten Situationen zeigst du ihnen andere Wege zu:

- erkennen,
- analysieren,
- organisieren,
- visualisieren,
- kommunizieren,
- Abstimmungen zu kommen,
- entscheiden,
- dokumentieren,
- ...

Du bist ein guter Trainer für Vorhaben, wenn du direkt mit den Menschen in ihrem Alltag arbeitest. Kein aufgesetztes Projekt. Keine losgelöste Organisationsentwicklung. Ihr macht, was eh zu tun ist, nur eben anders/neu. Du kennst Methoden, Werkzeuge und Formate, die Leute bringen die Inhalte, das Leben liefert den Grund. Im Vergleich zum Berater steigst du selbst nie in die praktische Umsetzung ein. Du sitzt immer nur daneben und zeigst den anderen, wie sie es noch machen können. Du hältst den Spiegel aus, sollten deine Tipps und Kniffe ihre Erwartungen verfehlen. Die Konsequenz ist eine Transferquote zumeist über fünfzig Prozent.

## 12.3 Coaches ...

... stützen das Seelenheil. Jetzt entfernen wir uns von den pragmatischen Inhalten, um die sich Berater und Trainer kümmern. Dir geht es um seelische, geistige und emotionale Stabilität. Du respektierst Personen in ihrer Verantwortung für den eigenen Sinn. Mit dieser Haltung forderst du viele Mitmenschen heraus. Gewohntermaßen setzen wir Erfüllung mit Wohlbefinden gleich. Kurzerhand legen wir die Zuständigkeit dafür dann in die Hände anderer:
Mein Chef muss für ein Arbeitsumfeld sorgen, in dem ich mich wohlfühle.
Mein Kollege muss meine aktuelle Stimmung erkennen und darauf eingehen.
Ich muss meinen Mitarbeitern vertrauen können, dass sie ihr Bestes geben.
Man soll in einem freundlichen Ton mit mir sprechen, egal um was es geht.
Die anderen haben Rücksicht auf mich zu nehmen.
Du willst deine Kollegen dabei unterstützen, ihren eigenen Sinn zu erfüllen. Das kann, vor allem am Beginn, durchaus unangenehm sein.
In deiner persönlichen Reise zu seelischer und emotionaler Gelassenheit entdeckest du Viktor Frankl und Erich Fromm. Ersteren beschäftigte die Frage nach dem Sinn. Er überlebte als Psychologe das KZ und entwickelte aus seinen Einblicken heraus die Logotherapie. Letzterer stellte Haben und Sein gegenüber. Er formulierte das Ideal, wonach jeder Mensch anstreben sollte, sich zum besten Menschen zu entwickeln, der er sein kann. In Konkurrenz dazu steht das Streben danach, der zu sein, der am meisten besitzt.

Ihre psychologischen Erkenntnisse gepaart mit Gedanken der Systemtheorie bilden das Fundament des Coachings. Du führst die Menschen an den Punkt, sich für ihren Sinn zu entscheiden, mit allen damit zusammenhängenden Konsequenzen. Du belässt sie dabei in der Verantwortung für ihr Leben sowie ihre Sinnerfüllung. Du bleibst immer im Kontext der Organisation. Sobald deine Coachees auf die private Ebene wechseln, empfiehlst du sie an einen professionellen Kollegen weiter.

Du bist ein guter Coach für die Firmenvorhaben, wenn du die Menschen unterstützt, ihren eigenen Sinn zu suchen und sie sich darin verwirklichen wollen. Zugleich respektierst du die anderen in ihrer Sinnsuche/-erfüllung. Für die Arbeit nutzt du als zentrales Schlüsselkonzept den Umgang mit Sinnkopplung. Du bist kein Therapeut! Du bleibst in der Firmenumwelt.

## 12.4 Facilitator/Prozessbegleiter ...

... schaffen einen stabilen Rahmen. Im Mittelpunkt deiner Leistung steht die Eigenverantwortung der Menschen in deinem Unternehmen. Viele Mitarbeiter leben seit Jahren, teilweise Jahrzehnten, in der Verantwortungsdelegation an Führungskräfte. In der Rolle des Facilitators förderst und forderst du die Kompetenzen zur Selbststeuerung der Kollegen. Sowohl auf die eigene Arbeit bezogen wie auf das Zusammenwirken zwischen Teams, externen Partnern und Kunden. Hier geht es um das Handwerk, sozial intelligente Interaktion effektiv und effizient zu begleiten/ermöglichen. Du nutzt:

- Grundlegende Denkmodelle,
- Konzepte,
- Methoden und
- Werkzeuge.

Die Kombination daraus ermöglicht situativ angepasste Entwicklungsprozesse.

Du bist ein guter Begleiter für Prozesse deiner Firma, wenn du von den Teams mehr Eigenverantwortung verlangst. Im Sinne der Katalyse stehst du für die Prozessbegleitung als Kompetenz in der Organisation. Das ist es, was von formaler Führungsverantwortung übrig bleibt. Du hast ein tiefes Verständnis der Betriebskatalyse. Wie der Trainer hältst du dich aus der konkreten Umsetzung heraus. Im Unterschied zu ihm erläuterst du keine Vorgehensweisen. Stattdessen wendest du deine Kenntnisse an. Du strukturierst den Rahmen, in dem deine Kollegen effektiv wie effizient nötige Ergebnisse für die Firma erarbeiten/-denken. Du bist ein Experte in den dafür relevanten Methoden und Konzepten. Du unterscheidest dich vom Berater, weil du keine produktiven Aufgaben für den Betrieb übernimmst.

## 12.5 Supervisoren ...

... harmonisieren Gruppen. Dieser Part konzentriert auf den Veränderungs- und Lernprozess der Gruppe(n). Entscheiden Menschen, die Firma, ihren Bereich, ihr Team zu transformieren, gehen sie – oft ohne es zu merken – in Klausur. Du bist ihre Reflexionsfläche. Ihr Labor ist das echte Leben. Beispielsweise wenn sie erkennen, dass sie zwar von den Kollegen Eigenverantwortung verlangen, selbst allerdings nur eingeschränkt fähig sind, sie abzugeben. Neben neuen Praktiken und Verhaltensweisen, die Trainer, Facilitator und Berater in die Firma bringen, verlangt der Lernweg der Betriebskatalyse auch eine Reflexion bezüglich der:

- Rollen,
- Beziehungen und
- Kommunikationswege/-kompetenzen.

Du bist ein guter Supervisor für ein Vorhaben, wenn es dir gelingt, dass deine Gegenüber lernen wollen. Mit dir entwickeln sie aus den praktischen Erfahrungen des Alltags ihren Stil und Weg in der sich transformierenden und transformierten Organisation.

## 12.6 Sparringspartner ...

... begegnen auf Augenhöhe. Alle übrigen Aufgaben in der Katalyse basieren auf einer Kompetenzunterscheidung zu den Mitarbeitern. Ganz anders verhält es sich hier. Deine Kollegen und du, ihr stellt die täglichen Herausforderungen der Firma in den Mittelpunkt. Dabei führt ihr ein offenes Gespräch – jenseits von Methodik. Es ist ein vertrauensvoller Austausch unter Gleichen. Das kann zu jedem Thema passieren: Egal ob Gehälter, Produkte, Geschäftsmodell oder was auch immer.

Du bist ein guter Sparringspartner, sobald sich deine Kollegen auf gemeinsames Nachdenken einlassen. In dieser Kompetenz werden keine Patentrezepte erwartet. Es geht um einen offenen Austausch. Das Zusammen-auf-etwas-Herumdenken tut einfach gut. Manchmal gibt es ein Sparring über mehrere Runden. Sei darauf vorbereitet!

## 12.7 Moderatoren ...

... begleiten durch ein Event. Das ist eine Rolle, die regelmäßig von Beratern, Trainern und Facilitatoren verlangt wird. Doch Vorsicht, in der Betriebskatalyse sind wir keine Unterhalter. Du moderierst Arbeit. Die Rolle wird in vielen Firmen nach wie vor eher mit freizeitähnlichen Aktivitäten in Verbindung gebracht. Das will ich keinesfalls unterbinden. Ich stelle nur klar, dass es mit den Aufgaben eines Betriebskatalysators recht wenig zu tun hat. Wir organisieren nichts von dem hier:

- Das Sommergrillfest auf der Rennstrecke,
- die Weihnachtsfeier im Winterzirkus,
- der gemeinsame Firmen-Hindernis-Lauf,
- die Frühjahres-Ski-Tour,
- eine Team-Building-Wildwasserfahrt,
- das große Firmenjubiläum,
- ...

Ich weiß, dass solche Events für gemeinsame Erlebnisse sorgen. Die Teilnehmer schreiben miteinander Geschichte. Es entstehen Erzählungen, die sie verbinden. Das alles stimmt. Und es wirkt. Manche dieser Veranstaltungen laufen besser mit jemandem, der sie professionell begleitet. Die Ansprüche an die Betreuung sind:

- Ein geschmeidiger Verlauf,
- ungetrübt gute Stimmung (bis) zum Ende,
- zeitliche und monetäre Passung,
- Ablenkung vom Arbeitsalltag.

Die Rolle der Moderation in der Betriebskatalyse will Veranstaltungen begleiten, die die Firma in ihrem Alltag, ihrer Struktur und der konsequenten Umsetzung ihrer Strategie weiterbringen. Auf diesen Events macht ihr mehr, als gemeinsame Geschichten zu erleben. Ihr schreibt miteinander die

Firmengeschichte. Für diese Moderation kennst du dich mit Großgruppen- und Teamevents gleichermaßen aus. Du gestaltest sie unterhaltsam frisch. Dabei verbindest du sie mit der Ernsthaftigkeit, die ein Betrieb braucht, wenn er viele Mitarbeiter zusammenbringt. Im besten Fall sorgst du für eine kurzweilige produktive Atmosphäre. Das ist allerdings manchmal unmöglich. Dann bist du ebenso gewillt, einmal bis zum bitteren Ende durchzuziehen. Auf beiden Bühnen fühlst du dich wohl.

## 12.8 Philosophen ...

... schauen über den Tellerrand. Wie du schon gemerkt hast, ist es zu wenig, die Betriebskatalyse wie eine analytische Gebrauchsanweisung zu verstehen. Es geht auch darum, ein völlig neues Bild des wirtschaftlichen Zusammenlebens zu gewinnen. Entscheidest du dich dafür, begleitet dich die Frage: »Wie erreichen wir eine sinnvolle sowie menschliche Wirtschaft?« Doch Vorsicht: Viele Menschen erkennen nach wie vor keinen Unterschied zur heutigen Welt. Willst du andere begleiten, warte, bis sie für sich erkannt haben, dass es Zeit ist, etwas zu verändern. Sobald wir von etwas überzeugt sind, wollen wir auch andere überzeugen. Doch das ist deren Aufgabe. Als Katalysator hilfst du denen, die die Frage nach dem Warum für sich beantwortet haben, dabei, die nötigen Veränderungen gut und konsequent zu erreichen. Das heißt: Ihr entfernt euch davon, übergeordneten Strukturen die Verantwortung zuzuschieben.

Denken wir Menschen an eine andere Wirtschaft, zielen viele wie selbstverständlich auf das große Ganze. Das Gesamtsystem und seine Entscheidungsträger rücken in den Mittelpunkt. Am Mittagstisch redet man über die Dummheiten des Managements, der Politiker, der Geschäftsführung und so weiter. Die Abgrenzung zu den Eliten lenkt von den persönlichen Möglichkeiten ab.

Die Betriebskatalyse nutzt dir dann, wenn deine Kollegen und du aktiv anstreben, eigene Verantwortung zu tragen. Deshalb wirkst du gerne dort, wo Änderungen sichtbar zustande kommen. Vielleicht wirst du dafür belächelt, die Menschen in den Mittelpunkt der Wirtschaft zu stellen. Das macht dich schnell zum Gutmenschen, Sozialträumer oder Wunschkonzertmeister. Dein Gegenüber unterstellt dann, du blendest das Schlechte, das Böse, das Hinterhältige et cetera aus. Doch die Katalyse funktioniert anders. Sie ist sich der negativen menschlichen Handlungen und Haltungen bewusst. Deshalb sehen und wählen Katalysatoren die Zusammenarbeit mit Leuten, die verantwortungsvoll, intelligent und konstruktiv skeptisch sind. Mehr noch, sie unterstützen ihre Kollegen dabei, diese Fähigkeiten zu trainieren. Eine Menge derer, die darüber scherzen, übersehen, wie viel ihrer Zeit und Kraft sie der Minderheit an bösen Menschen widmen, die sie umgeben. Deine Kollegen profitieren von deiner Philosophie, wenn ihr euer Arbeitsleben mit denen teilt, die aus sich heraus mit euch zusammen etwas erreichen wollen.

In dieser Sicht auf die Welt verzinsen zufriedene Menschen Kapital durch ihre Intelligenz. So verdienen Mitarbeiter eine neue Balance zwischen ihrer Leistung und dem daraus erwirtschafteten Ertrag. Unternehmen bilden dann sozial stabile Gemeinschaften, die ihre Mitglieder stärken und (be-)schützen. Arbeit wird hier zu unserem Ausdruck und Umgang mit der Umwelt. In dieser Haltung freuen wir uns voll Tatendrang darauf, morgens aufzustehen. Mit dieser Philosophie gehen deine Kollegen und du den Weg der intelligenten Kollaboration. Es entsteht eine selbstwirksame Organisation – die du als Katalysator befeuerst.

## 12.9 Balance

Dein Engagement als Betriebskatalysator zielt darauf ab, die Energie zu verringern, die deine Firma für nötige Veränderungen braucht. Bis hierher erkennst du, dass es einiges zu tun und zu beachten gilt, wenn das klappen soll. Wie meine Kunden zeigen, lohnt es sich, die Verantwortung dafür auf viele Schultern zu verteilen. Bei Heiler suchten wir lange Zeit geeignete Kandidaten. Sie sollten eine möglichst große Zahl der hier genannten Kompetenzen ausfüllen oder sich zumindest dahin entwickeln wollen. Wir schauten auf die Mitarbeiter. Und boten die Weiterbildung Menschen an, die aus unserer Sicht schon einiges mitbrachten. Bei einem Teilnehmer der ersten Perspektivreise fand diese Vorauswahl sogar ohne meine Beteiligung statt, nur durch den Vorstand der Firma. Es zeigt sich: Der Erfolg ist hier reine Glücksache. Viele der Kandidaten springen später wieder ab. Das bedeutet viel Arbeit für die, die bleiben.

Weitere Kunden wählten einen anderen Weg. Sie stellten die Ideen der Betriebskatalyse der gesamten Belegschaft vor. Im Anschluss fragten sie, wer sich im Rahmen eines Aktivistencamps näher damit beschäftigen will. Es gab deutlich mehr Teilnehmer als bei Heiler oder dem Vorstand. Im Nachhinein war das ein Segen. Es ist viel leichter, mit einem großen Team die geforderten Kompetenzen abzubilden. Die Katalysatoren unterstützen sich ständig. Und in jedem Bereich der Firma gibt es ein bis zwei Menschen, die wissen, um was es geht und wann sie zum Einsatz kommt. Später in diesem Abschnitt zeige ich dir dazu Beispiele.

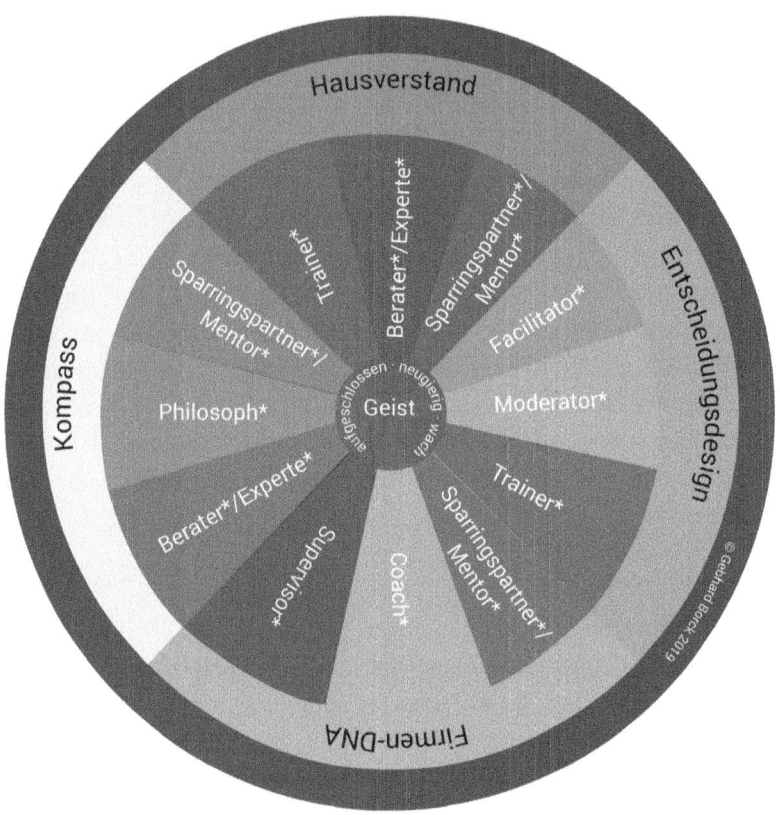

Doch jetzt steigen wir ein in die Tools, Konzepte und Methoden, die Joan Hinterauer und ich regelmäßig anwenden.

# Episode 3 – vom Spiel

## 13.
## Alle kochen mit Wasser

Lass dir nichts vormachen. Es gibt in der Transformation keine Magier. Ja, Joan und ich bringen Firmen dazu, Außergewöhnliches zu leisten. Die Kunden bestätigen uns beispielsweise in der Corona-Krise samt und sonders, dass sie die Situation einzig deshalb gut beherrschen, weil sie mit uns zuvor die Betriebskatalyse trainierten. Doch was ist der Unterschied? Ganz einfach, wir brachten ihnen bei, auch schwierigste Entscheidungen zusammen zu treffen – und wenn nötig, in kürzester Zeit. Als ich mich in der dritten Märzwoche bei ihnen meldete, waren alle schon im Homeoffice organisiert. Sämtliche Prozesse liefen normal weiter. Keine Firma hatte auch nur den Hauch eines Widerstands aus der Belegschaft, als es darum ging, verteilt von zu Hhause aus zu arbeiten. Sie nutzten die Krise als Gelegenheit, um längst fällige Prozessoptimierungen vorzunehmen. Das alles ist genauso gut in deiner Firma möglich. Bis hierher habe ich dir das Fundament der Betriebskatalyse aufgezeigt. Ab jetzt geht es darum, womit Joan und ich die Kunden ganz praktisch unterstützen. Natürlich ist es ein Ausschnitt. Auch werde ich die einzelnen Bausteine nur kurz erläutern. Zuerst zeige ich dir ein paar Tools, Methoden und Werkzeuge. Doch am Ende des Abschnitts nehme dich mit in unseren Designprozess. Mit ihm kannst du all deine Kompetenzen in die Betriebskatalyse deiner Firma einfließen lassen.

## 13.1 Werkzeugkasten

Starten wir mit der Ausrüstung eines Katalysators. Lange Zeit vertrat ich die Einstellung, erst einmal analog zu arbeiten. Ich machte es von den Ergebnissen abhängig, ob es sich lohnt, nachträglich zu digitalisieren. Denn der Aufwand dafür war beträchtlich. Das ändert sich rasend. Heute dokumentiere ich jede Perspektivreise parallel digital mit. Wir nutzen Tablets und Beamer, um Resultate von Workshops direkt im Beisein der ganzen Gruppe festzuhalten. So ist die Dokumentation mit dem Termin erledigt. Noch wichtiger ist allerdings, dass die Teilnehmer sofort kollaborativ weiterarbeiten können. Niemand muss auf die Fleißarbeit der nachgelagerten Erfassung warten. Diese Entwicklung spiegelt sich in der Ausstattungsliste. Hier mein Werkzeugkasten für die Betriebskatalyse:

## Flipchart

Ich nutze sie, um Zusammenhänge direkt vor der Gruppe festzuhalten. Oder ich bereite den Ablauf von Workshop vor. Auch die Ergebnisse von Kleingruppenarbeiten stehen regelmäßig auf den großen Blöcken.

- Stabile Flipcharts, die immer am selben Ort bleiben,
- tragbare Flipcharts,
- elektrostatisches Flipchartpapier (Easyflip),
- digitale Flipcharts (auf iOS beispielsweise die App Paper oder plattformübergreifend Miro).

## Haftnotizen

Nutze ich ähnlich wie Flipcharts. Allerdings können die Inhalte so einfacher verschoben oder sogar transportiert werden. Es ist reizvoll, dass sie so klein sind. So gelingt es, einzelne Gedanken schnell zu trennen und zu sortieren.

- Post-its (mittlere und große – DIN A5),
- elektrostatische Haftnotizen – Stattys,
- Klebekartons.

## Wände

Sind meistens fest in Räumen installiert. Sie dienen mir vornehmlich als Fläche, um Ergebnisse abzubilden.

- Metaplanwände,
- Pinnwände,
- Whiteboards,
- digitale Whiteboards (Paper oder Miro).

**Notizblöcke**
Zur Dokumentation von Einzelarbeit, Interviews und eigenen Gedanken.

- Gängige Ringblöcke,
- gebundene Notizbücher,
- wiederverwendbare Notizbücher (Rocketbook und Ähnliche),
- digitale Notizbücher-Apps, zum Beispiel: OneNote (kollaborationsfähig), Miro (kollaborationsfähig), Paper, Notability (kollaborationsfähig), Moleskine – QR-Code-Bücher.

**Stifte**
Verschiedenfarbig, um in allen Lebenslagen etwas festzuhalten. Für Marker habe ich eine eiserne Regel: Nur mit Keilspitze!

- Flipchartstifte,
- Whiteboard-Stifte,
- Stattys-Stifte (Faber Castell Permanent, STAEDTLER Lumocolor permanent dry safe),
- Frixion-Stifte mit löschbarer Tinte,
- Smartpens,
- digitale Stifte, beispielsweise für Moleskine.

**Nützliche Utensilien**
Dinge, die sich bei mir in den letzten zwanzig Jahren bewährten.

- Talking Stick – ein Gegenstand zur Gesprächsdisziplin; nur wer ihn in der Gruppe in Händen hält, redet, alle anderen hören zu;
- Kamera für Fotoprotokolle (Mobiltelefon, Tablet et cetera);
- App für Fotoprotokolle (Adobe Scan, schärft die Schrift und schneidet automatisch zu);
- Handhalter für Tablet;
- Business-Rucksack/-Koffer – ich bevorzuge den Rucksack, das schont den Rücken;

- Taschen für Utensilien – damit meine ich kleine Ordnungshelferlein vom Mäppchen bis zum Kabeletui.

**Technologie**
Um die Katalysearbeit auch digital umzusetzen, braucht es ein zuverlässiges technisches Equipment. Hier meine Grundausstattung.

- Leistungsfähiges Laptop oder Tablet (bei Bedarf mit Stift, um darauf dokumentieren zu können),
- kollaborativ nutzbare Software wie zum Beipsiel Office 365 Pro, Google Drive, Miro, INOPAI, DAG (Directed Acyclic Graph),
- mobiler Hotspot für ein eigenes stabiles WLAN zwischen Laptop, Hub, Tablet et cetera,
- Übertragungshub wie appleTV für die Unabhängigkeit von der lokalen Installation,
- Beamer für digitale Flipcharts,
- Mikro, Kamera und Gimbal (= Halterung für Mobiltelefone, die Bewegung ausgleicht) für Videocalls, Vlogs et cetera,
- Verlängerungskabel mit Mehrfachstecker für verschiedene Geräte (inklusive USB),
- Powerbanks,
- Headsets,
- Adapter (Stecker, Kabel et cetera),
- Hub, um den Laptop/das Tablet über WLAN an einen Beamer anzuschließen.

Bis auf die Flipcharts und den Beamer passt das alles in einen Rucksack. So sind wir Betriebskatalysatoren vor Ort, egal ob mobil oder remote.

Ich gehe davon aus, dass die Liste nichts Überraschendes enthält. Sie dient dir als Anhaltspunkt dafür, worauf ich regelmäßig zurückgreife. Jetzt zeige ich dir, wozu ich diese Werkzeuge einsetze.

## 13.2 Methoden

Ich habe keinerlei Überblick, wie viele es davon gibt. Und jeden Tag kommen neue dazu. In den letzten zwei Jahrzehnten begegnete ich Dutzenden. Irgendwann fiel mir auf, dass es meistens Varianten zu grundlegenden Aufgabenstellungen sind. Also habe ich sie auf ein paar eingedampft, die ich regelmäßig nutze. Praktisch alle habe ich auf meine Bedürfnisse angepasst:

### Konsent
In der Betriebskatalyse vertraust du keinen Mehrheiten. Sie sind, wie die Einzelentscheidungen durch Vorgesetzte, völlig unzureichend, willst du Vorhaben konsequent umgesetzt sehen. Stattdessen kümmerst du dich um den zugewandten Widerstand. Mit ihm kollaborierst du. Nur wenn es klappt, diesen konstruktiv einzubeziehen, gelingen strukturelle und strategische Projekte. Mach der Gruppe, mit der du arbeitest, deutlich, dass es verschiedene Grade der Zustimmung gibt. Und zeige ihnen, was gestaltend oder blockierend dahintersteht. Diese Tabelle nutzt du in jeder Entscheidung, die von einem Team oder mehreren Mitarbeitern abhängig ist.

*Aufgabenstellung*
Sich in Gruppenprozessen auf gemeinsam gangbare Lösungen einigen. Dabei hilft es dir, anstatt schwarz-weiß nur mit Ja oder Nein zu entscheiden, das Ja zu unterteilen und das Nein als Veto mit einer bestimmten Verantwortung zu verstehen.

*Anwendbarkeit*
Entscheidungsprozesse für Gruppen jeglicher Größe. Ab circa zweihundert Teilnehmenden ist spätestens der Einsatz von Technologie nötig.

*Ziele*
Integration von Widerständen und stärkerer Rückhalt für die angestrebten Lösungen.

*Dauer*
Je nach Aufgabenstellung, Gruppengröße und Technologieeinsatz fünf bis neunzig Minuten.

*Lösung*
Die Beteiligten bewerten ihre Stimme in folgenden Abstufungen:

| Konsentstufe 1 | Partner | Opportunisten |
|---|---|---|
| **Sympathie (Einigkeit)** Ich identifiziere mich mit dem Vorschlag. | Uneingeschränkte Unterstützung. Sie sind Partner, sagen das und verhalten sich auch so. | Paktieren, solange sie einen direkten Nutzen davon haben. |

| Konsentstufe 2 | Partner | Opportunisten |
|---|---|---|
| **Toleranz (Duldung)** Der Vorschlag ist mir nicht besonders wichtig. | Haben leichte Bedenken. Bieten Unterstützung. Optimieren Aufwand/Nutzen. Sagen klar, was sie tun werden und was nicht. | Sind präsent. Unterstützen nur, solange es für sie keine besonderen Anstrengungen erfordert. |

| Konsentstufe 3 | Partner | Opportunisten |
|---|---|---|
| **Enthaltung (Passiv)** Das Vorhaben ist für mich weder wichtig noch störend. | Überlassen den anderen die Entscheidung. Investieren keinen Aufwand. Machen keine positiven oder negativen Äußerungen. | Täuschen Mitarbeit vor, warten aber gelassen ab, ob das Vorhaben vorwärtskommt. Dann wollen sie am Erfolg teilhaben. |

| Konsentstufe 4 | | Partner | Opportunisten |
|---|---|---|---|
| 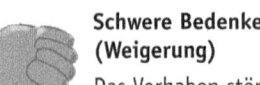 | **Schwere Bedenken (Weigerung)**<br>Das Vorhaben stört meine Vorhaben. | Haben schwere Bedenken, tragen die Entscheidung mit, wenn ihre Bedenken berücksichtigt werden. | Versuchen über indirekte Wege, das Vorhaben zu verhindern (andere vorschicken, Propaganda). Sind klug genug, die eigenen Absichten zu verbergen. |

| Konsentstufe 5 | | Partner | Opportunisten |
|---|---|---|---|
|  | **Beiseite stehen (tadelnde Enthaltung)**<br>Ich kann dem Vorschlag nicht zustimmen. Allerdings sehe ich, dass ihr die Konsequenzen ohne mich umsetzen könnt. Ich will euch dabei nicht im Weg stehen. | Setzen nicht mit um, akzeptieren aber die Konsequenzen für die Firma, solange sie sie nicht direkt betreffen. | Versuchen über indirekte Wege, das Vorhaben zu torpedieren. Verunsichern Kollegen. Tragen ihre Bedenken wiederholt über Dritte ins Vorhaben. |

| Konsentstufe 6 | | Partner | Opportunisten |
|---|---|---|---|
|  | **Veto (Opposition)**<br>Das Vorhaben ist mit meiner Vorstellung der Firma unvereinbar.<br><br>Ich lehne ab, dass die Gruppe diese Entscheidung trifft. Ich blockiere den Beschluss und die Umsetzung.<br><br>Ich nehme die Problemstellung mit und erstelle innerhalb von X Tagen einen vergleichbar guten Alternativvorschlag, für den ich mindestens Y Fürsprecher finde.<br><br>Gelingt es mir nicht, einen konsensfähigen Alternativvorschlag zu entwickeln, enthalte ich mich vom Beschluss, richte mich allerdings in meinem Handeln danach oder verlasse die Organisation. | Blockieren den Beschluss und die Umsetzung.<br><br>Nehmen die Problemstellung mit und erstellen innerhalb von X Tagen einen vergleichbar guten Alternativvorschlag, für den sie mindestens Y Fürsprecher finden.<br><br>Gelingt es nicht, einen konsensfähigen Alternativvorschlag zu entwickeln, enthalten sie sich des Beschlusses (Stufe 5), richten sich allerdings in ihrem Handeln danach oder verlassen die Organisation. | Tun alles, um das Vorhaben zu verhindern (Sabotage, Stellvertreterkrieg, Instrumentalisierung der formalen Strukturen vom Aufsichts- bis zum Betriebsrat).<br><br>Sind auch dabei klug genug, ihre wahren Absichten zu verbergen. |

Die Zustimmungsabstufung wird typischerweise in Kombination mit anderen Methoden verwendet. Ich verwende es auch für Zwischenergebnisse in Entscheidungsprozessen. So erkenne ich, wo die Gruppe steht. Das macht mich flexibel, wenn es um die Fortsetzung des Prozesses geht. Bei meinen Kunden ist es inzwischen üblich, gleich die Widerstände abzufragen.

In der Soziokratie ist die Methode Teil eines Besprechungskonzepts. Der komplette Zusammenhang nennt sich dann Einwandklärung.

**Ergebnisdokumentation:** Halte die Widerstände und ihre Begründungen im Konzept selbst für alle einsehbar fest. Gegebenenfalls könnt ihr den Vorschlag, über den abgestimmt wurde, sofort anpassen. Dann ist er umsetzbar. Misslingt das, arbeite daran, die Einwände sinnvoll aufzulösen. Bestimme zusammen mit der Gruppe die Reihenfolge dafür. Fangt mit dem schwerwiegendsten Hinderungsgrund an. Dokumentiere alle Fortschritte so, dass das Team jederzeit Zugriff darauf hat. Das gehört zum Ist-Ist-Feedback aus dem Hausverstand.

Die nächste Methode zeigt dir, wie du viele Meinungen und Vorschläge unter einen Hut bekommst.

### Einkochen

Teil jeder Großgruppenarbeit ist, das Plenum wiederholt in kleine Teams zu splitten, die spezielle Fragestellungen bearbeiten. Regelmäßig kommt es dabei vor, dass die Kleingruppen Antworten auf dieselben Fragen erarbeiten. Das machst du, um die Bandbreite der Meinungen und Ideen aufzuzeigen, die in deiner Organisation unterwegs sind. Im Anschluss an die gezeigte Vielfalt ist es häufig nötig, die Ergebnisse auf das zu reduzieren, was von allen getragen werden kann. Die Methode dazu nenne ich Einkochen. Die Methode funktioniert ab einem Menschen in der Kleingruppe, wie du weiter unten am Schema sehen wirst.

*Aufgabenstellung*
Die verschiedenen Blickwinkel und Denkrichtungen der Organisation auf ein Thema bearbeiten. Viele Teilnehmer einbeziehen. Die vorhandene Vielfalt auf das aktuell Machbare beziehungsweise zukünftig Nötige reduzieren.

*Anwendbarkeit*
Einkochen kann ab acht Teilnehmern sinnvoll angewandt werden. Nach oben besteht keine Grenze.

*Ziel*
Abgestimmtes Ergebnis, gegebenenfalls mit möglichen sinnhaften Varianten, zu einem Thema.

*Dauer*
Die Dauer unterscheidet sich nach Verfahren und Gruppengröße:

- Kleingruppe moderiert 15 bis 60 Minuten
- Großgruppe moderiert 60 bis 360 Minuten

*Lösung*
**Schritt 1:** Die Teilnehmer machen sich zuerst einzeln oder in kleinen Teams Gedanken. Danach in Duos, in Kleingruppen et cetera, final im Plenum.

**Schritt 2 bis n:** Die Gruppen fassen die Resultate zusammen, die zueinanderpassen. Gibt es erhebliche Unterschiede, bleiben diese nebeneinanderstehen. So erhältst du Alternativen, zwischen denen sich die Gruppe gegebenenfalls entscheiden muss.

**Ende:** Zum Abschluss kann das Thema, bei Bedarf, in die Zukunft gedacht werden. Damit entstehen nochmals neue Wahlmöglichkeiten.

*Ergebnisdokumentation*
Sie passt sich dem bearbeiteten Thema an. Beispielsweise kannst du eine Business Modell Generation Canvas füllen. Natürlich auch eine Excel-Liste, ein Formular oder ein Prozessdiagramm im Qualitätshandbuch.

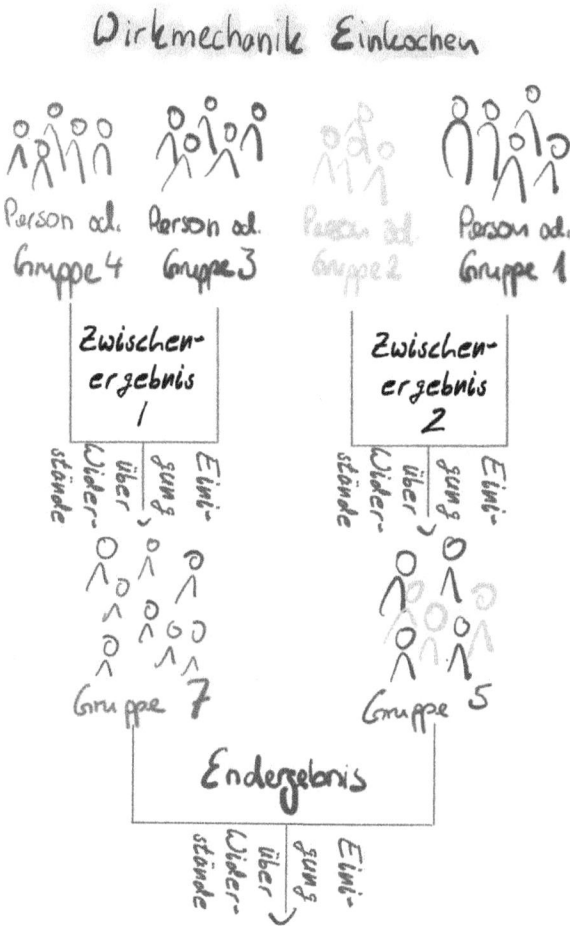

Die nächste Methode unterstützt dich bei der sauberen Vorbereitung deiner Arbeit als Betriebskatalysator.

## Eventraster

In der Betriebskatalyse reihen sich unterschiedliche Events aneinander. Oft sind es kleine Workshops. Bei Heiler war es ein- bis dreimal im Jahr die Betriebsversammlung. Sie ging, je nach anstehenden Themen, auch gerne mal über zwei Tage. Eine Information, die vor allem die Teilnehmer interessiert, ist die Agenda der Veranstaltung. Wichtiger als das ist allerdings, dass du als Katalysator in sämtlichen Facetten, die ich unter »Der Betriebskatalysator« aufführe, gut vorbereitet bist. Dafür habe ich mir mit Excel eine Liste erstellt, die mich unterstützt, an alles zu denken. Das ist mein Handlungsraster für das Event – daher der Name. In der Matrix finden sich Haltung, ganz praktische Infos und Bezüge zu grundlegenden Denkmodellen.

*Aufgabenstellung*
Ein Betriebskatalyseevent umfänglich vorbereiten.

*Anwendbarkeit*
Es lohnt sich für alle Veranstaltungen, die mehr als zwei Methoden kombinieren oder die über einen ganzen Tag gehen. So gewinnst du zusätzliche Sicherheit in der Anwendung der Katalyse.

*Ziel*
Ein souverän und gelassen durchgeführtes Event.

*Dauer*
30 bis 240 Minuten.

*Lösung*
Ausfüllen der Tabelle. Im Folgenden beschreibe ich die Spaltentitel. Jede Zeile ist ein methodischer Schritt oder Tagesordnungspunkt. Wenn mehrere Einzelschritte zusammengehören, fasse ich sie als Blöcke.

*Reihenfolgenummerierung*
Spalte A: Blocknummer
Spalte B: methodischer Einzelschritt oder TOP

*Inhalt und Kontext*
Spalte C: kurze Beschreibung dieses Schritts/TOP
Spalte D: organisatorischer Gesamtzusammenhang
Auswahl: Einzelperson; Firma; Firma + externe Partner; Gruppe; Gruppe + externe Partner; Bereich; Bereich + externe Partner
Spalte E: Sicherheitsgrad des bearbeiteten Zusammenhangs für diesen Schritt/TOP
Auswahl: sicher; komplex; unsicher

*Setting und Rollen*
Spalte F: genutztes Setting
Auswahl: frontal; frontal-Einzel; frontal-Gruppe; frontal-Plenum; Gruppe; Einzel; Plenum; Plenum-Gruppe
Spalte G: benötigte Rollen
Beispiele: Moderation; Protokoll; Timekeeper; Vortragender und so weiter
Spalte H: Methoden und Werkzeuge, die zum Einsatz kommen, als Freitext; hier alles so ausführlich beschreiben, wie es für deine Unterstützer und dich nötig ist
Spalte I: vorbereiten, bereitstellen. Welche Materialien, Techniken, Technologien et cetera braucht dieser Schritt/TOP für seine Umsetzung
Spalte J: Zeit – wie lange erwartest du, dass dieser Schritt/TOP dauert? Wenn du hier die Uhrzeiten von xx:xx bis yy:yy notierst, hast du gleich die grobe zeitliche Agenda erfasst.

*Warum (aufgrund von was kommt dieser Event zustande)? Und wozu (wohin soll euch diese Veranstaltung bringen)?*
Spalte K: Absicht, die du verfolgst

Beispiele: Alternativen entwickeln; Denkraum ermöglichen; Handlungsrahmen festzurren; Informationen austauschen/generieren; Inhalte austauschen/generieren; nächste Schritte festlegen
Spalte L: auf welcher Ebene sind wir unterwegs
Auswahl: Alltag; Struktur; Strategie
Spalte M: Arbeitsmodus für diesen Schritt/TOP
Beispiele: abgleichen; analysieren; austauschen; auswählen; beratschlagen; entscheiden; priorisieren; reflektieren; vermitteln; vorstellen

*Gestaltungsrahmen für das Thema und Reifegrad der Gruppe/Aufgabenstellung*
Spalte N: Wie gestalten sich die Räume?
Beispiele: Bestuhlung; Anzahl; Größe; Belichtung; technische Ausstattung; Klima
Spalte O: Welchen Gruppenreifegrad erwartest du zu diesem Schritt/TOP?
Auswahl: funktional; transitional; prozessbewusst

Je nachdem, wie das zum Inhalt aus Spalte E steht, steigt der Anspruch an die Katalyse. So ist »sicher« gut mit einer »funktionalen« Gruppe zu bearbeiten. Du machst es einfach so wie Pippi. Bei der Kombination »unsicher zu funktional« braucht es viel Fingerspitzengefühl, Vorbereitung und Erfahrung in der Katalyse, will man einen Erfolg erzielen.

*Ergebnisdokumentation*
Hier ein Beispiel für ein ausgefülltes Eventraster:

| Reihenfolge | | | Inhalt und Kontext | | | Setting und Rollen | |
|---|---|---|---|---|---|---|---|
| Block | TOP | Um welchen Inhalt geht es? Kurze Beschreibung der Inhalte | In welchem Gesamtzusammenhang steht er? | Welchen Sicherheitsgrad hat der Zusammenhang? | Was für Setting(s) nutze ich? | Welche Rollen gibt es? | |
| 1 | 1 | Treffen am Vortag in München | Einzelperson | einfach | Einzel | keine |
| 1 | 2 | Ankunft am GHOTEL München City, Landwehrstraße 77, 80336 München, Deutschland | Gruppe | einfach | Gruppe | Busfahrer |
| 1 | 3 | Übernachtung im GHOTEL München City | Einzelperson | einfach | Einzel | keine |
| 1 | 4 | Frühstück im GHOTEL München City | Gruppe | einfach | Gruppe | Einkäufer |
| 1 | 5 | Abholung Bus beim Vermieter | | | | |
| 1 | 6 | Abholen der Teilnehmer am Hauptbahnhof München (TP Starbucks) | Gruppe | einfach | Gruppe | Busfahrer |
| 1 | 7 | Fahrt zum Meetingraum fürs Onboarding | Gruppe | einfach | Gruppe | Busfahrer |
| 2 | 1 | Onboarding Perspektivreise | Gruppe | einfach | Frontalgruppe | Spaceholder und Modell-Katalysator |
| 2 | 2 | Begrüßung zur Perspektivreise | Gruppe | einfach | Frontalgruppe | Vortragender |
| 2 | 3 | Zentrale Didaktik | Gruppe | einfach | Frontalgruppe | Vortragender |
| 2 | 4 | Einstieg in die Betriebskatalyse | Gruppe | einfach | Frontalgruppe | Vortragender |
| 2 | 5 | Einstieg ins Geschäftsmodell | Gruppe | einfach | Frontalgruppe | Vortragender |
| 3 | 1 | Gemeinsames Mittagessen beim Italiener um die Ecke | Gruppe | einfach | Gruppe | keine |

| Methoden, Werkzeuge, ... | | | Warum und Wozu? | | | Gestaltungsrahmen und Reifegrad | |
|---|---|---|---|---|---|---|---|
| Mit welchen Modellen, Konzepten, Methoden, Werkzeugen setze ich um? | Was ist dafür vorzubereiten/ bereitzustellen? | Zeit vorgesehen/ gebraucht? | Welche Absicht verfolge ich? | Auf welcher Ebene sprechen wir? | In welchem Modus bin ich? | Wie gestalten sich Räume? | Welche Gruppenreife erwarte ich? |
| Trampen | Koffer und Materialien packen, Zug nicht verpassen | 17:27 – 20:18 | Nächste Schritte | Arbeitsalltag | abgleichen | VW-Bus | prozessbewusst |
| Zugfahren | | 16:30 – 21:45 | Nächste Schritte | Arbeitsalltag | abgleichen | Airbnb Unterkunft mit 2 SZ, Schulstraße 27, 96269 Großheirath 01522873285 | funktional |
| ruhiger schlafen | | 23:00 – 7:00 | Denkraum | Arbeitsalltag | abgleichen | | funktional |
| Einkaufsliste | Am Samstag Essen/ Trinken dafür besorgen | 8:00 – 9:00 | Nächste Schritte | Arbeitsalltag | auswählen | | prozessbewusst |
| Busfahren und Augen auf, der Perspektivbus ist da! | Telefonnummern TN für etwaige Abstimmung vor Ort | 9:00 – 9:45 | Nächste Schritte | Arbeitsalltag | abgleichen | | funktional |
| Busfahren | Säfte mitnehmen, es gibt nur Wasser und Kaffee – Bargeld für die Bezahlung | 9:45 – 10:00 | Nächste Schritte | Arbeitsalltag | abgleichen | | funktional |
| Joan oder Gebhard vor Gruppe | Sämtliche Unterlagen (Reisemappe) | | | | | | |
| Wer bezahlt? | Prinzipien: Die ganze Zeit steht für Fragen zur Verfügung. Energie vor Tagesordnung | | | | | | |
| Es gibt Zeit für Inputs. Dann arbeiten die TN für sich mit Möglichkeit zur Rücksprache. Dann diskutiert man in der Gruppe die Ergebnisse. | | 10:00 – 12:30 | Informationen | Struktur | austauschen | Flipchart, Eventraster ausgedruckt in den Mappen, Reisemappen | transitional |
| Vorstellen der Elemente | Entscheidungsdesign, Firmen-DNA, Hausverstand | | | | | | |
| nach Osterwalder | Canvas in Dokumentation | | | | | | |
| keine | | 12:30 – 13:30 | Nächste Schritte | Arbeitsalltag | abgleichen | | funktional |

Nicht zu jedem Schritt/TOP ist es nötig, alle Spalten auszufüllen. Doch bei sämtlichen methodischen Teilen lohnt es, sich dementsprechend vorzubereiten. So steigt die Qualität der Katalyse. Die Gefahr, etwas zu vergessen, sinkt. Die Abstimmung mit einem Organisationsteam oder den Kollegen fällt leichter. Joan Hinterauer und ich haben beispielsweise ein detailliertes Eventraster für die fünftägige Perspektivreise. Es ist sehr selten, dass wir hier Punkt für Punkt umsetzen. Denn bei uns gilt stets: »Energie vor Tagesordnung«. Nichtsdestotrotz haben wir die Sicherheit, genau zu wissen, wann wir wie abweichen. Das spüren auch die Teilnehmer. Sie bedanken sich mit der Freude, dass sie kein wichtiges Thema verpassen und dennoch eine ganz auf sie abgestimmte Reise erleben.

Die nächste Methode unterstützt dich dabei, Probleme an ihrer Wurzel zu packen.

**SCA – Symptoms Cause Action**
(In Anlehnung an die Facilitator-Ausbildung von Tony Mann)

Oft bilden Probleme den Einstieg in einen Katalyseprozess. So zeigen beispielsweise die Berichte im Hausverstand: Kunden monieren vermehrt denselben Fehler im Produkt. Dieser Hinweis zeigt gerne nur die Symptome. Die Ursachen verstecken sich regelmäßig. Sie sind auf der Prozessebene zu finden. Eventuell fußen sie auch auf Themen im Kommunikationsdesign oder der Beziehungsebene. Mit SCA nimmst du als Katalysator deine Kollegen mit auf den Weg, wirkungsvolle Maßnahmen zu ergreifen.

*Aufgabenstellung*
Anstatt oberflächliche Symptome (symptoms) zu lindern, gehen wir die tiefer liegenden Ursachen (cause) von Problemen aktiv an. SCA unterstützt Gruppen dabei, herauszufinden, wo Probleme tatsächlich herkommen. Anschließend leitet die Methode passende Maßnahmen (actions) ab, um für strukturelle/strategische Lösungen zu sorgen.

*Anwendbarkeit*
Herstellen des SCA-Zusammenhangs von ein bis zwanzig Problemen (symptoms).

*Ziele*
Gemeinsam passende Maßnahmen (actions) ergreifen, um Probleme dauerhaft abzustellen.

*Dauer*
Die Dauer unterscheidet sich nach Verfahren und Gruppengröße:
- Kleingruppe moderiert: 60 bis 180 Minuten,
- Großgruppe moderiert: 60 bis 240 Minuten.

*Lösung*
Ich gehe davon aus, dass die zu lösenden Probleme in der Gruppe bekannt sind. Du kannst sie in einem Workshop, einer Umfrage oder einem anderen Format erarbeiten.

**Schritt 1:** Notiere jedes Problem auf einer Haftnotiz.

**Schritt 2:** Klebe die Zettel an den unteren Rand einer Pinnwand.

**Schritt 3:** Die Gruppe bündelt (clustert) die Themen. Sie sortiert die Schwierigkeiten zusammen, hinter denen sie dieselben Ursachen vermutet.

**Schritt 4:** Die fünf Warums: Das ist eine einfache Methode aus dem Toyota Production System (TPS), das hierzulande unter dem Begriff LEAN bekannt wurde. Dabei fragt man bis zu fünfmal hintereinander, warum etwas passiert. Beispielsweise komme ich ausgepumpt an der Bushaltestelle an und sehe gerade noch, wie der Bus wegfährt.

- Warum ist das passiert? Weil ich zu spät von zu Hause los bin.
- Warum ist das passiert? Weil ich übersah, dass es regnet und noch mal zurückmusste, um eine Jacke anzuziehen.

- Warum ist das passiert? Weil ich noch schnell eine Mail schreiben wollte, bevor ich losgehe.
- Warum ist das passiert? Weil ich normalerweise das Auto nehme und gewohnt bin, dass eine Verschiebung um circa zehn Minuten keine gravierenden Auswirkungen hat.

Jetzt bin ich bei der Ursache angekommen.

Lass die Gruppe auf dieselbe Art und Weise sämtliche Auslöser zu den erkannten Schwierigkeiten erarbeiten. Notiert sie auf Haftnotizen und klebt diese oberhalb der Probleme an die Wand.

**Schritt 5:** Verbindet die Komplikationen mit ihren Beweggründen.

**Schritt 6:** Jetzt leiten deine Kollegen Maßnahmen (actions) ab, mit denen sie die Ursachen auflösen. Auch die notiert ihr auf Klebezetteln. Ihr ordnet sie oberhalb der Auslöser an.

**Schritt 7:** Beweggründe mit den notwendigen Aktionen.

**Schritt 8:** Unterstütze die Gruppe dabei, die erkannten Maßnahmen umzusetzen.

*Ergebnisdokumentation:*

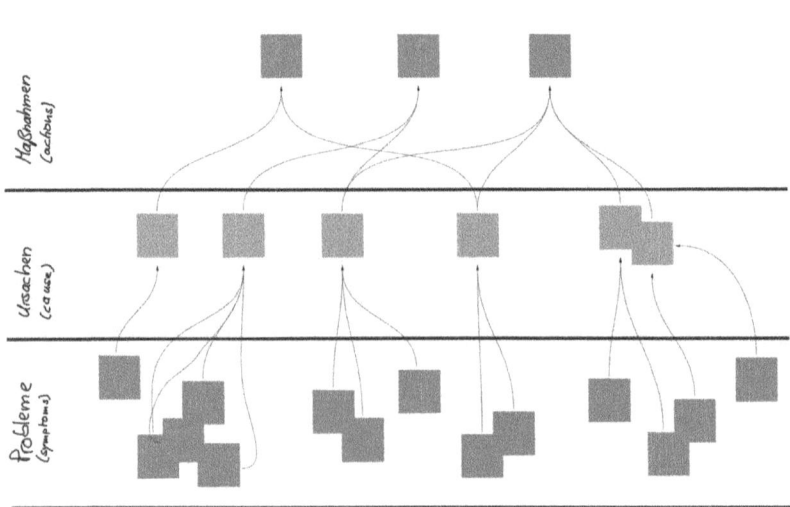

Du trägst durch sinnvolles Nachfragen dazu bei, den Dingen auf den Grund zu gehen. Allzu häufig drängt der Alltag die Mitarbeiter, schnell über etwas hinwegzugehen, um die operativ anstehende Arbeit zu erledigen. Das führt zum Murmeltier-Syndrom in Organisationen. Ganz ähnlich wie im bekannten Film *Und täglich grüßt das Murmeltier*, erleben wir ständig die immergleichen Probleme. Als Katalysator unterbrichst du den dumpf schnellen Takt des Arbeitstrotts. Du richtest die Konzentration der Organisation darauf, die Strukturen dahinter aufzudecken. So gelingt es euch, sie zu verändern. Ansonsten grüßen auch morgen wieder all die Sorgen, die ihr von gestern schon gut kennt. Und sie sorgen für zwischenmenschliche Spannungen, die sich gerne mal in einem handfesten Streit zeigen. Die nächste Methode zeigt dir, wie du damit sinnvoll umgehst.

## Heikle Gespräche

In jeder Firma gibt es Konflikte. Viele davon können wir sachlich begründen. Für den Umgang mit ihnen haben wir eine große Anzahl an Methoden und Konzepten. Etliche entstehen auch aus sozialen oder emotionalen Spannungen. Hier ist unserer Irrationalität Tür und Tor geöffnet. Heikle Gespräche sind das Grundsetting, mit dem dir hier ebenfalls eine maximal unvoreingenommene Auseinandersetzung gelingt. Es schafft bestmöglich den angstfreien Raum, der zur Lösung solcher Konflikte nötig ist.

Egal auf welche Weise getriggert, Misstrauen und Furcht schalten stets die Vernunft aus. Deshalb ist es nötig, unsere Biologie zu zähmen, um unseren Verstand benutzen zu können. Den brauchen wir, um gute Lösungen für komplexe Aufgaben zu finden. Unsere schnellen Instinkte kennen nur drei Strategien: Angreifen und zerstören, weglaufen oder in Schockstarre verfallen. Das hat bei der Begegnung mit einem Säbelzahntiger Sinn. In den unsicheren Zusammenhängen unserer Gesellschaft ist es praktisch immer die schlechtere Wahl.

Das Muster, um sozial und kommunikativ aufzuräumen, ist recht schlicht. Es inhaltlich gut auszufüllen ist eine Kunst, die du als Katalysator üben solltest.

*Aufgabenstellung*
Kommunikation und Zusammensein klappt, wenn du weißt, wie wir – auch du – unsere biologischen Reflexe in den Griff bekommen:

Das schnelle Denken kategorisiert Situationen in einem Wimpernschlag in gefährlich oder ungefährlich.

Bei Bedrohung, egal ob physisch oder psychisch, real oder vorgestellt, schütten die Nebennieren Adrenalin aus. Das Hormon schaltet die Vernunft aus. Dafür geht die Motorik an. Anstatt zu denken, gibt unser Hirn die Order aus, frisches Blut mit gutem Sauerstoff in die Muskeln zu pumpen. Das heißt, es reduziert seine eigene Leistungsfähigkeit. Dafür sind wir jetzt bereit dazu, entweder zu kämpfen (Aggressivität) oder wegzulaufen (Schweigen).

Diese Abläufe passieren, wenn jemand über eine Situation sagt: »Und dann wurde es emotional.« Tatsächlich läuft hier ein komplexer archaischer Überlebensreflex ab. Aus dem müssen wir heraus, wollen wir überlegte Entscheidungen treffen. Und auf dem Donut sind wir uns einig, dass es die braucht. Das gelingt am einfachsten, indem wir von unserem Hirn langsames (analytisch sachliches) Denken verlangen. Wie das geht, kannst du an dir selbst testen: Versuch, beim nächsten Mal in voller Rage eine komplizierte Rechenaufgabe zu lösen. Bevor es dir gelingt, ist die Aufregung abgeklungen. Doch wie kommen wir in diesen Zustand? Ganz einfach, indem wir von vornherein darauf hinarbeiten, ihn zu vermeiden.

*Anwendbarkeit*
Im Eins-zu-eins-Kontakt und in kleinen Gruppen bis zu sieben Personen bei heiklen Gesprächen.

*Auslöser*
Ein heikles Gespräch ist gekennzeichnet durch:

- Meinungen – unterschiedliche Auffassungen treffen aufeinander,
- Wesentlichkeit – bei dem viel auf dem Spiel steht,
- Emotionalität – die Emotionen können hochkochen.

*Ziel*
Ein dauerhaft angstfrei entspanntes, emotional und sozial ausgeglichenes Arbeitsklima zu ermöglichen, unterstützen und zu stabilisieren.

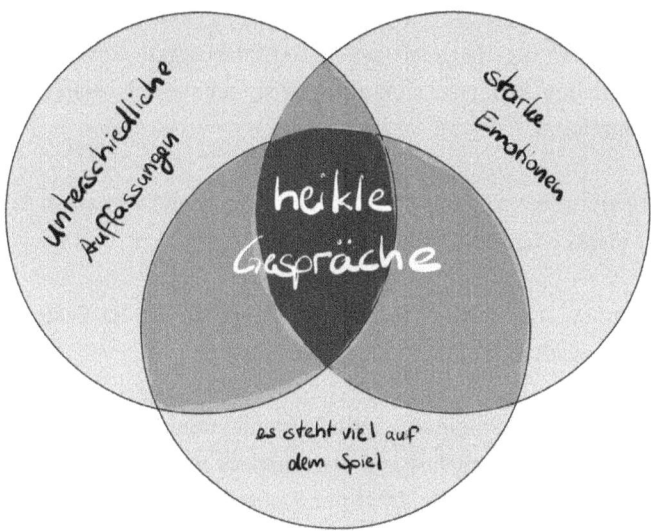

*Dauer*

Heikle Gespräche können emotional stark belasten. Deshalb empfehle ich dir, einen klaren zeitlichen Rahmen von maximal neunzig Minuten zu setzen. Wenn das für die Lösung nicht reicht, mach besser mehrere kurze Termine. Achte in jedem Fall auf die notwendige Vorbereitungszeit für die Haltung, mit der ihr zusammenkommt. Kein Teilnehmer sollte gehetzt in einen heiklen Austausch gehen.

*Lösung*

Abgestimmtes, gemeinsames Vorgehen, um die Spannungen dauerhaft abzubauen oder sogar aufzulösen.

**Schritt 1: Vorbereitung**

Folgendes Selbstverständnis ist eine gute Grundlage in einer heiklen Gesprächssituation:

Ich bin die Person, an der ich (am einfachsten) etwas ändern kann, sei es im Verhalten, in der Haltung oder im Gefühlszustand. Bevor ich also von meinen Kollegen verlange, sich zu ändern, schaue ich zuerst, was mein Beitrag sein kann.

Ich weiß, wofür mein Herz schlägt. Und zwar jenseits von allem Ärger, den ich über etwas oder jemanden habe.

Meine Themen sind sortiert. So merke ich, sollte ich im Gespräch Dinge vermischen, mich aufregen und/oder ausweichen.

Es besteht Klarheit darüber, dass alle Teilnehmer einen gemeinsamen Grund haben, ein einvernehmliches Ziel erreichen zu wollen. Dafür kommen sie zusammen. Bleibt das offen, fehlt der Raum für eine Kommunikation, die geeignet ist, eine schwierige Situation zu meistern. Denn wenn es für einige dazu gar keinen Grund gibt, kann es später auch nur eine sehr instabile Übereinkunft geben.

Diese Grundhaltung gilt für alle Gruppen, die Spannungen lösen wollen. Erfahrungsgemäß ist es in der Kleingruppe (drei bis sieben Personen) am schwierigsten, diese Situation zu erreichen.

Erst wenn deine Gruppe so aufgeräumt ist, kann sie sinnvoll in den Austausch zu einem heiklen Thema gehen. Vielleicht sind dafür vorbereitende Einzelgespräche nötig.

**Schritt 2: Im Gespräch**
Gerade für heikle Aussprachen ist es wichtig, einen Raum ohne Furcht zu eröffnen. Das geht umso besser, je gewissenhafter du vorbereitet hast.

Deine Aufgabe ist es im gesamten Verlauf, aufmerksam für Angriffe (körperlich oder sprachlich aggressives Verhalten) und Flucht (Schweigen) zu bleiben. Bei beiden Verhaltensweisen verlassen die betroffenen Menschen den angstfreien Raum. Sie sind raus aus dem Gespräch. Nur wenn du das erkennst, kannst du sie gegebenenfalls ansprechen und in den Austausch zurückholen. So konzentriert startest du in die ...

**Erste Phase: Dialog**
Jetzt bringt jeder seinen Blickwinkel ein. Ohne Unterbrechung. Ohne Rückfragen. Es geht um Verstehen. Noch wird keine gemeinsame Lösung angestrebt. Eventuell hilft dir ein Talking Stick, die Gesprächsdisziplin einzuhalten.

**Zweite Phase: Reflexion**
Jede Partei bekommt Raum, sich in die anderen hineinzuversetzen und zu versuchen, die Welt aus dieser Sicht zu verstehen.

**Dritte Phase: Ausgang**
Erst, wenn alle Blickwinkel eingebracht wurden und ausprobiert werden konnten, überlegt ihr euch, wie ihr von hier aus weiter handelt.

**Ergebnisdokumentation**
Ist situativ. Sie hängt vom Inhalt, den Themen und dem weiteren Vorgehen ab.

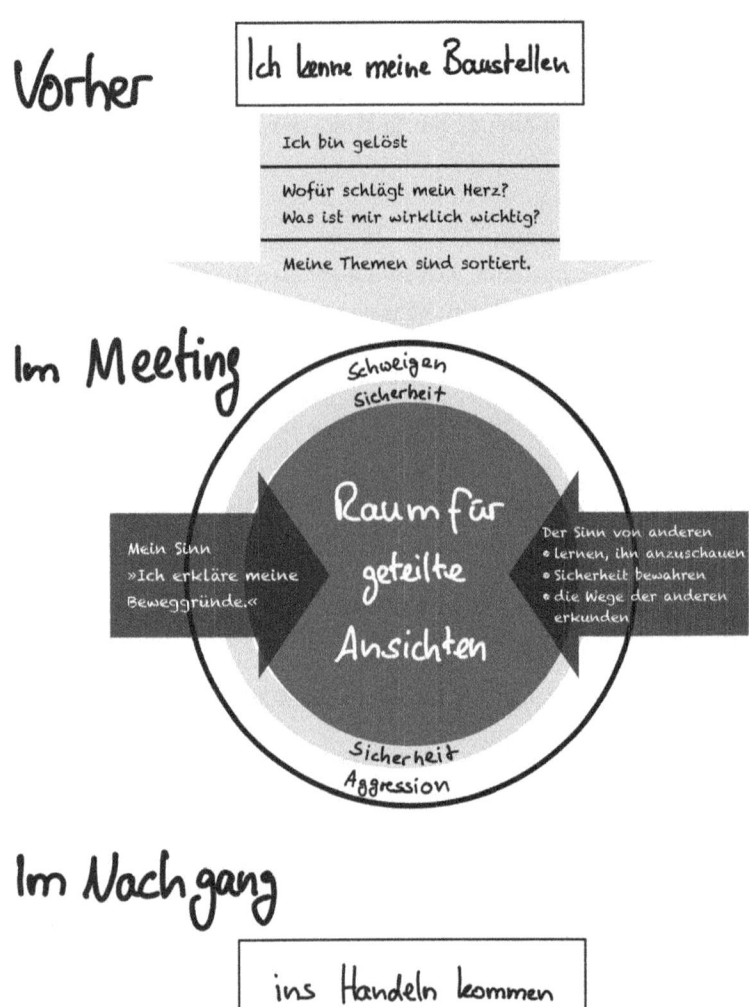

Jetzt kennst du einen sinnvollen Weg, auch schwierige Konflikte zu bewältigen. Ich halte ihn für sehr viel effektiver als beispielsweise Feedbackgespräche, denn dort urteilen wir doch immer wieder übereinander. Meine Methode zum Umgang mit heiklen Gesprächen leitet sich aus dem gleichnamigen Buch ab, das Kerry Patterson, Al Switzler, Joseph Grenny und Ron McMillan 2012 zusammen schrieben. Sie gehen dort noch zusätzlich auf persönliche Zusammenhänge außerhalb von Firmen ein – ein Aspekt, der auch in der Betriebskatalyse immer wieder aufkommt. Sie unterstützt dich genauso im Privaten. Denn auf dem Donut ist die Arbeit in dein Leben integriert.

Wie du schon merkst, zeige ich dir hier grundlegende Methoden, die du in verschiedensten Szenarien anwenden kannst. So kommst du bisher zu sauber gestützten Entscheidungen mit geringen Widerständen. Du kannst eine Vielzahl von Meinungen und Blickwinkeln auf die wesentlichen einkochen. Du bereitest dich einwandfrei auf alle Aspekte des nächsten Arbeitsevents vor. Du unterstützt deine Kollegen dabei, die Ursachen hinter den Problemen aufzuräumen. Und jetzt weißt du, womit sich Spannungen bearbeiten lassen. Eine Sache, die noch fehlt, ist: Bei der Vielzahl von anstehenden Aufgaben, wie klärst du mit der Belegschaft, was zuerst kommt? Das nächste Verfahren steht deshalb für die Fülle an Bewertungsmethoden, die es gibt.

### Fischgräte

Gerade strukturelle und strategische Aufgaben haben häufig eine ganze Menge beeinflussender Faktoren. Ein Textdokument oder eine Tabellen-Matrix kommen da bald schon an die Grenzen der Übersichtlichkeit. Eine klassische Inhaltsangabe ist zu linear. Zu allem Überfluss entstehen aus ihr schnell Bleiwüsten, die niemand liest. Der Inhalt, so gut er auch sein mag, ist verloren. Da hilft es, einfache Grafiken zu nutzen, um komplizierte Zusammenhänge besser begreifbar zu machen. So ein Bild ist die Fischgräte. Du kannst sie im Ishikawa-Modell ähnlich wie die SCA-Methode verwenden. Doch ich zeige dir, wie du damit deine Kollegen unterstützt, sinnvoll abgestimmt zu handeln.

*Aufgabenstellung*
Sich klarmachen, was ein Vorhaben voranbringt oder in der Umsetzung hemmt. Aus dieser Klarheit heraus abgestimmt sinnvoll handeln.

*Anwendbarkeit*
Eine Fischgräte pro Vorhaben. Oder sogar pro Teilschritt. Mit vielen unterstützenden und hemmenden Faktoren dahinter.

*Ziel*
Ziel ist es, ein Vorhaben beharrlich voranzubringen, indem du auch die beeinträchtigenden Kräfte einbeziehst:

- Detaillierte Sammlung der positiven und negativen Wirkmechanismen,
- Darstellung der Wirkungszusammenhänge in Projekten,
- übersichtlich schnell verständliche grafische Abbildung,
- Methode zur visuellen Erarbeitung von Faktoren im Team,
- sinnvolle Strukturierung von Vorhaben,
- leicht einsetzbar und erlernbar.

*Dauer*
Die Dauer unterscheidet sich nach Verfahren und Gruppengröße:

- Kleingruppe moderiert: 15 bis 45 Minuten.
- Großgruppe moderiert: 20 bis 90 Minuten

*Lösung*
Der Aufbau: Es ist wenig verwunderlich, woher das Diagramm seinen tierischen Namen hat. Die grafische Darstellung ähnelt ganz klar einem Fisch mit seinen Gräten. Das Diagramm besteht aus folgenden Bestandteilen:

Der Kopf: Hier wird das umzusetzende Vorhaben notiert. Kurz und knackig.

Die Hauptgräten: Sie zeigen alle zum Kopf hin. Mit ihnen werden verschiedene Kategorien unterschieden. Angelehnt an die Firmen-DNA unterscheidest du folgende:

- Geschäftsmodell,
- Aufbauorganisation,
- Rollen,
- Kommunikation und Entscheidungen,
- Methoden, Prozesse und Beziehungen,
- Markt,
- Hausverstand (Messbarkeit),
- Ressourcen.

Es gibt keinen Zwang, alle Kategorien in jedem Vorhaben anzuwenden. Manchmal hat es sogar mehr Sinn, ganz andere zu nutzen. Sie dienen einfach deiner Orientierung.

Verzweigungen: An jedem Hauptzweig werden mögliche Einflussfaktoren notiert. Die unterstützenden zeigen zum Rücken hin, die hemmenden nach außen. Diesem Schema folgend können sich die Äste beliebig weiterverzweigen.

*Der Ablauf*

**Schritt 1: Diagramm vorbereiten**
Zeichne zunächst das Bild. Nutze zum Beispiel eine Vorlage wie die unten. Du kannst es auch schon auf einer Flipchart oder einem Whiteboard vorzeichnen. Notiere das Vorhaben im Kopf des Fisches und hinterlege die Hauptkategorien für mögliche Faktoren.

**Schritt 2: Faktoren sammeln**
Sammle Kräfte und ordne sie mit der richtigen Richtung (hemmend/unterstützend) den Kategorien zu. Sie können in Haupt- und Nebenstränge untergliedert werden. Beim Beginn der Sammlung kann es nützen, das Brainstorming-Prinzip anzuwenden. Es gibt keine schlechten oder falschen Ideen. Zunächst geht es darum, möglichst frei zu denken. Besonders in Teams inspiriert das die anderen mit. Deine zentrale Aufgabe: Stelle Fragen! Ziel ist es, mehr als oberflächliche Faktoren zu finden. Es geht auch um die, die man gerne übersieht. Die perfekte Frage, um genau das zu erreichen: »Woher?« Hinterfrage jeden Faktor noch einmal, um seinen Ursprung tiefer zu durchdringen.

**Schritt 3: Vollständigkeit prüfen**
Nichts zu übersehen ist wohl ein Wunschtraum. Geh dennoch, sobald keine neuen Ideen dazukommen, noch mal alle Kategorien mit dem gesamten Team durch.

**Schritt 4: Faktoren bewerten und auswählen**
Jetzt werdet ihr richtig produktiv: Aus der Sammlung sucht ihr die Wirkungsvollsten Faktoren aus. Das kann schwierig sein, gerade wenn es viele Kräfte gibt. Ihr vermeidet so, euch zu verzetteln. Bitte dafür die Teilnehmer, ihre wichtigsten Faktoren zu markieren. Dabei kann jeder drei kennzeichnen. Er kann alles auf einen geben oder sie vollständig verteilen. Zunächst soll jeder für sich allein entscheiden. Sobald sein Beschluss an der großen Grafik dokumentiert ist, gilt er. So ist die Abstimmung auch gleich grafisch dokumentiert. Jetzt verläuft die anschließende Diskussion kürzer und zielgerichteter. Das Ergebnis dieses Schritts sind die identifizierten Haupterfolgsfaktoren (hemmend und unterstützend) für das Vorhaben. Das sind regelmäßig mehrere.

**Schritt 5: Maßnahmen ableiten**
Genau wie bei SCA geht es am Ende darum, die nächsten Schritte und weitere Maßnahmen abzuleiten.

*Ergebnisdokumentation*

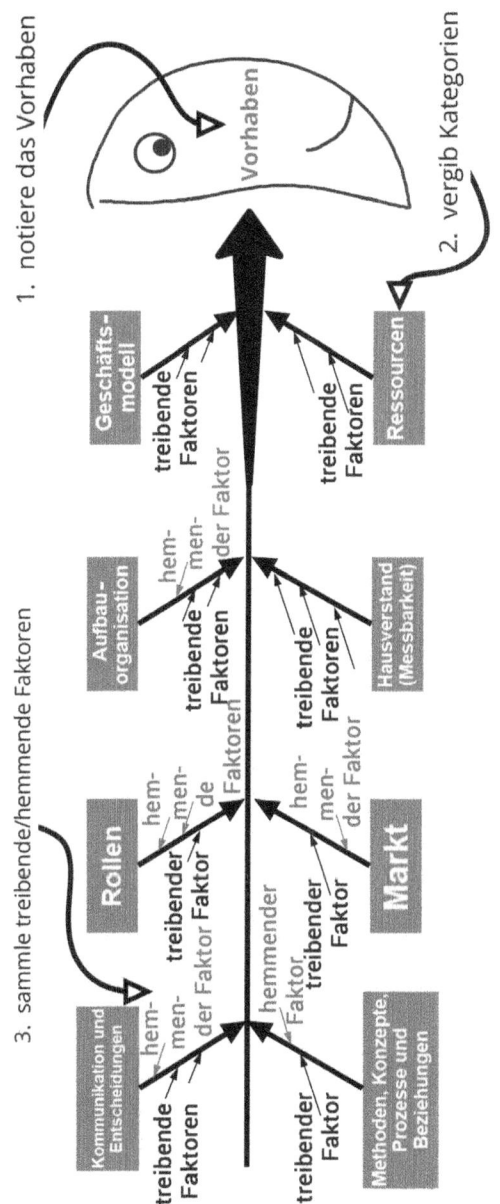

*Tipps*

Achte darauf, dass bei komplizierten Zusammenhängen kein grafisches Chaos entsteht. Hängen an einer Gräte viele Ursachen, mal sie auf einem separaten Blatt auf. Behalte im Hinterkopf, dass das Diagramm die zentralen Kräfte überschaubar darstellt. Gibt es zwischen den Kategorien eine hohe Zahl an Wechselbeziehungen, stößt es an seine Grenzen.

Jetzt hast du zu den wichtigsten Kategorien – Themenreduktion, Vorbereitung, Ursachenforschung, Entscheidungen, Konflikte, Bewertungen – eine Methode kennengelernt. Solche Verfahrensweisen gibt es wie Sand am Meer. Und alle kannst du nach deinen Vorstellungen abändern oder kombinieren. Ich gebe dir jetzt noch ein paar Stichworte – mit ihnen findest du weitere Formate, die ich regelmäßig verwende.

Prozesse: #Eventstorming, #Flussdiagramm

Priorisierung/Sortierung: #Wertefahne, #Skalen (etwa bei soziometrischen Übungen, #Punkte kleben

Allgemeine Ergebnisdokumentation: #Matrix, #Canvas, #Quadrantenschema, #Wirkungsdiagramm

Konflikte: #Mediation, #Gruppendynamischer Raum von König/Schattenhofer, #Eigenland

Entscheidungsfindung: #Soziokratische Moderation, #Einwandintegration, #Widerstandsrunde, #Real Time Strategic Change (RTSC)

Informationsaustausch/Integration: #Fishbowl, #Open Space, #Wissensdrehscheibe, #World-Café

All diese Methoden sollten sich in passende Konzepte integrieren. Einige, an die ich mich halte, stelle ich dir im folgenden Abschnitt vor.

## 13.3 Konzepte

Auch davon gibt es reichlich. Im Abgleich mit den grundlegenden Denkmodellen, nach denen deine Firma handelt, kannst du selbst entscheiden, welche zu euch passen. Ich verstehe es als ein Konzept, sobald mehrere Methoden für den Erfolg systematisch aneinandergereiht werden. Ich zeige dir anhand eigener Konzepte von mir, wie sich das darstellt. Am Ende gibt es wieder eine Liste von Konzepten, die ich nutze oder an die ich mich stark anlehne.

### Boost Value – Projekte verstehen

**Wozu wird das Konzept gebraucht?**
Viele Firmen starten Vorhaben aus einem völlig unzureichenden Verständnis heraus, was sie damit von der Organisation verlangen. Boost Value ist ein Konzept, diese Lücke zu schließen. Ich entwickelte das Instrument, weil meine Kunden sich bewusst für eine Transformation zur Betriebskatalyse entscheiden sollen, anstatt mir zu vertrauen und die Katze im Sack zu kaufen.

**Was sind die wesentlichen Methoden, die zum Einsatz kommen?**
Boost Value geht weg davon, Menschen mit einer guten Show für ein Projekt zu begeistern, es ihnen zu verkaufen und sie zu überzeugen, es mitzutragen. Stattdessen schickt es sie auf den eigenen Weg des Verstehens. Es ist praktisch die Betriebskatalyse in klein, bezogen auf ein einzelnes konkretes Vorhaben. Die Ergebnisse sind:

- Eine fundierte Vorstellung der wirtschaftlichen Chancen und Gefahren,
- zählbare und qualitative Maßstäbe, um den Fortschritt zu erkennen,
- Kenntnis eurer blinden Flecken auf dem Weg und damit ein Verständnis der absehbaren Risiken,
- klare erste Maßnahmen, um das Vorhaben zu starten
- und damit eine reflektierte Entscheidung für oder gegen das Unterfangen.

Ich nutze dafür eine Liste der bestehenden Probleme. An sie schließt ein SCA an. Zu jeder Ursache beschreibt das betroffene Team eine Situation, die es mit der Neugestaltung erreichen will. Das mache ich mit User-Stories. Mit Hilfe einer Abweichungsmatrix beantwortet die Gruppe für jeden Wunsch die Fragen: Was ist heute? Was steht in der User-Story? Was hat sich zwischen beiden verändert? Ist der Unterschied gravierend? Was passiert, wenn wir nichts tun? Zu den Veränderungen machen sich die Betroffenen mit mir auf die Suche nach wirtschaftlichen und kulturellen Zusammenhängen. Ökonomisch nutze ich hierzu die Wertanalyse. Bei der Kultur kommt es darauf an, was wir herausfinden. Aus beiden leiten wir dann in der Gruppe qualitative und quantitative Maßstäbe ab. Sie zeigen uns, ob unser Vorhaben überhaupt Sinn hat. Sprechen wir von einer längeren Umsetzungsdauer, bringe ich an diesem Punkt einen Amortisationsrechner auf Excelbasis mit. Später sind dieselben Leistungsindikatoren Grundlage, um in einer Ist-Ist-Feedbackschleife den Projektfortschritt zu berichten und zu bewerten. Sind all diese Methoden durchlaufen, erkennen wir auch bereits die ersten Maßnahmen, mit denen es lohnen würde, in die Veränderung zu starten. Wenn das alles zusammengetragen ist, trifft die Gruppe mit den Einwandverfahren aus der Soziokratie die Entscheidung, ob sie umsetzt. Passt es, beginnt direkt der Transfer in den Alltag.

Natürlich ist Boost Value nur ein kleines Konzept. Dennoch fällt es schon klar in diese Kategorie. Das nächste ist schon deutlich umfassender. Es heißt ...

## Wetten statt Investieren

Pippi und die Zombies verplanen ihre finanzielle Zukunft – nur, um regelmäßig festzustellen, dass sie doch unvorhersehbar ist. Ich zeige dir, warum Wetten die natürliche Antwort auf dasselbe Problem ist.

### Wozu wird das Konzept gebraucht?

Vielleicht schließt es sich allerdings direkt an Boost Value an. Stell dir vor, du hast über dieses Konzept erkannt, dass du in die Transformation hin zur konsequenten Betriebskatalyse in der ganzen Firma einsteigen willst. Jetzt beginnst du zwar mit ein oder zwei konkreten Maßnahmen, doch du weißt: Schon bald öffnet sich ein Wust an Baustellen überall in der Organisation. Da müssen sich Menschen zu Betriebskatalysatoren weiterbilden. Die ganze Belegschaft braucht Zugang zu den Grundsätzen. Erste

Projekte werden im neuen Stil angegangen. Und ja, da war ja noch das Thema Hausverstand. Genau hier kommt das Konzept »Wetten« statt Investieren zum Tragen. Denn es ist ein Controlling-Konzept, das sich nach den grundlegenden Denkmodellen der schwarzen Schwäne und der Antifragilität richtet. Außerdem berücksichtigt es wissenschaftliche Erkenntnisse von Kathleen Vohs über die Beziehung von uns Menschen zu Geld.

**Was sind die wesentlichen Methoden, die zum Einsatz kommen?**
Wetten statt Investieren verabschiedet sich von dem Konzept, nach dem wir ökonomisch über eine aufwendige Planung und einen daran angeschlossenen Soll-Ist-Vergleich die Zukunft vorhersagen. Ja, wir können die Zukunft gestalten. Doch dafür sollten wir ständig auf der Hut sein, ob unser Gestaltungswille auch in eine gute Richtung wirkt. Denn es gibt wohl kaum etwas Schlimmeres, als ein Ziel zu erreichen, um dann festzustellen, dass es das falsche war. Die Resultate dieses Konzepts sind:

- Durchgehende Wachsamkeit auf wirtschaftliche Risiken,
- gesunder Umgang mit Unsicherheit,
- ökonomisch sinnvolle Handlungsfähigkeit überall in der Firma,
- antifragile Stärkung des Betriebs durch und mit Krisen,
- konzentration auf den Erfolg am Markt.

Bei Wetten statt Investieren kommen mehr als nur Methoden zum Einsatz. Ich orientiere mich darin auch an anderen Konzepten wie etwa dem Beyond Budgeting, dem Acitivity Based Costing oder Operations and Key Results. Mit Bezug auf die Finanzen der Firma nutze ich außerdem die Wasserstandsmeldung für das Ist-Ist-Feedback. All das bildet eine der Grundlagen für eine Vielzahl von alltäglichen, strukturellen und natürlich den strategischen Entscheidungen. Sie ermöglichen die sinnvolle Kollaboration und Einbeziehung der Mitarbeiter. In der Wette ist das Risikomanagement schon beinhaltet. Es braucht keine Stelle mehr dafür geschaffen werden. Alle Kollegen verstehen sofort, dass eine ständige Verlustgefahr besteht. Deshalb nutzt das Verfahren soziale Methoden wie Großgruppenentscheide.

Wo die ökonomische Unsicherheit deutlich wird, fängt zwischenmenschliche Sicherheit in den Arbeitsbeziehungen die Menschen auf. Das Konzept ist im Buch *Wetten statt Planen* ausführlich diskutiert. Es entstand zusammen mit Dagmar Woyde-Koehler und dokumentiert einen Diskussionsabend zum Thema.

Sowohl Boost Value wie Wetten statt Investieren sind katalytische Konzepte. Sie spielen ihre Vorteile vor allem bei strukturellen und strategischen Aufgabenstellungen aus. Deshalb stellte ich dir als drittes Konzept eines vor, das dir hilft, den Alltag auf dem Donut im Griff zu haben.

## Agile Flow

Firmen und viele meiner Kollegen suchen noch immer nach der *richtigen* Aufbauorganisation. Sie wabert irgendwo zwischen zentral und dezentral oder Linie und Matrix. Was passiert, wenn wir uns von all dem lösen? Dann wird deine Firma wirklich agil. Lass dich auf eine Idee ein, die fähig ist, viele deiner Probleme im Kern zu lösen.

**Wozu wird das Konzept gebraucht?**
Viele der aktuellen New-Work-Konzepte haben ihre zeitlichen Wurzeln im Ausklang des Industriezeitalters. Vor knapp vier Jahrzehnten dachten wir, alles im Griff zu haben. Die große Innovation der Organisation war das Toyota Production System. In Japan wurde es bereits in der ersten Hälfte des zwanzigsten Jahrhunderts entwickelt. In den Siebzigern schwappte es in die USA. Schließlich kam es in den Neunzigern als LEAN nach Deutschland. Eine Grundlage der Industrie ist die Mechanik. In ihrem Weltbild dient die Mehrheit der Menschen der Maschinerie. Das stimmt heute weiterhin für viele Bereiche. Allerdings fordert die so gesteigerte Entwicklungsgeschwindigkeit eine höhere Anpassungsfähigkeit. Im einundzwanzigsten Jahrhundert bauen Softwarefirmen Autos. Computerhersteller übernehmen den Mobilfunkgerätemarkt. Plattformapplikationen machen Taxifahrer arbeitslos. Die größte Versandhausfirma der Welt verdient mehr Geld mit schneller Cloudtechnologie als mit ihrem Warenumsatz. Dafür dreht sich die Wirkung um. Um das zu erreichen, dient mehrheitlich die Maschine den Menschen. Kreativität und Mitdenken braucht es da bis in den eher faden Alltag hinein. Solche Zusammenhänge optimieren agile Konzepte wie Scrum oder Design Thinking. Sie kommen aus der Softwareentwicklung. Eine der Grundlagen dort ist, dass Arbeit in einem Projektcharakter stattfindet. Sprich, die Strukturen sind temporär. Sie geht mit viel sozialer Instabilität um. Dieses Umfeld findet sich in den meisten mittelständischen Firmen allerdings nur bei strukturellen Fragestellungen. Deshalb wird dort aus den agilen Herangehensweisen auf der Alltagsebene schnell ein Bürokratiemonster. Mit all ihren vorgeschriebenen Besprechungsformaten, Loop-Sprint-Settings und so weiter überladen sie den oft linearen Alltag

**Strategische Aufgaben**

Konzepte, Methoden und Tools wie:
- Betriebskatalyse,
- Eventstorming,
- Liquid Democracy, OKR,
- Bar Camps, Open Space.

**Strukturelle Aufgaben**

Konzepte, Methoden und Tools wie:
- Betriebskatalyse,
- Soziokratie, OKR, LEAN,
- Scrum, Design Thinking,
- Großgruppenevents.

**Alltägliche Aufgaben**

Konzepte und Methoden wie:
- Agile Flow,
- LEAN,
- ERP, CRM, XRM.

der kleinen Firmen. Das gilt es auszulösen, wollen die Familienunternehmen auf dem Donut erfolgreich sein.

**Was sind die wesentlichen Methoden, die zum Einsatz kommen?**
Der Kern von Agile Flow ist simpel: Er ist eine Liste der Aufgaben, die in der Firma zu erledigen sind. Das kennt jede Organisation. Bei Pippi gibt es sogenannte Verfahrensanweisungen. In ihnen steht, was, wo, wie und wann zu machen ist. Der Mitarbeiter bekommt sie beigebracht oder erfährt, wo sie stehen. Die Chefin selbst kontrolliert, ob er seinen Aufgaben ordentlich nachkommt. In der Apokalypse wir daraus oft ein ganzer Apparat von Papieren. Ich stoße regelmäßig auf ausführliche Stellenbeschreibungen: Es gibt Arbeitsanweisungen und auch die Kompetenzprofile dürfen nicht

| Aufgabe | Max kann ich | Max will ich | Max will ich lernen | Pauline kann ich | Pauline will ich | Pauline will ich lernen | Lucy kann ich | Lucy will ich | Lucy will ich lernen |
|---|---|---|---|---|---|---|---|---|---|
| Rechnungen schreiben | ✓ | ✓ |  |  |  |  | ✓ | ✓ |  |
| World-Café moderieren |  |  |  |  | ✓ |  |  |  | ✓ |
| Lohnbuchhaltung | ✓ |  |  | ✓ | ✓ |  |  |  |  |
| Steuermeldung | ✓ | ✓ |  |  |  |  |  |  | ✓ |
| Angebot erfassen |  |  |  |  |  | ✓ | ✓ | ✓ |  |

fehlen. Den Zombies geht es um Zuckerbrot und Peitsche. Fällt dir etwas auf? In beiden Weltsichten sind es interne Bezugspunkte, die über gut oder schlecht entscheiden. Agile Flow geht einen einfacheren Weg. Du nimmst aus dem bestehenden Alltag alle Tätigkeiten auf, die aktuell gemacht werden – ohne Wertung. Anschließend lässt du deine Kollegen sie hinterfragen. Es gibt zwei bewertende Blickwinkel. Erstens: Nutzt die Arbeit unseren Kunden? Zweitens: Sichert sie das Überleben der Firma? Alles, was keinem der beiden Gesichtspunkte dient, könnt ihr genauso gut sein lassen. Wie du dir vorstellen kannst, verändert sich die Liste regelmäßig. So wird sie Teil des Hausverstandes. Es ist Verantwortung der Katalyse, dafür zu sorgen, dass die Kollegen die Aufstellung inhaltlich pflegen. Habt ihr die erste Version erstellt, beantworten alle Mitarbeiter folgende Fragen zu jeder Aufgabe der Tabelle, die aus ihrem aktuellen Arbeitsumfeld kommt:

- Kann ich? Ja (Nein)
- Mach ich? Ja (Nein)
- Will ich lernen? Ja (Nein)

Wenn du diese Informationen hast, klärst du im nächsten Schritt, wie viele Kollegen es für jede Aufgabe braucht, damit die Firma sicher läuft – auch in Urlaubszeiten und bei Krankheiten. Das vermerkst du direkt hinter der Tätigkeit.

| Aufgabe | benötigt | Max | | | Pauline | |
|---|---|---|---|---|---|---|
| | | kann ich | will ich | will ich lernen | kann ich | will ich |
| Rechnungen schreiben | ≥ 4x kann \| ≥ 3x will \| ≥ 1x lernen | ✓ | ✓ | | | |
| World-Café moderieren | ≥ 3x kann \| ≥ 2x will \| ≥ 0x lernen | | | | ✓ | |
| Lohnbuchhaltung | ≥ 3x kann \| ≥ 1x will \| ≥ 0x lernen | ✓ | | | ✓ | ✓ |
| Steuermeldung | ≥ 4x kann \| ≥ 3x will \| ≥ 1x lernen | ✓ | ✓ | | | |
| Angebot erfassen | ≥ 5x kann \| ≥ 5x will \| ≥ 1x lernen | | | | | |

Alle kochen mit Wasser

Mit ein bisschen Excel-Kenntnissen baust du eine Formel, die euch für jeden Arbeitsschritt anzeigt, ob dafür derzeit genug Kompetenz im Haus ist. Sind es zu wenige Menschen, die können und auch wollen, gibt es Arbeit für dich als Betriebskatalysator. Der dahinterliegende Gedanke kommt aus der Engpasskonzentrierten Strategie (EKS), einem sehr kundenzentrierten Problemlösungskonzept, das ich aus dem Buch *Spinnovation* von Kerstin Friedrich und Karlheinz Venter kenne.

Sicherlich hast du schon gemerkt, dass wir auf dem Donut vom Anweisungsmechanismus weggehen. Es ist ähnlich wie im Beispiel mit der Flipchart in der Produktion. Deine Verantwortung als Katalysator ist, für Klarheit zu sorgen. Das macht die Liste. Sie sollte stets für jeden einsehbar sein. Es liegt an deinen Kollegen, mit den Informationen Entscheidungen zu treffen, die eure Firma antifragil machen. Dabei kannst du sie methodisch unterstützen, mehr allerdings auch nicht. Die Aufgabenliste kann zur Sonne eures Alltags werden. Um sie herum kreisen Planeten wie Prozesse, Mitarbeiterentwicklung, Auftragsabwicklung oder Kunden. Sie alle halten die erledigten Aufgaben in ihrer Umlaufbahn. In der Umsetzung nutzt ihr XRM-Systeme, Remote-Kommunikation, Office-Anwendungen und dergleichen mehr. Methodisch leiht sich die Interaktion zwischen den Planeten Bestandteile bei Workflowkonzepten wie Kanban oder Qualitätsvereinbarungen wie die Definition of Done (DoD) bei Scrum. So ermöglicht Agile Flow:

- Stabile Abläufe im Alltag ohne Weisungshierarchie.
- intelligente Kollaboration durch Selbststeuerung,
- eine zum Markt hin flexible Aufbauorganisation.

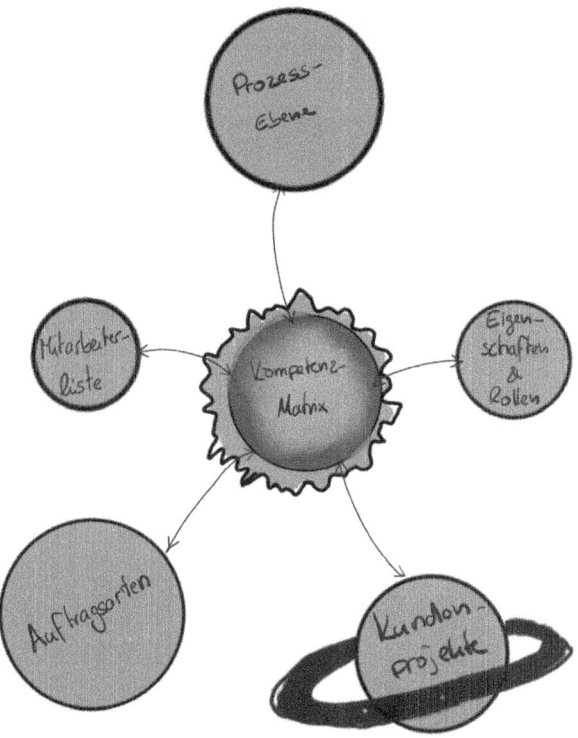

Auch bei den Konzepten gibt es eine Vielzahl. Zu jedem kannst du mindestens ein Buch lesen, das es diskutiert und erklärt. Anstatt hier alle zu erläutern, gebe ich dir erneut eine Liste an Stichworten von Verfahren, bei denen ich mich regelmäßig bediene:

Zwischenmenschliche Zusammenarbeit – aus Information Wissen machen: #Soziokratie, #Systemtheorie, #Continuous Performance Management, #Decentralized Autonomous Organization (DAO)

Menschliche Betriebswirtschaft: #Engpasskonzentrierte Strategie, #Beyond Budgeting, #Prozesssteuerung, #Führung für Mündige

Kollaboration: #Objectives Key Results (OKR), #Scrum, #Rapid Prototyping, #Unternehmensdemokratie, #Facilitation

Mir ist unklar, wie viel Erfahrung du schon in Projektmanagement, Organisationsentwicklung, Controlling, Unternehmensstrategieentwicklung und dergleichen hast. Weißt du bereits genug? Willst du gleich loslegen? Oder ist es anders herum: Wird dir so langsam klar, wie groß die Aufgabe ist, deine Firma zu transformieren? In beiden Fällen zeigt dir der nächste Abschnitt den Rahmen, das Bisherige anzuwenden. So machst du aus Information Wissen.

# Episode 3 – vom Spiel

## 14.
## Furchtlos-Design Inc.

**Die Dimensionen der Betriebskatalyse**

Mit jeder Seite kommst du der Umsetzung näher. Jetzt setze ich die Inhalte in den ganz praktischen Zusammenhang deiner Firma.

Es gibt verschiedene Ebenen, die den Erfolg in der Anwendung ausmachen. Im Folgenden stelle ich dir die wichtigsten vor.

## 14.1 Handlungsdimensionen

Ich unterscheide hier drei Hauptthemen. Du erkennst sie in der folgenden Grafik. Bei der Umsetzung spielt in jedem Feld die Gruppengröße eine Rolle. Unter dem Bild erkläre ich dir die jeweilige Ausprägung:

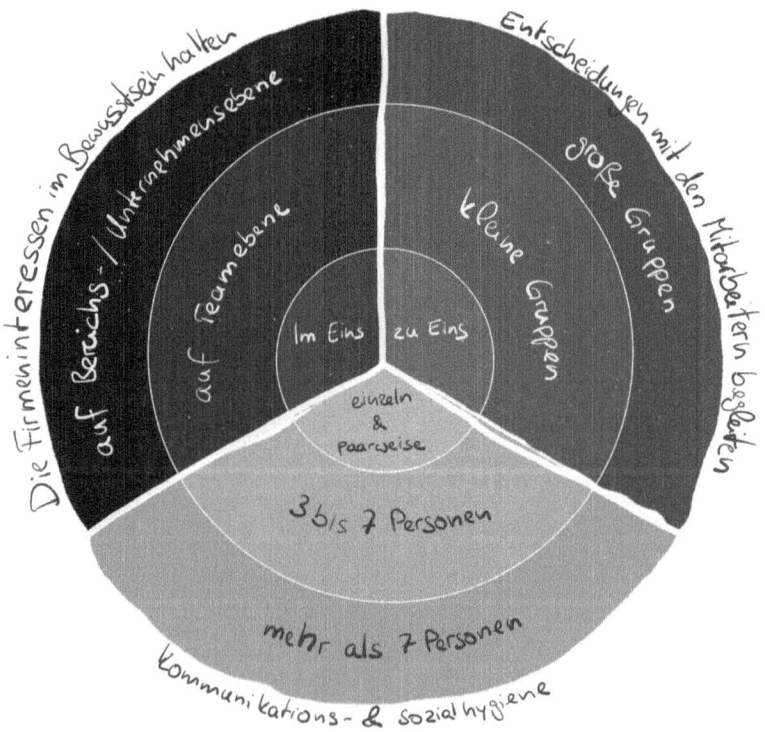

## 1. Firmeninteressen

Jeder Mitarbeiter sollte in seinen Handlungen und Entscheidungen (auch) die Interessen der Firma berücksichtigen. Damit das leichter fällt, erinnert die Katalyse regelmäßig an die Perspektive des Betriebs. Beispiele, wie du das machst, sind:

Auf **individueller Ebene** (kann nur der Mitarbeiter selbst einsehen):
- Persönliche Leistungsmetriken. Bei Beratungen kenne ich hier etwa das Verhältnis zwischen Anwesenheitsstunden und abgerechneten Stunden. Ein anderer Indikator, den ich kenne, ist, inwieweit der Lohn durch die Erträge gedeckt ist;
- Wie tragen die eigenen Ziele zu denen bei, die das Unternehmen erreichen will? Das zeigen Konzepte wie etwa OKR;
- Teile deine To-do-Listen, deinen Kalender, dein Kanban-Board. Lass deine Kollegen sehen, was du tust. So können sie dich von sich aus unterstützen;
- Freier Zugriff auf die oben beschriebene Kompetenzmatrix und ihre verbundenen Systeme, wie etwa die Prozessblöcke.

Auf **Teamebene** (hier gilt es zu unterscheiden, ob es feste, variable Teams oder beides gibt):
- Wie tragen die Ziele des Teams zu denen bei, die die Firma erreichen will? Das zeigen Konzepte wie OKR;
- Geteilte To-do-Listen, gegenseitige Kalenderansichten, Kanban-Boards et cetera;
- Prozessverantwortung anstatt Funktionsverantwortung. Am Ende eines Ablaufs steht ein Empfänger/Kunde, der beurteilen kann, ob alle Teilschritte für ihn sinnvoll ausgeführt wurden;
- Transparente Kompetenzmatrix.

Auf **Unternehmensebene:**
- Hausverstand;
- Ein gemeinsames Ziel-Koordinations-System wie beispielsweise OKR;

- Reklamationsquoten;
- Kundenzufriedenheit;
- Mitarbeiterzufriedenheit;
- Reaktionszeiten auf (Kunden-)Anfragen.

**2. Entscheidungen**
Wie du jetzt schon weißt, sind bestenfalls alle Menschen einbezogen, deren Arbeit(sleben) sich durch den Entschluss verändert. Die schiere Zahl verdeutlicht, wann mehr Aufwand in den Entscheidungsprozess zu stecken ist.

In der Praxis zeigen sich in Gruppen regelmäßig verschiedene Interessen. Einige wollen unbedingt am Beschluss mitarbeiten, andere sehen sich genötigt, wieder anderen ist es egal. Deshalb schließt sich ein weiteres Prinzip an: »Allen die Teilhabe anbieten und zugleich akzeptieren, wenn jemand sich raushält – freiwilliges Opt-Out.«

Damit das klappt, sind die beiden Prinzipien, um eine Gemeinschaftsregel zu ergänzen: »Wer aus freien Stücken die Entscheidung anderen überlässt, ist gleichsam an deren Ergebnis gebunden.«

Jede Entscheidung kann nachträglich angepasst werden. Doch das setzt einen neuen Beschluss voraus. Bis dahin halten sich alle an die bestehenden Vereinbarungen. Davon ausgenommen sind nachweislich sinnlose Verhaltensweisen. So sieht ein entsprechender Verlauf über die Zeit aus:

Strukturelle und strategische Themen verlangen häufig einen mehrstufigen Entscheidungsprozess. Das bedeutet: Du arbeitest auf Zwischenergebnisse hin. Regelmäßig ist es ratsam, erst dann, wenn diese bekannt sind, die nächsten Schritte zu überlegen.

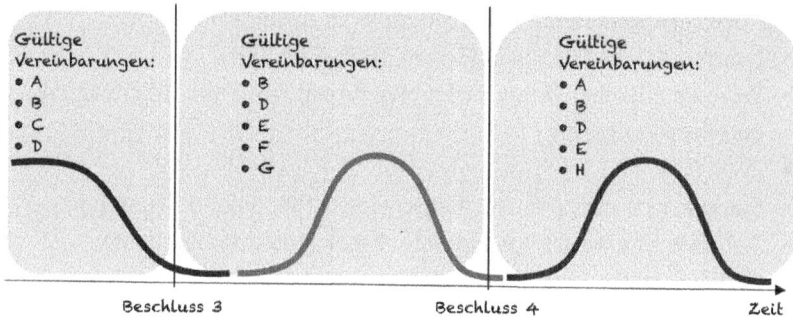

Damit bekommst du das hin:

Im **Eins zu Eins:**
- Abgrenzung von Alltags-, Struktur- und Strategie-Themen. Alltag alleine lösen, Struktur und Strategie gegebenenfalls mit Katalysator;
- Ob du in der richtigen Firma bist, erkennst du anhand der Reflexion des eigenen Lebensentwurfs in Wechselwirkung mit der Firmen-DNA (Geschäftsmodell et cetera);
- Ist und Wunsch auf den verschiedenen Ebenen sichtbar machen. Beispielsweise in der Business Model Generation Canvas;
- Sparring;
- XRM, ERP, freie Kommunikation via Mail, Messenger, Office-Dokumente, Cloud-Services et cetera;
- Tagebuch.

Auf **Teamebene** (Gruppengröße bis sieben Personen):
- Abgrenzung von Alltags-, Struktur- und Strategie-Entscheiden;
- Reflexion anhand verschiedener Blickwinkel (ich – du – wir – es);
- Widerstand bewerten und aufnehmen;
- Scrum;
- Soziokratie.

Auf **Großgruppenebene** (Gruppengröße ab sieben Personen):
- Kontinuierliche Methoden (Scrum, OKR, ERP, CRM);
- Prozesse, die über Wochen oder Monate mit mehreren Arbeitsaufträgen und Event(s) gehen;
- Event(s);
- Stark strukturiert (Wissensdrehscheibe, RTSC, Zukunftskonferenz);
- Teilweise strukturiert (World-Café, Event Storming, Fishbowl);
- Offene Formate (Open Space, BarCamp).

**3. Kommunikations- und Sozialhygiene**

Sie verringert Misstrauen und Angstsituationen im Unternehmen. Sie schafft Räume, in denen ein offener Dialog, auch über knifflige Themen und Konflikte, konstruktiv möglich ist. Das kennst du ja schon aus dem Abschnitt »Heikle Gespräche«.

Sie kann jederzeit gepflegt werden. Allerdings ist es sehr unwahrscheinlich, dass sich alle Mitarbeiter entsprechend verhalten. Warum? Weil wir emotional irrationale Zeitgenossen sind. Wir unterliegen persönlichen Einflüssen. Wir übertragen Gefühle von einem Ereignis auf ein anderes. Wir haben Vorurteile. Und so weiter. So entstehen Missverständnisse. Aus ihnen wächst Misstrauen. Das führt zu Spekulationen. Aus ihnen erwachen Befürchtungen. Die enden schlimmstenfalls in (Stress-)Angst. Natürlich kann es auch sein, dass jemand der Organisation gezielt schadet. Doch das kommt seltener vor, als die gerade beschriebene Kette an Fehlinterpretationen.

Egal auf welche Weise getriggert, Misstrauen und Furcht schalten stets unsere Vernunft aus. Deshalb der ausführliche Abschnitt über »Heikle Gespräche«. Hier noch die Ergänzung, was du in den verschiedenen Gruppengrößen aus dem Buch anwenden kannst:

Im **Eins zu Eins:**
- Reflexion anhand verschiedener Blickwinkel (Ich – Du – Wir – Es);
- Alpha-Struktur der Mediation (Auftrag | Liste der Themen | Position der dahinterligenden Interessen untersuchen | Heureka | Abschlussvereinbarung).

Auf **Teamebene** (Gruppengröße bis sieben Personen):
- Stimmige Zugehörigkeit anhand der Reflexion der Positionen in Wechselwirkung mit der Firmen-DNA (Geschäftsmodell et cetera);
- Widerstand bewerten und aufnehmen;
- Soziale Events wie gemeinsames Grillen et cetera.

Auf **Großgruppenebene** (Gruppengröße ab sieben Personen):
- Praktisch alle Großgruppenformate;
- Soziale Events wie Weihnachtsfeiern, Sommerfest, Kundentage et cetera.

Handlungen entstehen aus bewussten oder unbewussten Entscheidungen. Deshalb gehe ich im Folgenden auf diese Dimensionen unter dem Blickwinkel der Umsetzung ein.

## 14.2 Entscheidungsdimensionen

Du kennst sie inzwischen schon gut aus den Episoden 1 und 2. Doch meine Kunden spiegeln mir immer wider, wie wichtig dieses Verständnis in der ganzen Firma ist. Deshalb versehe ich die verschiedenen Niveaus mit mehr Eigenschaften, damit deine Kollegen und du sie noch besser unterscheiden könnt.

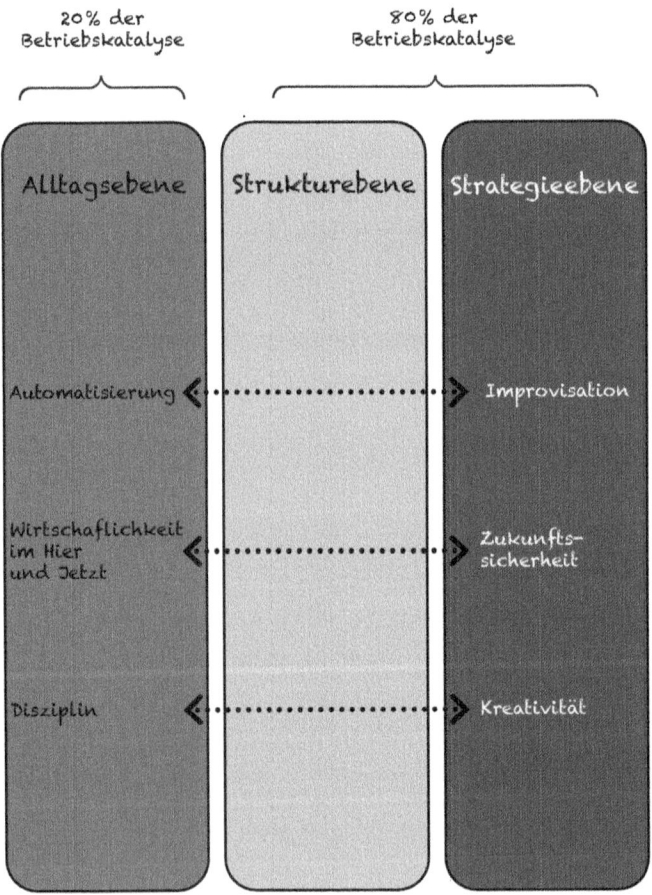

**Alltag**
Hier finden mengenmäßig die meisten Entscheidungen statt. Sie dürfen gerne als diktatorische Einzelentscheidungen gelebt werden, solange sie sich innerhalb des gemeinsam vereinbarten Rahmens bewegen (siehe Grafik in den Handlungsdimensionen). Im Betrieb ist es interessant, Alltagsbeschlüsse zu automatisieren. Sie sollten möglichst schnell fallen. So bleiben Produktivität und Handlungsfähigkeit auf einem hohen Stand. Dennoch fordert gerade der Alltag Disziplin ein – und zwar darin, sich an die gemeinsamen Vereinbarungen der Organisation zu halten. Wer unzufrieden mit den aktuellen Prozessen, Vorgaben, Richtlinien, Prinzipien ist, kann eine Struktur- oder Strategie-Entwicklung anstoßen.

**Struktur**
Auf Dauer sollte hier die Mehrheit der Katalyseinitiativen wirken. Zu Beginn der Transformation kann es sein, dass es ebenfalls viele strategische Fragestellungen gibt, die grundlegend zu beleuchten sind. Das ist kein Dauerzustand. Eingriffe in die Struktur wollen stets den aktuellen Alltag verbessern. Du hinterfragst bestehende Vereinbarungen. Je nachdem was dabei herauskommt, überarbeitest du sie. Da werden dann Abläufe et cetera angepasst. Es geht darum, die vorhandenen Mittel bestmöglich zu nutzen.

Auf der Strukturebene ist Beharrlichkeit gefragt. Hier sollten die Eingriffe kurz- und mittelfristig zu sichtbaren Ergebnissen führen. Die Wirksamkeit der Wechselwirkung zwischen Struktur und Alltag entscheidet über die Wirtschaftlichkeit der Firma im Hier und Jetzt.

**Strategie**
Die anspruchsvollste Katalyseaufgabe ist der Umgang mit strategischen Fragestellungen. Hier entscheidet sich die mittel- und langfristige Zukunft.

Strategieprozesse sind:
- Unstet,
- am Beginn ohne absehbares Ende,
- improvisationsintensiv,
- geprägt von regelmäßigen Fehlentscheidungen,
- belastet durch Widerstände aus der Organisation,
- vor allem bei den Katalysatoren auf Offenheit, Toleranz, Durchhaltevermögen et cetera angewiesen.

Ein Kunstgriff ist, zu erkennen, wann Strategie- in Strukturarbeit übergeht. Dann verschiebt sich der Fokus zunehmend von Kreativität in Richtung Ergebnisse. Betriebskatalysatoren legen ihr Hauptaugenmerk auf strategische und strukturelle Eingriffe. Der Alltag ist von selbstbestimmten Kontroll- und Kommunikationsroutinen dominiert. Ob wir schlussendlich ausreichend gute Entscheidungen treffen, erkennen wir in dem, was die Firma damit erreicht. Deshalb komme ich jetzt zu den …

## 14.3 Ergebnisdimensionen

Katalyse ist immer ein Eingriff in Bestehendes. Du betreibst sie, um die für Veränderung nötige Energie zu senken. Grob ordne ich den Handlungsdimensionen folgende Aufwände zu:

| Handlungsdimensionen | Verringerter Aufwand | Aufwand ohne Katalyse |
|---|---|---|
| Die Firmeninteressen im Bewusstsein der Mitarbeiter halten. | Die Kraft, die ein Mitarbeiter braucht, um in seinen Gedanken, Gewohnheiten, Handlungen, Prozessen et cetera den Blickwinkel der Firma einzunehmen. Dabei muss er gegebenenfalls gegen die eigenen Interessen, Routinen, Talente, Fähigkeiten et cetera denken und handeln. | Tropfende Wasserhähne ... kleine, mittlere und große Verluste im Alltag, die ohne den Blick durch die Firmenbrille schnell in Kauf genommen werden. Die großen fallen auf. Die kleinen und mittleren zeigen sich in der Frage: »Wo ist denn das ganze Geld hin?« Im Zweifel findet Eigennutzoptimierung statt. |
| Entscheidungen mit den Mitarbeitern begleiten. | Andere effizient und effektiv in Entscheidungen einbeziehen, die sich auf ihre Arbeit auswirken. | Der Aufwand, der entsteht, um zu schnell getroffene Beschlüsse gegen Widerstand durchzusetzen, zu verteidigen oder zurückzunehmen. |
| Kommunikations- und Sozialhygiene | Der Mut, den es braucht, um Konflikte, Missverständnisse, Angst et cetera zu konfrontieren. | Ignoranz, Misstrauen, Einbildung, Verschwörungstheorien, die uns in einer vorgestellten Furcht gefangen nehmen, in der Menschen entweder schweigend vor den Problemen fliehen oder ihre Kollegen aggressiv von sich stoßen. Auch die, die ihnen helfen wollen. |

Generell zielst du mit der Katalyse immer in eine dieser drei Richtungen:

**Richtung 1 – Transformation/Innovation**
Die Betriebskatalyse einzuführen ist in vielen Firmen bereits eine Transformation. Darunter verstehe ich einen Systemwechsel. Es geht darum, Grundlegendes neu und/oder anders machen. Ähnlich ist es mit Innovationen. Sie verdrängen etwas Bestehendes (Technologie, Produkt, Funktion, Verhalten et cetera). Die Aufgabe der Katalyse ist zum einen, wirksame, für die Organisation stimmige Ergebnisse mit möglichst wenig Aufwand zu ermöglichen. Es liegt in der Natur von transformativen/innovativen Themen, dass ihre Richtigkeit auf persönlichen Vorstellungen, Erfahrungen, Gedanken, Eindrücken, Gefühlen, Bewertungen und so weiter aufbaut. Das ist so, weil sie sich mit der Zukunft beschäftigen, also dem Teil der Zeit, in dem noch vieles möglich ist. Es geht deshalb darum, eine bestimmte Kommunikation zu trainieren. Sie ermöglicht dir, aus den individuellen – zumindest teilweise irrationalen – Ansichten über die Zukunft eine für die Firma stimmige, effektiv wirksame Übereinkunft entwickeln.

Kurz gesagt: »Mit möglichst wenig Aufwand dafür sorgen, dass die Firma eine für sie vernünftige Zukunft anstrebt.«

Nach wie vor gibt es außer Wahrsagern keine Experten für die Zukunft. Deshalb sind die beste Alternative Katalysatoren, die Fachwissen darin haben, wie Menschen auch als Gruppe sinnvoll mit Unsicherheit umgehen. Das Buzzword hierzu ist Ambidextrie.

**Richtung 2 – Veränderung/Change**
Hier geht es darum, Bestehendes zu verbessern. Die Katalyse unterstützt die Organisation darin, vorhandene Prozesse, Technologien, Werkzeuge, Methoden et cetera effizienter für ihren eigen Nutzen anzuwenden. Sprich, wir gehen davon aus, schon etwas zu kennen (wie beispielsweise Word) und dann zu lernen, wie wir etwa die Serienbrieffunktion kombiniert mit einer Excel-Liste einsetzen. Das kleine Beispiel soll keineswegs darüber hinwegtäuschen, wie aufwendig strukturelle Optimierungen werden können.

Auch hier organisiert die Betriebskatalyse maßgeblich die soziale Kommunikation der Menschen untereinander und in Gruppen. Allerdings tritt die Perspektive zur Effektivität (das Richtige tun) in den Hintergrund. Das ist die Aufgabe von Richtung eins. Geht es um diese Themen, testen, experimentieren und/oder wetten wir weniger. Jetzt gibt es Wissen und Expertise. Darauf greifst du, wenn möglich, zurück – im Beispiel etwa ein Tutorial für die Anwendung der Serienbrieffunktion. In der Katalyse lohnt es also, bestehende Lehr- und Lernverfahren einzubinden, die zu den grundlegenden Denkmodellen sowie zu den Anforderungen der Firma passen.

**Richtung 3 – Optimierte Wiederholung/Automation**
Hier geht es praktisch nur noch um Effizienz: Mit geringstem Aufwand möglichst viel aus den Handlungen, Prozessen, Wirkzusammenhängen herausholen.

Im Wordbeispiel von oben könnte sich das so darstellen: Die Empfänger der Serienbriefe erfassen ihre Adresse selbst in einem Microsoft-Formular. Das füllt automatisch die Excel-Liste. Dort holen sich die Serienbriefdokumente ihre Informationen. Sobald jemand den nächsten Brief erstellt, drückt er nur noch einen Knopf. Das löst mehrere Schritte aus: Import der aktuellen Daten aus der Tabelle. Ausdruck der Dokumente direkt im beauftragten Lettershop. Ohne weitere Freigabe werden sie vom Dienstleister versandt.

Die Automatisierung lohnt bei bekannten, sich wiederholenden Aufgaben in allen Bereichen der Firma. Von der Katalyse fordert diese Kategorie die Begabung, den universell gültigen Kern von Problemen zu erfassen. Um etwas zu verbessern, ist Fachwissen nötig. Zum Nutzen des Betriebs sollten die Fachleute eine hohe Zeitpräferenz haben. Außerdem ist die Fähigkeit gefragt, in Skalierbarkeit zu denken. Das alles kennen wir aus der Industrie. Deshalb ist hier weniger ein Betriebskatalysator gefordert als das Verständnis, dass auch die Automation Teil der Katalyse ist.

Kommen wir jetzt zur letzten Kategorie der Ebenen, die für die Umsetzung eine Rolle spielen.

## 14.4 Zeitdimensionen

Betriebskatalyse findet in unterschiedlichen zeitlichen Zusammenhängen statt. Das ist etwa dabei entscheidend, etwas Neues erfolgreich in die Firma zu bringen. Ich unterscheide vier verschiedene Zeitbezüge:

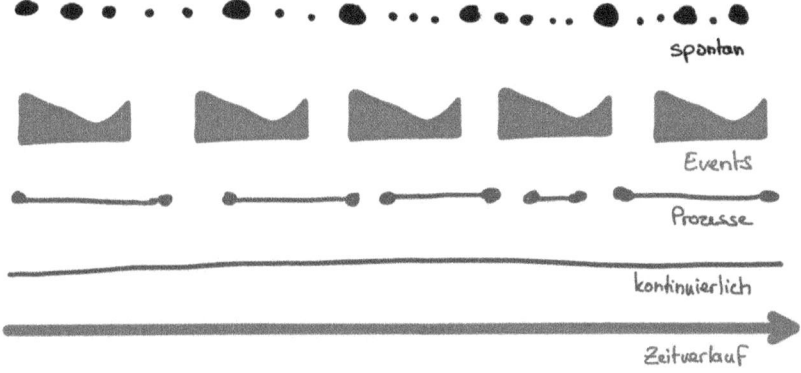

Auf allen Ebenen ist die Frage an dich als Katalysator: »Kann ich einen Beitrag leisten?« Ich erkläre dir jetzt, wie das in den verschiedenen Zusammenhängen klappt.

**Spontan – ad-hoc**
Ein Beispiel: Bernd ist Katalysator. In der Kaffeeküche trifft er eine Kollegin. Sie meckert über ihr Team: »Bei uns geht alles immer nur hintenrum. Da wird gemotzt und gelästert. Sobald ein Geschäftsführer oder einer von euch Katalysatoren dabei ist ... Friede, Freude, Eierkuchen. Ich halt das bald nicht mehr aus!«

Die Kollegin wünscht sich von ihm spontan eine katalytische Reaktion. Doch Bernd ist zu verdutzt. Seine Gedanken sind bei einem ganz anderen Thema. Das gibt es regelmäßig. Aus einer Situation, einem Ereignis heraus entsteht im Moment die Möglichkeit, katalytisch zu handeln. Oft vergeht die Chance so schnell, wie sie gekommen ist. Meistens reicht es auch noch, wenn dir kurze Zeit später auffällt, was da passiert ist. Je länger der Abstand zwischen Anlass und Aufmerksamkeit ist, umso höher die Chance, dass du keine Wirkung mehr erreichst.

Zugegeben, das Beispiel ist plakativ. Dass Bernd so einen Moment unbemerkt verstreichen lässt, ist unwahrscheinlich. Häufig sind die Anfragen jedoch zurückhaltender, verborgener, subtiler. Solche Situationen zu erkennen und zu nutzen hat etwas mit Gespür sowie mit Erfahrung und Übung zu tun. Hier hilft Strenge gegen dich selbst kaum weiter. Es bringt wenig, sich über verlorene Chancen zu ärgern. Das musst du auch gar nicht. Diese Gelegenheiten kommen immer und immer wieder.

**Events – vorbereitet**
Anders als im Beispiel bei ad hoc gibt es geplante und vorgedachte Ereignisse. Das geht von einem Meeting bis hin zu einem mehrtägigen Workshop. Dazu kommen typischerweise mehr als nur zwei Personen zusammen. Doch das ist kein Zwang. Ein solches Ereignis steht in vielen Fällen für sich. Ausnahmen hiervon sind Jour fixes, Weeklies oder Daylies, wie sie in verschiedenen Konzepten angewandt werden. In der einfachsten Form definiert man ein Thema und schenkt ihm zu einem bestimmten Zeitpunkt gemeinsam Aufmerksamkeit. In ausgefeilten Versionen gibt es eine Agen-

da, eine detaillierte Vorgabe durch die verwendete Methode oder ein ausführliches Eventraster. Events sind regelmäßig Bestandteile von Prozessen (siehe unten). Dennoch steht auch hier meistens jeder für sich.

Egal wie gut du die Veranstaltung vorbereitest, es kann immer zu nötigen Veränderungen kommen. Da wird der Zeitrahmen gesprengt oder überhaupt nicht ausgenutzt. Es zeigt sich, dass deine Reihenfolge der Schritte ungünstig ist oder sogar die Methode sich als unpassend herausstellt. Deshalb sind folgende Punkte zu beachten. Bei Events sollte(n):

- Immer wieder Zwischenergebnisse erreicht werden,
- die Energie vor der Tagesordnung kommen und
- der Raum für Improvisation gegeben sein.

Die Fähigkeit zu stimmiger Spontaneität ist wohl die Meisterschaft der Facilitation- und Moderationskompetenz eines Betriebskatalysators.

**Prozess(-Designs)**
Sie sind nötig für:
- Größere Eingriffe (beispielsweise (erste) Geschäftsmodellentwicklung, neue Betriebssoftware, Prozessumstellungen et cetera),
- die über einen längeren Zeitraum gehen und
- gegebenenfalls mehrere Events oder Arbeitsaufträge umfassen, allerdings dennoch irgendwann
- vorbei sind.

Ähnlich wie bei dem Eventraster ist es ebenfalls sinnvoll, für Prozesse ein Design (zeitlich, methodisch und didaktisch) zu erstellen. Hier gilt weitaus nachdrücklicher als bei den Events selbst, regelmäßig zu überprüfen, ob das Design noch zum Verlauf passt. Aus meiner Erfahrung muss man währenddessen ständig nachjustieren.

Das ist eine weitere Kernkompetenz der Facetten Facilitator, Trainer, Experte und Berater: Die Fähigkeit, zu erkennen, wann ein Prozess seine Aufgabe verfehlt und es lohnt, ihn anzupassen/einen ganz neuen zu starten.

Bei Events und Prozessen sind folgende Aspekte im Design entscheidend:
- Trenne die Inhalte von der Struktur. Du als Katalysator verantwortest den Rahmen, die teilnehmenden Kollegen das Denken und die Ergebnisse. Das ist für beginnende Betriebskatalysatoren die größte Herausforderung – vor allem, wenn du bisher eine formale Führungsposition hattest;
- Überlege dir zu Anfang, in welchem Format (Canvas, Matrix, Schaubild, Chart, Visual Protocol und so weiter) du die Resultate dokumentieren willst;
- Lege im Anschluss alle nötigen (Denk-)schritte fest, die deine Teilnehmer von ihrem jetzigen Stand aus gehen müssen, um das Abschlussformat ausfüllen zu können. Unterstützen musst du sie auf ihrem Weg oftmals sowohl inhaltlich wie in der Anwendung der gewählten Methoden. Berücksichtige das in deiner Vorbereitung;
- Bereite zu allen Denkschritten vor, wie die Gruppe sie dokumentiert. So sorgst du automatisch für Zwischenergebnisse, sollte die Arbeit zeitlich oder thematisch aus dem Ruder laufen. Bei jedem Zwischenschritt kannst du unterbrechen. Das gibt dir den Raum, die Richtung zu wechseln, zu improvisieren;
- Bereite alles so vor, dass du zu keinem Zeitpunkt auf eine disziplinarische Weisung zurückgreifen musst.

**Kontinuierlich – die Grenze zum Alltag**
Viele der Eingriffe dienen dazu, neue Rahmenbedingungen, Strukturen, Prinzipien, Regeln et cetera für den Arbeitsalltag zu etablieren. Deshalb besteht hier erst einmal eine Grenze für die Engagements der Katalysatoren. Denn die alltägliche Umsetzung der Firma ist ja Verantwortung der Mitarbeiter. Bei all meinen Kunden übernehmen die Betriebskatalysatoren

ebenso operative Arbeiten. Für sie ist es wichtig, zu unterscheiden, wann sie als wer unterwegs sind.

Doch für die Katalyse gibt es selbst in der Kontinuität Aufgaben, nämlich:
- Stete Wachsamkeit, ob die erwarteten Erfolge auch eintreten,
- laufende Prüfung der Leistungsfähigkeit/Produktivität der Firma,
- verständliches Reporting der Wirklichkeit an alle Mitarbeitenden in einer Form, die jeder *versteht* und *für seinen Alltag nutzen kann*,
- Vorbereitung von nötigen Interventionen.

Herzlichen Glückwunsch. Jetzt kennst du die Betriebskatalyse. Seit Episode 1 weißt du, wie du dein Wissen auf die Passung zum Donut prüfst. In Episode 2 schauten wir in alle Winkel einer Firma. Ich habe dir Alternativen für sämtliche Bereiche vorgestellt: Von Personalwesen über Leitung bis hin zu Controlling. Durch Episode 3 weißt du, was Betriebskatalysatoren machen. Du kannst Werkzeuge, Methoden, Konzepte und grundlegende Denkmodelle unterscheiden. Du hast die nötigen Informationen, um deine Katalyseprozesse zu designen. Jetzt will ich dir zeigen, wie du die neue Betriebswirtschaft immer zum Selbstkostenpreis bekommst – selbst wenn du dafür auf Berater zurückgreifst.

# Episode 3 – vom Spiel

## 15.
## Ich will Spaß

Am Ende der Transformation bei Heiler, zu der Stephan Heiler und ich im Buch *Chef sein? Lieber was bewegen!* ehrliche Einblicke teilen, trafen wir uns mit dem Fraunhofer Institut. Im Interview wurden wir gefragt: »Wie konnte sich eine mittelständische Firma dieser Größe den Herrn Borck überhaupt leisten?« Tatsächlich hatten wir uns diese Frage im Prozess nie gestellt. Wie so oft, wurde ich auch hier hinterher klüger. Die Antwort teilt sich in zwei Aspekte.

### Es ist schon bezahlt

In meiner Beratung löse ich vom ersten Tag an reale Probleme von Firmen. Ich unterstütze das Unternehmen darin, sie nach den Prinzipien der Betriebskatalyse anzugehen. Unabhängig davon, wie schnell dein Betrieb die Lerninhalte übernimmt, eines ist sicher, die Schwierigkeiten werden abgearbeitet. Ihr bekommt Lösungen. Diese Herangehensweise prägt sogar die Perspektivreise und das Aktivistencamp – zwei Schulungsformate, die ich zusammen mit Joan Hinterauer anbiete. Auch dort lösen wir mit den zu lernenden Inhalten die Aufgaben, die die Teilnehmer aus ihren Firmen mitbringen. So gehen bei uns alle mit konkreten Ergebnissen für ihren Betrieb nach Hause. Ein direkter Gewinn. Bei anderen Ansätzen ist es üblich, dass du dir zuerst einmal weit ab von der Firma für teures Geld etwas antrainierst. Ob das jemals bis in die Organisation kommt, ist fraglich. Anschließend werden (große) Konzepte zur späteren Implementierung entwickelt. So entstehen Aufwände oft ohne jeglichen Bezug zum aktuellen Firmeninhalt. Auf diese Weise kommst du nie zu einer gelebten Betriebskatalyse. Die gibt es nur, wenn deine Kollegen und du anfangt, eure Probleme anders zu lösen. Ab Tag 1, an dem du konsequent so handelst, ist deine Firma transformiert. Der Rest ist Arbeit. Das Beste was du tun kannst, ist, die Schwierigkeiten betriebskatalytisch anzugehen, die mindestens strukturelle, besser noch strategische Auswirkungen haben. Mal mit einem Alltagsthema zu starten, um es auszuprobieren, ist sicherlich mit Verlusten für deine Firma verbunden. Solche Versuche kannst du vermeiden.

## Es geht viral

Andere Transformationsframeworks empfehlen, in einem abgrenzbaren Bereich der Firma zu starten. Vielleicht in der IT. Gerne auch im Marketing. Oder bei einem kleineren Tochterunternehmen. Häufig sind dort aufgeschlossene Mitarbeiter unterwegs. Die freuen sich, als Vorreiter zu dienen. Das folgt der Best-Practice-Idee: Man nimmt an, wenn es einen erfolgreichen Leuchtturm gibt, überträgt sich das auf die anderen Bereiche. Vergiss das. Ich kenne kein Beispiel, in dem dieser Ansatz konsequent funktioniert hätte. Die Immunreaktionen der bestehenden Strukturen verhindern das. Über die Zeit zermürben sie den größten Enthusiasten. Ich gehe mit der Betriebskatalyse dahin, wo es der Firma gerade wehtut. Es ist egal, ob die Mitarbeiter dort interessiert oder verstockt sind. Anspruch ist, dass die Katalyse klappt – Annahme ist, dass erwachsene Menschen denken können. Da braucht es kein besonders freundliches Umfeld. Wenn der Berater das zur Vorbedingung macht, wechsle ihn aus. Ein klar abgrenzbares Problem, das ist die eine Voraussetzung. Meistens deckt die Lösung Schwierigkeiten an anderen Stellen auf: Dort geht die Katalyse dann weiter. So zieht sie sich durch die Firma. Immer mehr Menschen erfahren, wie es ist, so zu arbeiten. Lehnen sie es ab, bringt dir das ganze Konzept nichts. Die zweite Bedingung ist, dass die Eigentümer und Geschäftsführer diese virale Verbreitung zulassen. Das hat einen erfreulichen Nebeneffekt. Die Betriebskatalyse kommt in der Geschwindigkeit in die Firma, die diese auch aushält. Bei Heiler hat das mehrere Jahre gedauert, wobei wir dort viele Denkwerkzeuge erst noch entwickeln mussten. Andere Kunden zeigen, dass es in wenigen Monaten möglich ist, wenn alle Menschen mitmachen. Doch wie gesagt, das ist nur noch die Arbeit. Die Transformation ist mit dem ersten Problem vollzogen, das du katalystisch löst.

Du siehst, die Devise ist: »Machen!« Und immer die realen Herausforderungen anzugehen. Kein Implementierungsprojekt, kein Transformationsframework. Mit den Menschen in Beziehung gehen, die das Problem lösen müssen. Stets die neuen Praktiken der Betriebskatalyse nutzen und so trainieren. Das führt zu ganz anderen Lösungen und am Ende zur erfolgreichen Katalyse. Das Sahnehäubchen: Genau eure firmenspezifische Ausprägung kommt dabei heraus – kein One-Size-Fits-All. Was die Katalyse kann, zeigen die folgenden Beispiele aus der Praxis.

Episode 3 – vom Spiel

**16.**
**Kaleidoskop**

Hier ein paar kurze Fälle zu verschiedenen Facetten der gelebten Betriebskatalyse in Firmen.

## 16.1 Massenveranstaltung Bewerbungsgespräch

# HEILER®

Firma: Alois Heiler GmbH
Größe: circa sechzig Mitarbeiter
Inhalt: Manufaktur für maßgeschneiderte Lösungen im Innenraumglas
Aufgabenstellung der Katalyse: Erfolgreich sein im War for Talents

Bei Heiler stellen die Teams selbst ihre neuen Kollegen ein. Die Mitarbeiter sorgen anhand der Kompetenzmatrix und ihrer Interessen für die eigene Weiterbildung. Auch Entlassungen laufen über die dort sogenannten Organe. Alle Aufgaben werden katalytisch begleitet. Einzig die Personalverwaltung ist zentral. Die Bewerber durchlaufen keine Interviewmarathons wie in anderen Unternehmen. Sie lernen nach dem ersten erfolgreichen Gespräch mit dem Team das Unternehmen in Probetagen kennen. Dieser »Schnuppertag« wird vom jeweiligen Organ selbst geplant und durchgeführt. So erhalten beide Seiten einen guten Eindruck davon, wie die zukünftige Zusammenarbeit aussehen kann.

Seitdem werden neue Angestellte deutlich sorgfältiger ausgewählt – und sie wissen von Beginn an, auf welche Firma sie sich einlassen. Die Klarheit nützt beiden. So steigt auch die Qualität der Beziehungsebene stetig an.

Eine Besonderheit ist, dass einem Kandidaten schon im ersten Bewerbungsgespräch deutlich mehr als vier künftige Kollegen gegenübersitzen können. Doch keine Sorgen, sie werden darauf vorbereitet.

Die Folge ist eine Belegschaft, die weiß, dass sie gestalten kann und muss. Bereits die gemeinsam getroffene Personalentscheidung führt zu einer kollektiv getragenen Verantwortung für das neue Teammitglied.

Neueinstellungen und die anschließende Einbindung in das jeweilige Team sind bei Heiler keine Chefsache. Die Belegschaft selbst nimmt sie als geteilte Aufgabe wahr.

## 16.2 Mehr als eine Herausforderung bewältigen

Firma: TELEDATA IT-Lösungen GmbH
Größe: circa sechzig Mitarbeiter
Inhalt: Systemhaus mit eigenem Rechenzentrum speziell für Steuerkanzleien
Aufgabenstellung der Katalyse: Über hundert Migrationen in wenigen Monaten

Als ich im Februar 2019 zur Firma kam, war der Ausblick wie folgt: Microsoft stellt im Februar 2020 den Support ein. Alle Migrationen, die bis dahin nicht realisiert werden, wären verlorene Kunden. Unter Berücksichtigung bisheriger Kapazitäten hätte die Firma deutlich mehr Zeit für die Migrationen benötigt. Die anstehenden Umstellungen waren damals bis in den Herbst 2020 terminiert. In Folge würde das Unternehmen etliche Klienten verlieren. Anstelle eines Masterplans durch die Geschäftsleitung schlug ich vor, das Problem mit der ganzen Belegschaft in einem Großgruppenevent zu klären. Anfang März 2019 fand die Veranstaltung statt. Ich entwickelte ein Eventdesign. Mitarbeiterinnen der TELEDATA moderierten die Veranstaltung. Im Ergebnis verstanden alle die Problematik. Zur Lösung gründete sich eine Arbeitsgruppe mit wenigen Mitgliedern. Ihre Aufgabe war, im Detail aufzuzeigen, welche Kunden davon betroffen waren und wer dabei helfen konnte, die Kuh vom Eis zu bringen. Ihre Teilnehmer kamen aus allen Bereichen der Firma. Noch im selben Monat gab es die Lösung, zu der ich mit einem Sparring unterstützte. Eine Matrix, auf die jeder Mitarbeiter in Excel zugreifen konnte, zeigte die aktuelle Reihenfolge der Migrationen. Es war festgelegt, welche Kollegen die Priorisierung verändern konnten. Das Neukundengeschäft trat zurück. Wenn dennoch neue Kunden aufgenommen wurden, kamen auch sie in die Liste. So war für die ganze Belegschaft ersichtlich, welche Klienten vermutlich verloren gingen, da ihre Migration zu spät kam. Damit arbeitete die Firma.

Im November 2019 war klar: Schon Anfang Dezember 2019 sind alle Migrationen erledigt. Kein Kunde wurde verloren. Es konnten sogar noch Neukunden aufgenommen werden.

## 16.3 Plovdiv ist eine Reise wert

Firma: NETSYNO Software GmbH
Größe: circa dreißig Mitarbeiter
Inhalt: Wachstum des NETSYNO-Teams von fünfzehn auf dreißig Personen
Aufgabenstellung der Katalyse: Die Belegschaft gestaltet aktiv die Geschäftsmodelle

Anfang Februar 2019 moderierte ich für das Unternehmen einen Workshop. Ziel war, dass die gesamte Belegschaft von nun an die Geschäftsmodelle aktiv mitgestalten sollte, um so eine Grundlage für das weitere Wachstum zu schaffen. Ein Kollege nahm das Angebot sofort an. Wenige Wochen später eröffnete er den aktiven Gesellschaftern und Geschäftsführern den Vorschlag, eine Tochterfirma in Bulgarien zu gründen. Er selbst ist Bulgare. Er wollte zurück zu seiner Familie. Zugleich liebte er die Arbeit bei NETSYNO. Jetzt sah er die Chance, beides unter einen Hut zu bringen. Ich unterstützte Jonathan in der Moderation des Entscheidungsprozesses. Auf diesem Fundament entwickelte die Firma ihr eigenes systemgestütztes Entscheidungsdesign, das seitdem als Grundlage für alle Entscheidungen bei

NETSYNO genutzt wird. Denn schlussendlich musste die Idee des Mitarbeiters von der Belegschaft angenommen werden. Die Kollegen stimmten zu. Heute gibt es eine erfolgreiche Tochter in Plovdiv mit inzwischen sieben Angestellten. Warum Plovdiv? Weil Sofia doch zu hip war für einen bodenständigen Mittelständler aus Baden.

## 16.4 Weniger ist mehr

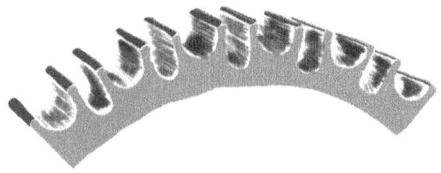

Firma: Unger GmbH
Größe: circa fünfundzwanzig Mitarbeiter
Inhalt: CNC-Metallbearbeitung
Aufgabenstellung der Katalyse: Kostenbewusstsein durch Transparenz

Julia Unger, die zusammen mit ihrem Bruder die Firma Unger CNC in Hemau leitet, war im Juli 2018 auf der Perspektivreise dabei. Sie nahm direkt mit, dass es in Ordnung ist, den Mitarbeitern die Zahlen zu zeigen. Gemacht – getan. Seither sieht die Belegschaft, wie es finanziell um den Betrieb steht. Das hat einiges bewirkt. Die Firma stellt vor allem Drehteile her. Für die Herstellung braucht es an der Maschine sogenannte Wendeplatten. Das sind wenige Zentimeter kleine Bauteile, die allerdings je nach Härte und Schliff schnell mehrere hundert Euro kosten. In der Produktion gibt es eine Kiste in der Größe von zwei Schuhkartons. Dort werden die angeblich verbrauchten Platten gesammelt. Bei einem Besuch zeigte mir Julias Bruder, wie viele davon noch nutzbar wären. Auf meine Nachfrage sagte er mir: »Die Schütte ist bestimmt über dreißigtausend Euro wert.« Ich schlug ihnen vor, auch die Info an die Mitarbeiter rauszugeben. Die Konsequenz erkannte Julia erstmals an Weihnachten 2019: Normalerweise gab es vom Hauptlieferant der Wendeplatten ein großes Paket mit Lebkuchen und Wein. Dieses Jahr kam nur Honigkuchen. Den erfreulichen Grund fand sie später in den Büchern. Die Bestellungen gingen dort über die letzten zwölf Monate um vierundzwanzigtausend Euro zurück. Offensichtlich wussten die Arbeiter in der Produktion mit den transparenten Zahlen etwas anzufangen.

Du siehst, die Katalyse wirkt im Großen wie im Kleinen positiv auf die Firma. Stellt sich die Frage: Wann lässt du dich darauf ein?

# Episode 3 – vom Spiel

## 17.
## Los geht's

Jetzt kennst du die Betriebskatalyse. Sie errichtet einen Kreislauf aus Achtsamkeit und Handlungskonsequenz:

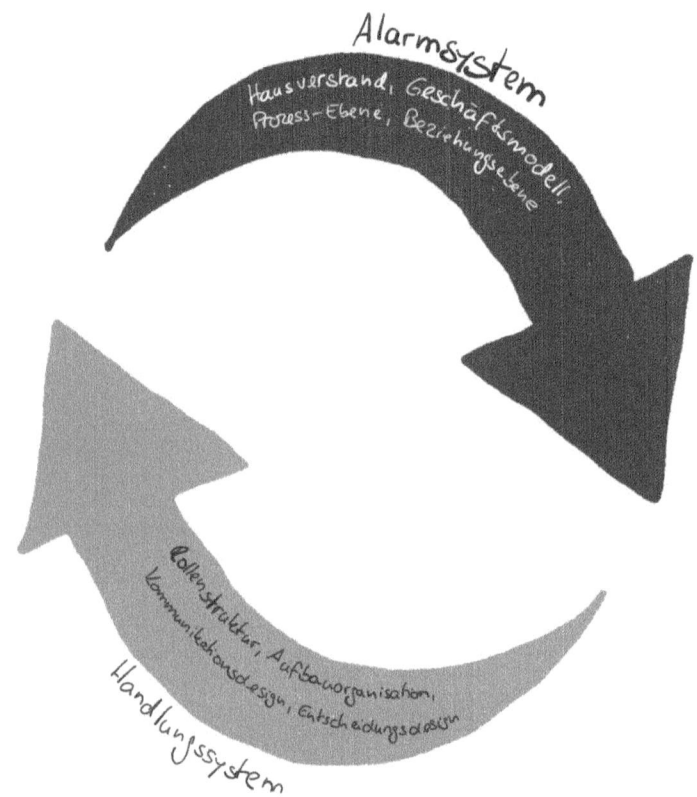

Sie orientiert zwischen dem inneren und äußeren Kompass der Firma:

Sie sucht die Grenze zwischen der Wirklichkeit, die uns unsere Limits zeigt, und den Möglichkeiten, die aus unseren imaginierten Realitäten entstehen. Nur so kannst du langfristig viele Menschen für die Antifragilität koordinieren.

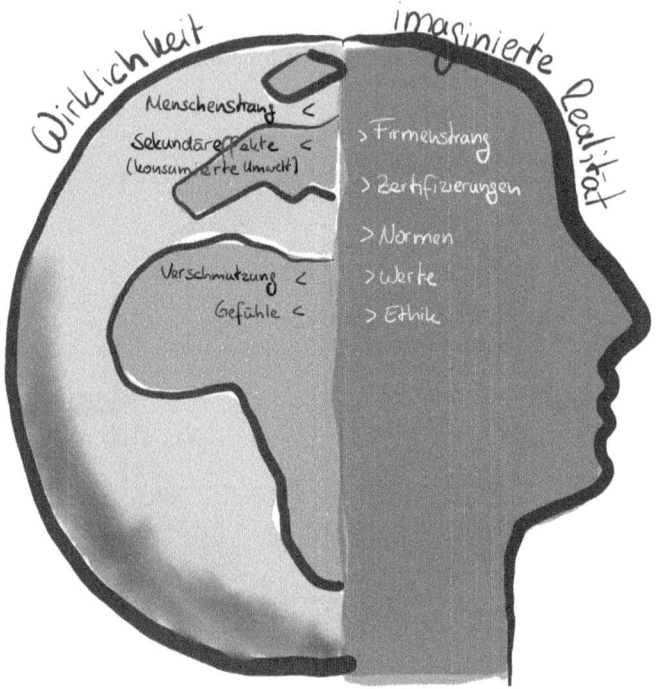

Bei all meinen Lehrformaten gibt es eine Kontrollfrage. Sie soll mir zeigen, ob ich es geschafft habe, den angehenden Katalysatoren die entscheidende Lektion zu vermitteln. Sie wiederholt sich in jeder Aufgabe. Ich will sie dir gar nicht stellen. Doch die Antwort, an die ich mich selbst auch nach wie vor halte, gebe ich dir gerne mit: »Üben, üben, üben oder spielen, spielen, spielen!«

Dabei wünsche ich dir viel Spaß und Erfolg. Für den Fall, dass du Unterstützung oder einen Sparringspartner suchst, melde dich einfach bei direkt@gebhardborck.de.

# Stichworte

## A
Adapter 219
Alles im Netz 62
Alltag 74
Alois Heiler GmbH 284
Arbeitsengagement 123
Artikel
 - BWL 2.0 Eine neue Sicht auf Betriebswirtschaft 165
 - Nature Human Behaviour 120
Aufbauorganisation 98
Aufklärung 176

## B
Bauchgefühl 42
Beamer 219
Belohnungsaufschub 51
Betriebskatalyse 62 ff.
Betriebsmittel 165
Beziehungsebene 106 ff.
Bitcoin 64
Blockchain 64
Bus-Faktor 55 ff.
Business-Rucksack 218

## C
Centralized, Decentralized, Distributed 62
Cone of Uncertainty 53

## D
Definition of Done 256
Denkmodelle 176 ff.
Denkwerkzeuge 91 f.
Dezentralisiert 63 f.
Die Illusion, gegenwärtige Ereignisse richtig zu verstehen 187
Die Überbewertung von Sachinformation 187

## E
Effektivität 272
Effizienz 272
Einkochen 223 ff.
Einwandklärung 223
Empathie 36, 175
Engpasskonzentrierten Strategie (EKS) 257
Entscheidungen 216, 236
Entscheidungsdesign 106 ff.
Entscheidungsdimensionen 266
Ergebnisdimensionen 269
Es geht viral 281
Es ist schon bezahlt 280
Eventraster 226 ff.
Excel 225 f.
Existenzanalyse 178

## F
Fakts, Fears and Force 79
Firmen-DNA 94 f., 263 ff.
Firmeninteressen 261
Firmenstrang 95
Flipchart 151 ff., 173, 217, 244, 256

## G
Geschäftsmodell 96 f.
Gesellschaftliche Position 118
Gesunder Menschenverstand 142

## H
Haftnotizen 217
Handlungsdimensionen 260 ff.
Hausverstand 142 ff.
Headsets 219

**I**
Imaginierte Realität  18
Innovation  252, 271
Intuition  42 ff., 124, 173

**K**
Kamera  218 f.
Kanban  256
Kollaborativ nutzbare Software  219
Kommunikationsdesign  108
Kommunikations- und Sozialhygiene  264
Konsent  220
Kontinuierlich – die Grenze zum Alltag  276
Konzept  174 f.
Konzepte
- Activity Based Costing  157
- Agile Flow  252 ff.
- Balance Scorecard  32
- Beyond Budgeting  14, 32, 250
- Business Modell Generation Canvas  97, 225
- Cone of Uncertainty  53
- Decentralized Autonomous Organization  257
- Design Thinking  123, 252
- Engpasskonzentrierten Strategie (EKS)  256
- Entscheidungsdesign  106 ff.
- Existenzanalyse  178
- Facilitation  198, 258, 277
- Facilitator  206, 208, 231, 276
- Gemeinwohlökonomie  14
- Langsames Denken  167
- LEAN  232, 252
- Mentalisieren  179
- OKR  14, 162, 258, 261, 264
- Prozesskostenrechnung  157
- Purpose Driven Organization  182
- Scrum  258, 263 f.
- Scrum of the Scrum  14
- Soziokratie  223, 248, 257, 263
- Spiral Dynamics  197
- Toyota Production System  139, 232, 252
- Transaktionsanalyse  38 f.
- Unternehmensdemokratie  12, 43, 258
- Wertbildungsrechnung  165
- Wetten statt Investieren  249 ff.

Kopplungsmodus  121, 126

**L**
LEAN  232, 252
Lebensentwurf  117 f.
Ludische Verzerrung  189

**M**
Masse  65, 67, 102
Menschen
- Alan Deutschman  79
- Alexander Osterwalder  97
- Andreas Zeuch  43, 134
- Bernd Oesterreich  165
- Dagmar Woyde-Koehler  251
- Dan Ariely  163
- Daniel Pink  163
- Eric Berne  38
- Erich Fromm  183, 205
- Erich Gutenberg  165
- Frederick W. Taylor  14, 159
- Gerhard Wohland  91
- Gernot Pflüger  76
- Harry Braverman  159
- James Champy  139
- James Surowiecki  42, 65

- Jan Wallander  147, 151
- Joachim Bauer  38
- Joan Hinterauer  13, 64, 214, 231, 280
- Julian Paffrath  170
- Julius Wolff  191
- Karlheinz Venter  256
- Kate Raworth  26 ff.
- Kathleen Voh  251
- Kerstin Friedrich  256
- Mark Lambertz  20, 24
- Michael Hammer  139
- Michael Hampe  172
- Nassim Nicholas Taleb  48, 147
- Navid Kermani  193
- Reinhard K. Sprenger  163
- Stephan Heiler  196, 280
- Tatjana Schnell  123 f.
- Tony Mann  198, 231
- Uwe Renald Müller  183
- Viktor Frankl  36, 116, 178, 205
- Walter Michels  51
- William Bridges  79

Menschenbild
- Empathie  36, 175
- Sinnkopplung  37, 183, 206
- Spiegelneurone  38
- Theory of Mind  38

Menschenstrang  116 f.
Menschenverstand  142
Methoden  173 ff.
Methoden
- Die fünf Warums  232
- Einkochen  223 f.
- Einwandklärung  223
- Eventraster  226 ff.
- Konsent  220
- Symptoms Cause Action (SCA)  231 f.

Mobile Hotspot  219
Multitasking  41 f.

## N
Narrative Verzerrung  189
Nature Human Behaviour  120
Netzwerk  62
Nomadische Führung  76
Notizblöcke  218

## O
Optimierte Wiederholung/ Automation  272

## P
Pippi-Zombie-Apokalypse  29
Powerbanks  219
Prozess-Designs  275
Prozessebene  106
Prozesskostenrechnung  157
Purpose Driven Organization  182

## R
Redundanz  71 ff.
Reflexion  39
Relate, Repeat, Reframe  80
Respekt  38
Retrospektive Verzerrung  187
Risikomanagement  250
Rollenstruktur  96, 106

## S
SCA  231 f., 242 ff.
Scrum  91
Selbstkontrolle  51 f.
Sinnkopplung  37, 183, 206
Situative Führung  76
Sozialhygiene  264

Soziokratie 223, 248, 257, 263
Spiral Dynamics 197
Spontan – ad-hoc 274
Statistisch-regressive Verzerrung 189
Stifte 218
Strategie 74
Struktur 74
Symptoms Cause Action 231

**T**
Talking Stick 218, 239
Technologie
- Blockchain 14, 64
Teilhabe 134, 262
Teledata IT-Lösungen GmbH 285
Tools
- Adapter 219
- Beamer 219
- Business-Rucksack 218
- Definition of Done 256
- Excel 225 f., 256, 286
- Flipchart 217
- Haftnotizen 217
- Headsets 219
- Kamera 218 f.
- Kanban 29, 162, 256, 261
- Kollaborativ nutzbare Software 219
- Mobile Hotspot 219
- Notizblöcke 218
- Office-Anwendungen 256
- Powerbanks 219
- Remote-Kommunikation 256
- Stifte 218
- Talking Stick 218, 239
- Übertragungshub 219
- Wände 217
- XRM-Systeme 256

Toyota Production System 139, 232, 252
Transaktionsanalyse 38 f.
Transformation/Innovation 271

**U**
Übertragungshub 219
Unger CNC 287
Unternehmensdemokratie 12, 43, 258
Unterscheiden 74

**V**
Varietät 21 ff.
Veränderung/Change 271
Vernunft 42
Verteilt 63 f.

**W**
Wände 217
Werkstoffe 165
Werkzeuge 173 ff., 230
Wertbildungsrechnung 165
Wetten statt investieren 249 ff.
Wiener Schule 179
Wolff'sches Gesetz 191

**X**
XRM-Systeme 256

**Z**
Zeitdimensionen 273
Zeitpräferenz 51 f., 272
Zentralisiert 62

Stichworte | **297**

# Literaturquellen

Dan Ariely; Gabrielle Gockel (2015): Denken hilft zwar, nützt aber nichts. Warum wir immer wieder unvernünftige Entscheidungen treffen. 2. Auflage, Droemer, München.

Joachim Bauer (2006): Warum ich fühle, was du fühlst. Intuitive Kommunikation und das Geheimnis der Spiegelneurone. Heyne, München.

Gebhard Borck (2018): Affenmärchen – Arbeit frei von Lack und Leder. Kindle Ausgabe.

Gebhard Borck; Dagmar Woyde-Koehler (2016): Wetten statt planen. CreateSpace Independent Publishing Platform.

Harry Braverman (1985): Die Arbeit im modernen Produktionsprozess. Campus, Frankfurt am Main.

William Bridges; Susan Bridges (2018): Managing Transitions. Erfolgreich durch Übergänge und Veränderungen führen. Vahlen, München.

Alan Deutschman (2007): Change or die. Could you change when change matters most? Harper Business, New York, USA.

Peter Fonagy; György Gergely; Elliot L. Jurist; Mary Target (2019): Affektregulierung, Mentalisierung und die Entwicklung des Selbst. 7. Auflage, Klett-Cotta.

Viktor E. Frankl (2018): … trotzdem ja zum Leben sagen. Ein Psychologe erlebt das Konzentrationslager. Penguin Verlag, München.

Michael Hammer, James Champy (2003): Business Reengineering. Die Radikalkur für das Unternehmen. Campus, Frankfurt am Main.

Michael Hampe (2018): Die dritte Aufklärung. Diskurse, die wir führen müssen. Nicolai Publishing & Intelligence GmbH, Berlin.

Stephan Heiler, Gebhard Borck (2018): Chef sein? Lieber was bewegen! Orgshop GmbH, Moos.

Thomas Höge; Tatjana Schnell (2012): Kein Arbeitsengagement ohne Sinnerfüllung. Eine Studie zum Zusammenhang von Work Engagement, Sinnerfüllung und Tätigkeitsmerkmalen. In: Wirtschaftspsychologie Heft 1, 2012. Seite 1 bis 99.

Daniel Kahneman (2016): Schnelles Denken, langsames Denken. Penguin Verlag, München.

Navid Kermani (2016): Wer ist Wir? Deutschland und seine Muslime. C.H. Beck, München.

Mark Lambertz (2019): Die intelligente Organisation. Das Playbook für organisatorische Komplexität. BusinessVillage, Göttingen.

Uwe R. Müller (1997): Machtwechsel im Management. Haufe, Freiburg im Breisgau.

Kerry Patterson; Al Switzer; Joseph Grenny, Ron McMillan (2012): Heikle Gespräche. Worauf es ankommt, wenn viel auf dem Spiel steht. Linde, Wien, Österreich.

Niels Pfläging (2011): Beyond Budgeting, Better Budgeting. Ohne feste Budgets zielorientiert führen und erfolgreich steuern. Books on Demand, Norderstedt.

Niels Pfläging (2011): Führen mit flexiblen Zielen. Praxisbuch für mehr Erfolg im Wettbewerb. Campus, Frankfurt am Main.

Gernot Pflüger (2009): Erfolg ohne Chef. Wie Arbeit aussieht, die sich Mitarbeiter wünschen. Econ, Berlin.

Daniel H. Pink (2019): Drive. Was Sie wirklich motiviert. Ecowin, Salzburg, Österreich.

Kate Raworth (2018): Donut-Ökonomie. Endlich ein Wirtschaftsmodell, das den Planeten nicht zerstört. Hanser, München.

Reinhard K. Sprenger (2014): Mythos Motivation. Wege aus einer Sackgasse. 20. Auflage, Campus, Frankfurt am Main.

James Surowiecki (2017): Die Weisheit der Vielen. Warum Gruppen klüger sind als Einzelne und wie wir das kollektive Wissen für unser wirtschaftliches, soziales und politisches Handeln nutzen können. Börsenbuchverlag, Kulmbach.

Nassim Nicholas Taleb (2018): Der schwarze Schwan: Die Macht höchst unwahrscheinlicher Ereignisse. Pantheon, München.

Nassim Nicholas Taleb (2018): Skin in the Game. Das Risiko und sein Preis. Penguin Verlag, München.

Nassim Nicholas Taleb (2014): Antifragilität. Anleitung für eine Welt, die wir nicht verstehen. btb, München.

Nassim Nicholas Taleb (2008): Fooled by randomness. The Hidden Role of Chance in Life and in the Markets. Random House, New York, USA.

Karlheinz Venter (2017): Spinnovation. Intelligent spezialisieren, Kraftvoll innovieren, Alleinstellung neu entwickeln. Vahlen, München.

Jan Wallander (2003): Decentralisation. Why and How to Make it Work. SNS Förlag, Stockholm, Schweden.

Andreas Zeuch (2015): Alle Macht für Niemand. Aufbruch der Unternehmensdemokraten. Murmann Publishers GmbH, Hamburg.

Andreas Zeuch (2010): Feel it! So viel Intuition verträgt ihr Unternehmen. Wiley, Weinheim.

# Die intelligente Organisation

Mark Lambertz
**Die intelligente Organisation**
Das Playbook für organisatorische Komplexität
2. Auflage 2019

286 Seiten; Broschur; 24,95 Euro
ISBN 978-3-86980-409-5; Art.-Nr.: 1036

In Zeiten zunehmender Dynamik erkennen immer mehr Unternehmen, dass das tayloristische Command & Control nicht mehr funktioniert. Auch die Reduktion auf Teal Organisations oder Holokratie und andere Kochrezepte bringen keineswegs die erhofften Erfolge. Wir müssen erkennen, dass wir in komplexen Systemen agieren, nicht alles wissen und nicht alles in unserem Sinn steuern können.

Doch wie können wir den Herausforderungen komplexer Systeme dann begegnen? Wie entwickeln wir ein Gesamtkonstrukt, das es erlaubt, das große Ganze zu sehen und uns nicht in punktuellen Einzelmaßnahmen zu verlieren? Lambertz' neues Buch gibt Antworten auf genau diese Fragen. Es liefert eine vollkommen neue Sichtweise auf Organisationen, die es ermöglicht, Normen, Strategie, Taktiken und Wertschöpfung im Zusammenhang zu verstehen. Denn erst daraus lassen sich die Fähigkeiten des Unternehmens identifizieren und bestmöglich entfalten: Die Symbiose von notwendiger Selbstorganisation mit ebenso notwendiger Führung.

Lambertz' Neuinterpretation des Viable System Model lädt in Form eines Playbooks zum Mitdenken und Experimentieren ein und zeigt an vielen Praxisbeispielen, wie man sein eigenes Modell für die jeweilige konkrete Situation erstellt.

Das Denkwerkzeug für die Organisationsentwicklung.

**www.BusinessVillage.de**

# Digital Transformation Design

Dennis Lotter
**Digital Transformation Design**
33 Prinzipien, wie Sie Organisationen ins intelligente Zeitalter führen
1. Auflage 2019

256 Seiten; Broschur; 29,95 Euro
ISBN 978-3-86980-458-3; Art.-Nr.: 1057

Die Digitalisierung hat schon viele Branchen umgekrempelt, manche sogar vernichtet. Und sie wird nicht als Hype vorüberziehen. Vielmehr wird sie eher noch schneller, noch radikaler unser Leben verändern. Denn das, was wir bisher erlebt haben, war erst der Anfang.

Aber wie bereitet man sich auf die bevorstehenden Umbrüche vor? Wie setzt man die digitale Transformation im Unternehmen in Gang? Welche Werkzeuge sind für die digitale Transformation hilfreich? Wie steuert man diese Transformation? Und vor allem: Was bedeutet digitale Transformation wirklich?

Das neue Buch von Prof. Lotter gibt Antworten auf genau diese Fragen. Es liefert 33 fundamentale Prinzipien und Tools, mit denen sich die digitale Transformation gestalten lässt. Mit diesem Playbook lassen sich zukunftsrelevante Fähigkeiten identifizieren und die eigene Roadmap zur digitalen Transformation entwickeln. Denn erst wer die Mechanismen der digitalen Transformation verstanden hat, kann sie gestalten.

www.BusinessVillage.de

# Der Code agiler Organisationen

Stefanie Puckett
**Der Code agiler Organisationen**
Das Playbook für den Wandel zur agilen Organisationskultur
1. Auflage 2020

252 Seiten; Broschur; 29,95 Euro
ISBN 978-3-86980-482-8; Art.-Nr.: 1081

Die Unternehmenskultur ist die größte Herausforderung und größter Stellhebel zugleich, wenn es darum geht, eine agile Organisation zu formen.

Wie aber lässt sich das Konzept Organisationskultur auf handlungsrelevanter Ebene greifbar machen? Was macht eine agile Kultur aus? Was sind ihre Elemente? Wie formt und entwickelt sich diese Kultur? Wo sind die Ansatzpunkte und wo liegen Fallstricke? Was funktioniert in der Praxis wirklich?

Pucketts Buch liefert Antworten auf diese Fragen und zeigt, wie sich die Unternehmenskultur gestalten und formen lässt. Dabei taucht es in die Organisationspsychologie ein und übersetzt die Erkenntnisse in praktische Handlungsempfehlungen. Auf Basis von Analysen agiler Organisationen und solcher in Transformation, wird der Code agiler Unternehmenskultur entschlüsselt. Die Kernelemente agiler Organisationskulturen werden definiert und anhand von Beispielen anschaulich beschrieben. Das Buch ist gefüllt mit Kultur-Hacks, praxiserprobten Tipps, Werkzeugen und Methoden.

Puckett gelingt ein völlig neuer Blick auf den Begriff Organisationskultur. Denn es liegt in unseren Händen, die Kultur zu formen: Als Einzelne, als Team, als Führungskraft. Wir sind Unternehmenskultur!

Dieses Playbook lädt zum Experimentieren und Gestalten ein und zeigt anschaulich, wie Organisationen der agile Wandel gelingt.

**www.BusinessVillage.de**

# Projekte starten mit Design Thinking

Jens Otto Lange
**Projekte starten mit Design Thinking**
Kreative Konzeptfindung mit System
1. Auflage 2020

224 Seiten; Broschur; 24,95 Euro
ISBN 978-3-86980-464-4; Art.-Nr.: 1058

Projektarbeit gehört in vielen Unternehmen zur Tagesordnung. Ob Digitalisierung, Innovationsvorhaben, Change oder neue Produkte und Services, sie haben eins gemein: Sie starten als Projekt. Design Thinking hilft, sie zum Erfolg zu führen.

Doch für welche Projektthemen eignet sich Design Thinking? Wie lassen sich cross-funktionale Teams aufstellen? Welche Voraussetzungen braucht die Kreativarbeit noch?

Langes Buch gibt Antworten auf diese Fragen. Konkret und anschaulich illustriert es den Einsatz von Design Thinking für den Start und das Scoping von Projekten. Schritt für Schritt zeigt es auf, wie du Design Thinking-Workshops planst, um schnell Konzeptideen für komplexe Fragestellungen zu entwickeln.

Langes Playbook lädt zum Mitmachen und Mitdenken ein und vermittelt praxisorientiert die Anwendung der wichtigsten Denkwerkzeuge für die Gestaltung kreativer Konzeptfindungsprozesse zur Lösung komplexer Problemstellungen.

**www.BusinessVillage.de**

**Business**Village